全国高职高专"十四五"系列教材

大学信息技术基础

主　编　黎夏克　张倩文　王　静

副主编　乔晓华　叶舒迪　吴研婷

主　审　薛晓萍

中国水利水电出版社

www.waterpub.com.cn

·北京·

内 容 提 要

本书主要介绍信息技术基础知识及应用，包括计算机基础知识、Windows 10 基本操作、Word 2016 的使用、Excel 2016 的使用、PowerPoint 2016 的使用、计算机网络基础和多媒体与信息技术 7 部分。

本书内容丰富、知识面广，既包括了信息技术基础知识，又反映了信息技术的最新发展，在为读者建立一个关于计算机技术及应用的正确概念和框架的同时，拓展学习者的视野，助力信息时代的学习和工作。本书注重实用性和可操作性，叙述简明易懂、深入浅出，实例丰富，方便自学。

本书可作为高等院校各专业信息技术基础教学的教材，也可作为全国计算机一级水平考试和各类计算机培训的参考资料。

图书在版编目（CIP）数据

大学信息技术基础 / 黎夏克，张倩文，王静主编
. -- 北京 ：中国水利水电出版社，2021.7（2022.9 重印）
全国高职高专"十四五"系列教材
ISBN 978-7-5170-9716-7

Ⅰ．①大… Ⅱ．①黎… ②张… ③王… Ⅲ．①电子计算机－高等职业教育－教材 Ⅳ．①TP3

中国版本图书馆CIP数据核字(2021)第132913号

策划编辑：陈红华　　责任编辑：陈红华　　加工编辑：王玉梅　　封面设计：李　佳

书　　名	全国高职高专"十四五"系列教材 大学信息技术基础 DAXUE XINXI JISHU JICHU
作　　者	主　编　黎夏克　张倩文　王　静 副主编　乔晓华　叶舒迪　吴研婷 主　审　薛晓萍
出版发行	中国水利水电出版社 （北京市海淀区玉渊潭南路 1 号 D 座　100038） 网址：www.waterpub.com.cn E-mail：mchannel@263.net（万水） 　　　　　sales@mwr.gov.cn 电话：（010）68545888（营销中心）、82562819（万水）
经　　售	北京科水图书销售有限公司 电话：（010）68545874、63202643 全国各地新华书店和相关出版物销售网点
排　　版	北京万水电子信息有限公司
印　　刷	三河市鑫金马印装有限公司
规　　格	184mm×260mm　16 开本　19.5 印张　480 千字
版　　次	2021 年 7 月第 1 版　2022 年 9 月第 3 次印刷
印　　数	5001—7000 册
定　　价	53.00 元

前　　言

信息时代以计算机技术为核心的信息技术已融入生活的方方面面，与个人的学习、工作息息相关，各学科各专业对高校大学生的计算机应用能力提出更高的要求，计算机的操作水平成为衡量其业务素质与能力的重要指标，计算机知识的应用能力成为大学生必备的基本能力。本书是根据最新版的高等学校非计算机专业信息技术基础课程标准的要求，结合近几年的大学信息技术基础课程教学改革实践而编写的。

一、内容介绍

本书包括计算机基础知识、Windows 10 基本操作、Word 2016 的使用、Excel 2016 的使用、PowerPoint 2016 的使用、计算机网络基础和多媒体与信息技术 7 部分。本书注重基础知识，重视实际应用，详略得当，给学生留有一定的自主学习空间，符合现代教育理念。

二、本书特色

本书基于多位大学信息技术基础教师多年的教学实践，凝聚了一线教师的教学经验，融合了项目导向、任务驱动等教学理念，能够适应多种教学形式及教学方法。本书注重基本概念、基本原理、基本应用的同时，体现了信息技术的基础应用和最新发展，重视学生能力的培养、视野的开拓，有助于培养学生的实践能力，发挥信息化学习环境的优势，提升学生的信息素养。

三、读者定位

本书可作为高等院校各专业信息技术基础教学的教材，也可作为全国计算机一级水平考试和各类计算机培训的参考资料。

四、本书编者

本书由黎夏克、张倩文、王静担任主编，乔晓华、叶舒迪、吴研婷担任副主编，薛晓萍担任主审。感谢惠州经济职业技术学院副校长薛晓萍教授以及各位同事长久以来的支持和指导。由于编者水平有限，虽然经过多次教学实践和修改完善，书中疏漏和不足之处在所难免，欢迎广大读者对本书提出宝贵意见，在此表示衷心的感谢。

读者信箱：1634140670@qq.com

读者交流群：728993179（大学信息技术基础交流群）

感谢中国水利水电出版社对本书的编写给予的大力支持！

编　者
2021 年 4 月于广东惠州

目　　录

第 **1** 章 计算机基础知识

1.1　计算机概述

主要学习内容：

- 计算机的定义及发展
- 计算机技术的发展方向
- 计算机的特点与分类
- 计算机的应用

人们通常所说的计算机即电子数字计算机，俗称"电脑"。1946 年 2 月，世界上第一台数字式电子计算机诞生，是美国宾夕法尼亚大学物理学家莫克利（Mauchly）和工程师埃克特（Eckert）等人共同研制的电子数字积分计算机（Electronic Numerical Integrator And Computer，ENIAC），它主要用于弹道计算。

ENIAC 不具备现代计算机"存储程序"的思想。1946 年 6 月，冯·诺依曼提出了采用二进制和存储程序控制的机制，并设计出第一台"存储程序"的离散变量自动电子计算机（Electronic Discrete Variable Automatic Computer，EDVAC）。1952 年，EDVAC 正式投入运行，其运算速度是 ENIAC 的 240 倍。

1.1.1　计算机的定义

计算机（Computer）是现代一种用于高速计算的电子计算机器，可以进行数值计算、行逻辑计算，还具有存储记忆功能。它是能够按照程序运行，自动、高速处理海量数据的现代化智能电子设备。常见的计算机如图 1-1 所示。

图 1-1　常见的计算机

1.1.2 计算机的发展

计算工具的演化经历了由简单到复杂、从低级到高级的不同阶段，例如从"结绳记事"中的绳结到算筹、算盘、计算尺、机械计算机等。它们在不同的历史时期发挥了各自的历史作用，同时也启发了现代电子计算机的研制思想。其中最为著名的当属我国古人发明的算盘，如图 1-2 所示。

图 1-2　算盘

计算机从发明至今，历经 70 多年的发展，根据使用电子元器件的不同，可划分为四个发展阶段。

（1）第一发展阶段（第一代计算机）。1946—1958 年是电子管计算机时代。1946 年 2 月 14 日，由美国军方定制的世界第一台电子计算机"电子数字积分计算机"（ENIAC）在美国宾夕法尼亚大学问世。ENIAC 是美国奥伯丁武器试验场为了满足计算弹道需要而研制的，这台计算器使用了 17840 支电子管，大小为 80ft×8ft（1ft=0.3048m），重达 28t，功耗为 170kW，其运算速度为每秒 5000 次的加法运算，造价约为 487000 美元。ENIAC 的问世具有划时代的意义，表明电子计算机时代的到来。

电子管计算机的逻辑元件采用的是真空电子管，主存储器采用汞延迟线，外存储器采用磁带，软件方面采用机器语言、汇编语言，主要用于数据数值运算领域，如军事和科学计算。第一代计算机体积大、功耗高、可靠性差、速度慢（一般为每秒数千次至数万次）、价格昂贵。世界上第一台计算机 ENIAC 如图 1-3 所示。

图 1-3　世界上第一台计算机 ENIAC

（2）第二发展阶段（第二代计算机）。1958—1964 年是晶体管计算机时代。IBM 公司制造的第一台使用晶体管的计算机增加了浮点运算，使计算能力有了很大提高，取名 TRADIC，其装有 800 个晶体管。

晶体管计算机的逻辑元件采用的是晶体管，主存储器采用磁芯存储器，外存储器有磁盘、磁带，软件方面有操作系统、高级语言及编译程序，应用领域除科学计算和事务处理外，还有工业控制领域。其特点是体积缩小、能耗降低、可靠性提高、运算速度提高（一般为每秒数 10 万次，可高达 300 万次）。计算机的应用领域已拓展到信息处理及其他科学领域。

（3）第三发展阶段（第三代计算机）。1964—1970 年是中小规模集成电路计算机时代。1964 年，美国 IBM 公司成功研制第一个采用集成电路的通用电子计算机系列 IBM36 系统。

集成电路计算机的逻辑元件采用中、小规模集成电路（MSI、SSI），主存储器开始采用半导体存储器，软件方面出现了分时操作系统以及结构化、规模化程序设计方法，开始应用于文字处理和图形图像处理领域。其特点是速度更快（一般为每秒数百万次至数千万次），可靠性有了显著提高，价格下降，走向了通用化、系列化和标准化。

（4）第四发展阶段（第四代计算机）：1971 年至今是大规模和超大规模集成电路计算机时代。其逻辑元件采用大规模和超大规模集成电路（LSI 和 VLSI），计算机体积、成本和重量大大降低，软件方面出现了数据库管理系统、网络管理系统和面向对象语言等。由于集成技术的发展，半导体芯片的集成度更高，可以把运算器和控制器都集中在一个芯片上，从而出现了微处理器。1971 年世界上第一台微处理器在美国硅谷诞生，开创了微型计算机的新时代。微型计算机体积小，价格便宜，使用方便，但它的功能和运算速度已经达到甚至超过了过去的大型计算机。外存储器有软盘、硬盘、光盘、U 盘等，应用领域已逐步涉及社会的各个方面：科学计算、事务管理、过程控制和家庭等。第四代计算机如图 1-4 所示。

图 1-4　第四代计算机

1.1.3　计算机技术发展方向

随着计算机技术的不断发展，当今计算机技术正朝着巨型化、微型化、网络化和智能化方向发展。

- 巨型化是指计算机运算速度极高、存储容量大、功能更强大和完善，主要用于生物工程、航空航天、气象、军事、人工智能等学科领域。
- 微型化是指计算机体积更小、功能更强、价格更低。从第一块微处理器芯片问世以来，计算机芯片集成度越来越高，功能越来越强，使计算机微型化的进程和普及率越来越快。
- 网络化是指计算机网络将不同地理位置上具有独立功能的不同计算机通过通信设备和传输介质互连起来，在通信软件的支持下，实现网络中的计算机之间共享资源、交换信息、协同工作。计算机网络在社会经济发展中发挥着极其重要的作用，其发展水平已成为衡量国家现代化程度的重要指标。随着 Internet 的飞速发展，计算机网络已广泛应用于政府、企业、科研、学校、家庭等领域，为人们提供及时、灵活和快捷的信息服务。

● 智能化是指让计算机能够模拟人类的智力活动，如感知、学习、推理等。

1.1.4　计算机的特点

计算机的主要特点表现在以下几个方面：

（1）运算速度快。运算速度是计算机的一个重要性能指标。通常用每秒执行定点加法的次数或平均每秒执行指令的条数来衡量计算机运算速度。计算机的运算速度已由早期的每秒几千次发展到现在的最高可达每秒几千亿次乃至万亿次。

（2）计算精度高。在科学研究和工程设计中，对计算的结果精度有很高的要求。一般计算机对数据的结果精度可达到十几位、几十位有效数字，通过一定的技术甚至根据需要可达到任意的精度。

（3）存储容量大。计算机的存储器可以存储大量数据。目前计算机的存储容量越来越大，已高达千兆数量级。

（4）具有逻辑判断功能。计算机不仅能进行精确计算，还具有逻辑运算功能，能对信息进行比较和判断。计算机能把参加运算的数据、程序以及中间结果和最后结果保存起来，并能根据判断的结果自动执行下一条指令以供用户随时调用。

（5）自动化程度高，通用性强。计算机可以根据人们编写的程序，完成工作指令，代替人类的很多工作，如机器手、机器人等。计算机通用性的特点能解决自然科学和社会科学中的许多问题，可广泛地应用于各个领域。

（6）性价比高。21 世纪计算机越来越普遍化、大众化，成为每家每户不可缺少的电器之一。计算机发展很迅速，有台式计算机还有笔记本。

1.1.5　计算机的分类

随着计算机及相关技术的迅猛发展，计算机的类型也不断分化、多种多样。依据计算机信息和数据的处理方式、应用范围、规模和处理能力三个指标，可将计算机进行如下分类。

（1）按照计算机的数据处理方式可分为模拟计算机、数字计算机和数模混合式计算机。模拟计算机和数字计算机如图 1-5 所示。

图 1-5　模拟计算机和数字计算机

1）模拟计算机。模拟计算机又称为模拟式电子计算机，用连续变化的模拟量即电压来表示信息，其基本运算部件是由运算放大器构成的微分器、积分器、通用函数运算器等运算电路组成的。模拟式电子计算机解题速度极快，但精度不高、信息不易存储、通用性差。它一般用于解微分方程或自动控制系统设计中的参数模拟。

2）数字计算机。数字计算机又称为数字式电子计算机，用不连续的数字量即"0"和"1"来表示信息，其基本运算部件是数学逻辑电路。数字式电子计算机的精度高、存储量大、通用性强，能胜任科学计算、信息处理、实时控制、智能模拟等方面的工作。

3）数模混合计算机。数模混合计算机又称数字模拟混合式电子计算机，是综合了数字和模拟两种计算机的长处而设计出来的。它既能处理数字量，又能处理模拟量。但这种计算机结构复杂，设计困难。

（2）按计算机的应用范围可分为专用计算机和通用计算机两类。

1）专用计算机。专为解决某一特定问题而设计制造的电子计算机，一般拥有固定的存储程序，如控制轧钢过程的轧钢控制计算机、计算导弹弹道的专用计算机等。此类计算机价格便宜、可靠性高、结构简单。

2）通用计算机。指各行业、各种工作环境都能使用的计算机，其运行速度和经济性依据其应用对象的不同而各有差异。通用计算机适合科学计算、数据处理、过程控制等。其价格昂贵、结构复杂、存储容量较大。

（3）按计算机的规模和处理能力可分为巨型计算机、大型计算机、中型计算机、小型计算机、微型计算机、嵌入式计算机。

1）巨型计算机。巨型计算机又称超级计算机，是计算机中功能最强、运算速度最快、存储容量最大的一类计算机，是国家科技发展水平和综合国力的重要标志。超级计算机拥有最强的并行计算能力，主要用于科学计算。在气象、军事、能源、航天、探矿等领域承担大规模、高速度的计算任务。

2）大型计算机。大型计算机是用来处理大容量数据的机器。它运算速度快、存储容量大、联网通信功能完善、可靠性高、安全性好，但价格比较贵，一般用于为大中型企业、事业单位（如银行、机场等）的数据提供集中的存储、管理和处理服务，承担企业级服务器的功能，如图1-6所示。

图1-6 巨型计算机和大型计算机

3）中型计算机。中型计算机介于大型计算机与小型计算机之间，运算速度达每秒几万次，用于国家级科研机构及理工类院校。如IBM的AS400系列服务器就属于中型机。

4）小型计算机。小型计算机是相对于大型计算机而言的。小型计算机的软硬件系统规模比较小，但其价格低、可靠性高，便于维护和使用，一般为中小型企业、事业单位或某一部门所用，包括工作站。

5）微型计算机。微型计算机又称为微机、个人计算机、微电脑、PC 等，是第四代计算机时期开始出现的一个新机种，是由大规模集成电路组成的、体积较小的电子计算机，具有体积小、灵活性大、价格便宜、使用方便等特点。

6）嵌入式计算机。即嵌入式系统，是一种以应用为中心、以微处理器为基础，软硬件可裁剪的，适应应用系统对功能、可靠性、成本、体积、功耗等严格要求的专用计算机系统，如微波炉、自动售货机、空调等电器上的控制板。

1.1.6 移动设备

移动设备又称行动装置、流动装置、手持装置等，是一种口袋大小的计算设备，通常有一个小的显示屏幕，以触控方式或小型键盘进行输入。常见的移动设备有智能手机、平板计算机、可穿戴设备等，如图 1-7 所示。

图 1-7　常见移动设备

（1）智能手机。智能手机指像个人计算机一样，具有独立的操作系统、独立的运行空间，可以由用户自行安装软件、游戏、导航等第三方服务商提供的程序，并可以通过移动通信网络来实现无线网络接入的一种手机类型。

（2）平板计算机。平板计算机是一款无须翻盖、没有键盘、大小不等、形状各异，却功能完整的计算机。其构成组件与笔记本计算机基本相同，但它是利用触笔在屏幕上书写，而不是使用键盘和鼠标输入，并且打破了笔记本计算机键盘与屏幕垂直的 J 型设计模式。它除了拥有笔记本计算机的所有功能外，还支持手写输入或语音输入，移动性和便携性更胜一筹。

（3）可穿戴设备。即直接穿在身上，或整合到用户的衣物配件上的一种便捷式设备。

1.1.7 计算机的应用

计算机的应用已普及到社会各个领域，概括来讲，主要分为以下几个方面。

（1）数值计算。数值计算也称为科学计算，最早研制的计算机就是用于科学计算。科学计算是计算机应用的一个重要领域，如地震预测、气象预报、航天技术等。

（2）信息处理。信息处理也称数据处理，计算机应用最广泛的一个领域，是利用计算机来对数据进行收集、加工、检索和输出等操作，如企业管理、物资管理、报表统计、学生管理、信息情报检索等。

（3）自动控制。工业生产过程中，计算机对某些信号自动进行检测、控制，可降低工人的劳动强度，减少能源损耗，提高生产效率。

（4）计算机辅助系统。计算机辅助设计（CAD）、计算机辅助制造（CAM）、计算机辅助测试（CAT）、计算机辅助教学（CAI）、计算机辅助教育（CBE）、计算机集成制造系统（CIMS）等都是计算机辅助系统。

（5）人工智能（AI）。人们开发一些具有人类某些智能的应用系统，用计算机来模拟人的思维判断、推理等智能活动，如机器人、模式识别、专家系统等。

（6）网络与通信。计算机网络是通信技术与计算机技术高度发展结合的产物。网上聊天、网上冲浪、电子邮政、电子商务、远程教育等为人们的学习、生活等提供了极大的便利。

（7）多媒体应用。随着电子技术特别是通信和计算机技术的发展，人们已经有能力把文本、音频、视频、动画、图形和图像等各种媒体综合起来，构成一种全新的概念——"多媒体"。在医疗、教育、商业、银行、保险、行政管理、军事、工业、广播、交流和出版等领域中，多媒体的应用发展很快。

1.2 计算机入门知识

主要学习内容：

- 计算机系统的组成
- 硬件系统和软件系统
- 计算机中常用的存储单位
- 计算机的性能指标

从 1946 年第一台电子计算机 ENIAC 问世以来，计算机从多方面改变着人们的生活和工作方式，渗透到社会的各个领域。计算机功能强大，借助计算机可以听音乐、看电影、上网、画画、处理文字、处理事务、管理生产、进行科学计算和玩游戏等。

1.2.1 计算机系统的组成

计算机系统由硬件系统和软件系统两大部分组成，两者相互依存，缺一不可。硬件指机器本身，是一些看得见、摸得着的实体。硬件系统由主机和外部设备组成。软件是一些大大小小的程序，存储在计算机的存储器上，负责控制计算机各部件协调工作。软件系统由系统软件和应用软件构成。概括而言，硬件是基础，是软件的载体，软件使硬件具有了使用价值。计算机系统组成结构如图 1-8 所示。

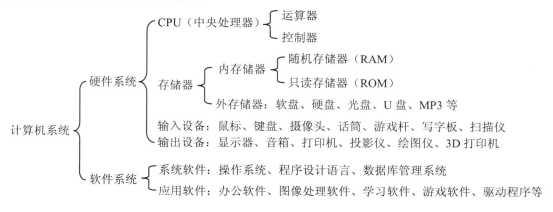

图 1-8 计算机系统组成结构

1.2.2 计算机硬件系统

从冯·诺依曼体系结构的角度看，计算机硬件系统由运算器、控制器、存储器、输入设备和输出设备5部分组成，其中控制器和运算器组成中央处理器。

从宏观角度来看计算机硬件系统包括主机和外部设备两部分。

1. 主机

主机包括主机箱内的主机部件及部分位于主机箱中的外设，通常有CPU、内存储器、主机板、显卡、声卡以及硬盘、光驱等。

（1）CPU（Central Processing Unit）。CPU即中央处理器，是一台计算机的运算核心和控制核心。其功能主要是解释计算机指令以及处理计算机软件中的数据。CPU由运算器、控制器、寄存器、高速缓存及实现它们之间联系的数据、控制及状态的总线构成。作为整个系统的核心，CPU也是整个系统最高的执行单元，因此CPU已成为决定计算机性能的核心部件，很多用户都以它为标准来判断计算机的档次。

Intel（英特尔）处理器占CPU八成以上的市场份额，除此之外还有AMD处理器。以Intel酷睿处理器为例，最新的分别是第十代i3、i5、i7、i9，尤其是装置于笔记本计算机时，可使其又轻又薄，呈现智能性能、娱乐中心和最佳互联，如图1-9所示。

图1-9　Intel酷睿处理器

（2）内存储器。存储器是计算机的记忆部件，它的主要功能是存储程序和数据。往存储器中存储数据称为写入数据，从存储器中取出数据称为读取数据。计算机的存储器分为内存储器和外存储器。

内存储器简称内存，又称主存储器，内存主要用于存储计算机运行期间的程序和临时数据，内存与CPU一起构成计算机的主机。计算机中所有程序的运行都是在内存中进行的，因此内存的性能对计算机的影响非常大。内存的容量有2GB、4GB、8GB、16GB等。内存一般采用半导体存储单元，包括随机存储器（Random Access Memory，RAM）、只读存储器（Read Only Memory，ROM），以及高速缓存（Cache）。随机存储器（RAM）既可以从中读取数据，也可写入数据。当机器电源关闭时，存于其中的数据就会丢失。通常人们购买或升级的内存条就是用作计算机的内存，也是RAM，其外观如图1-10所示。ROM在制造的时候，信息（数据或程序）就被存入并永久保存。这些信息只能读出，一般不能写入，即使机器停电，这些数据也不会丢失。ROM存放计算机的基本程序和数据，如对输入输出设备进行管理的基本系统就是存放在ROM中。Cache的原始意义是指存取速度比一般随机存储器（RAM）更快的一种RAM，介于中央处理器和主存储器之间的高速小容量存储器。它和主存储器一起构成一级的存储器。高速缓存和主存储器之间信息的调度和传送是由硬件自动进行的。

图 1-10　内存条

SRAM 即静态 RAM，DRAM 即动态 RAM，它们的最大区别：DRAM 是用电容有无电荷来表示信息，需要周期性地刷新；SRAM 利用触发器来表示信息，不需要刷新。SRAM 的存取速度比 DRAM 更高，常用作高速缓存 Cache。

高速缓存位于 CPU 与 RAM 之间，是一个读写速度比 RAM 更快的存储器。当 CPU 向内存中写入或读出数据时，这个数据也被存储进高速缓存中。当 CPU 再次需要这些数据时，CPU 就从高速缓存中读取数据，而不是访问较慢的 RAM。

（3）主板。主板（图 1-11），又称主机板、系统板或母板，是计算机最基本的同时也是最重要的部件之一。在整个计算机系统中扮演着举足轻重的角色。主板制造质量的高低，决定了硬件系统的稳定性。主板与 CPU 关系密切，每一次 CPU 的重大升级，必然导致主板的换代。主板是计算机硬件系统的核心，也是主机箱内面积最大的一块印刷电路板。主板的主要功能是传输各种电子信号，部分芯片也负责初步处理一些外围数据。计算机主机中的各个部件都是通过主板来连接的，计算机在正常运行时对系统内存、存储设备和其他 I/O 设备的操控都必须通过主板来完成。计算机性能是否能够充分发挥，硬件功能是否足够，以及硬件兼容性如何等，都取决于主板的设计。主板的优劣在某种程度上决定了一台计算机的整体性能、使用年限以及功能扩展能力。

随着计算机的发展，不同型号的计算机主板结构可能略有不同。有的主板带有集成声卡，有的额外安装独立声卡。

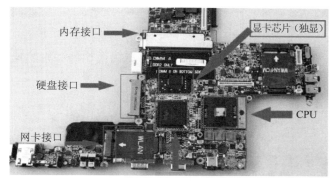

图 1-11　主板

2. 外部设备

外部设备包括外存储器、输入设备、输出设备等。

（1）外存储器。外存储器简称外存，又称辅助存储器，主要用于长期保存用户数据和程序，存储容量比内存大很多。CPU 能直接访问存储在内存中的数据。外存中的数据只有先读入内存，然后才能被 CPU 访问。从存储器中读数据或向存储器写入数据，均称为对存储器的访问。目前，常用的外存储器有硬盘、光盘、U 盘、移动硬盘等。U 盘（USB Flash Disk），全称 USB 闪存驱动器。这几种外存的常见外观分别如图 1-12～图 1-15 所示。

图 1-12　硬盘

图 1-13　光盘

图 1-14　U 盘

图 1-15　移动硬盘

（2）输入设备。输入设备是用来向计算机输入程序、命令、文字、图像等信息的设备，它的主要功能是将信息转换成计算机能识别的二进制编码输入计算机。常见的输入设备包括鼠标、键盘、摄像头等，如图 1-16 所示。

图 1-16　常见的输入设备

（3）输出设备。输出设备用来将计算机中的信息以人们能识别的形式表现出来。常见的输出设备有显示器、音箱和打印机等，如图 1-17 所示。

图 1-17　常见的输出设备

1.2.3 计算机软件系统

计算机软件系统是支持计算机运行和进行事务处理的软件程序系统，计算机软件系统主要分为系统软件和应用软件两大部分。

（1）系统软件。系统软件是计算机必不可少的部分，用来管理、控制和维护计算机的各种资源。系统软件主要包括操作系统、解释程序、监控程序、编译程序等。其中，操作系统（Operating System，OS）是计算机最重要的一种系统软件，是管理和控制计算机硬件与软件资源的计算机程序，是计算机最基本的系统软件，任何其他软件都必须在操作系统的支持下才能运行。操作系统是用户和计算机的接口，同时也是计算机硬件和其他软件的接口。计算机操作系统通常具有处理器（CPU）管理、存储管理、文件管理、输入输出管理和作业管理五大功能。

常见的操作系统有 Windows 10、Windows 7、Linux、Windows Server 2008、UNIX 等。Windows 10（左）和 Windows 7（右）界面如图 1-18 所示。

图 1-18　Windows 10（左）和 Windows 7（右）界面

（2）应用软件。应用软件是为专门解决某个领域的工作所编写的程序，如用于文字处理的 Word 和 WPS、用于电子表格处理的 Excel、用于网页设计的 Dreamweaver 和 FrontPage、用于企业管理的 ERP 系统、用于企业财务管理的财务软件以及用于浏览图片的 ACDSee 等。Office 2016 和 360 杀毒如图 1-19 所示。

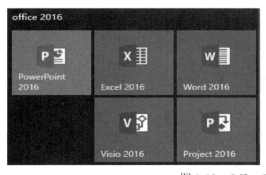

图 1-19　Office 2016 和 360 杀毒

1.2.4 计算机的性能指标

计算机功能的强弱或性能的好坏，是从硬件组成、软件配置、系统结构、指令系统等多方面来衡量的。一般通过以下几个指标来评价计算机的性能。

（1）主频。主频即时钟频率，是指 CPU 在单位时间内发出的脉冲数目，其单位是兆赫兹（MHz）。主频越高，计算机的运行速度就越快。如处理器 Intel Core i3 2120 3.3GHz 中的 3.3GHz 就是计算机主频。

（2）运算速度。运算速度是计算机的平均运算速度，是指每秒所能执行的指令条数，用 MIPS（Million Instruction Per Second，百万条指令/秒）来描述。一般来说，主频越高，运算速度就越快。运算速度是衡量计算机性能的一项重要指标。

（3）字长。字是一个独立的信息处理单位，也称计算机字，是 CPU 通过数据总线一次存取、加工和传送的一组二进制数。这组二进制数的位数即是计算机的字长。在其他指标相同时，字长越大则计算机处理数据的速度就越快。字长标志着计算机的计算精度和表示数据的范围。一般计算机的字长在 8～64 位之间，即一个字由 1～8 个字节组成。微型计算机的字长有 8 位、准 16 位、16 位、32 位、64 位等。

计算机中最直接、最基本的操作是对二进制数的操作。二进制数的一个位称为一个字位（bit）。bit 是计算机中最小的数据单位。

一个八位的二进制数组成一个字节（Byte，简写为 B）。字节是信息存储中最基本的单位。计算机存储器的容量通常是以多少字节来表示的。常用的存储单位如下：

B（字节）	1B=8bit
KB（千字节）	1KB=1024B
MB（兆字节）	1MB=1024KB
GB（千兆字节）	1GB=1024MB
TB（兆兆字节）	1TB=1024GB

（4）内存储器的容量。需要执行的程序与需要处理的数据就是存放在内存储器中的。内存储器容量的大小反映了计算机即时存储信息的能力。内存容量越大，计算机能处理的数据量就越庞大。目前，32 位的 Windows 7 系统至少需要 1GB 内存，64 位的 Windows 7 系统至少需要 2GB 内存。

（5）外存储器的容量。通常是指硬盘（包括内置硬盘和移动硬盘）容量。硬盘是存储数据的重要部件，其容量越大，可存储的信息就越多，计算机可安装的应用软件就越丰富。目前，主流硬盘容量为 500GB～2TB，有的甚至达 4TB，硬盘技术还在继续向前发展，更大容量的硬盘还将不断推出。

（6）存取周期。把信息写入存储器，称为"写"；把信息从存储器中读出，称为"读"。计算机进行一次"读"或"写"操作所需的时间称为存储器的访问时间（或读写时间）。存取周期是指计算机连续启动两次独立的"读"或"写"操作所需的最短时间。硬盘的存储周期比内存的存储周期要长。微型计算机内存储器的存取周期约为几十到一百纳秒（ns）左右。

以上介绍的只是一些主要性能指标。除此之外，微型计算机还有其他一些指标，例如，系统软件的可靠性、外部设备扩展能力以及网络功能等。各项指标之间也不是彼此孤立的，性能价格比也是平时人们购买计算机的一个重要指标。

1.3 键盘和鼠标的操作

主要学习内容：

● 键盘的构成
● 键盘的使用方法
● 鼠标的使用方法

键盘和鼠标是计算机的主要输入设备，是人们与计算机对话的工具。要想熟练操作计算机，首先必须掌握键盘和鼠标的基本操作方法，熟练它们的使用技巧。

1.3.1 计算机键盘的构成

键盘是计算机最基本的输入设备。现在常用键盘有 104 键盘和 107 键盘，104、107 等数字指的是键盘上键的个数。

键盘一般可分为 5 个部分：主键盘区、功能键区、编辑键区、辅助键盘区和状态指示区。键盘平面图如图 1-20 所示。

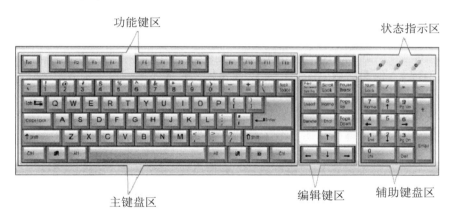

图 1-20 键盘平面图

下面介绍键盘常用键的使用方法。

● 字母键：在键盘中央标有"A、B、C…"等 26 个英文字母的键。计算机默认状态下，按字母键，输入的是小写字母。输入大写字母时需要同时按 Shift 键。
● 空格键：位于键盘下部的一个长条键，作用是输入空白字符。
● 字母锁定键（Capslock）：该键实质是一个开关键，它只对英文字母起作用，用来转换键盘上字母大小写状态，每按一次该键，键盘都会在字母大写和小写间转换。当它关上时，Capslock 指示灯不亮，这时键盘上字母处于小写输入状态；打开时，Capslock 指示灯亮，这时键盘上字母键处于大写输入状态。
● 功能键：位于键盘顶部的一行，标有"F1，F2，F3，…，F11，F12"的 12 个键，在不同软件中可以设置它们的不同功能。

- 退格键（Backspace）：键面上标有向左的箭头，这个键的作用是删除光标前面输入的字符。
- 上挡键（Shift）：主键盘区的左右各有一个。输入双字符键的上面字符时，需同时按 Shift 键。该键和字母键结合，也可进行字母大小写的转换。
- 控制键（Ctrl、Alt）：主键盘区的左右各有一个，它们一般不单独使用，需要与其他键配合使用才能完成各种功能。
- 数字锁定键（Numlock）：在辅助键盘区，按下 Numlock 键，Numlock 灯亮，则辅助键盘区的数字键起作用；再次按 Numlock 键，Numlock 灯不亮，则小键盘的编辑键不起作用。
- 光标移动键（←、↑、↓、→）：按下这些键，光标按相应箭头方向移动。光标是计算机软件系统中编辑区域的不断闪烁的标记，用于指示现在的输入或操作的位置。

1.3.2 键盘的使用

指法是指用户使用键盘的方法。为保证用户计算机信息的输入速度，掌握正确的键盘指法是很必要的。所以，用户从初学计算机起，就应严格按照正确的指法进行操作。

1. 基本键

主键盘区左边的"A、S、D、F"键和右边的"J、K、L、;"键，称为基本键。准备输入信息时，左手的食指、中指、无名指和小指分别放在 F、D、S 和 A 键上，右手的食指、中指、无名指和小指分别放（浮）在 J、K、L 和";"键上，两个拇指轻轻放（浮）在空格键上。在 F、J 两上键上都有一个凸起的横杠，以便盲打时两个食指通过触摸定位。

盲打是指在输入信息时眼睛不看键盘，视线只注视显示器或文稿。要想实现"盲打"，应熟记键盘上各键位的位置。

2. 指法分工

每个手指除负责基本键外，还要分工负责其他的键，各手指分工如图 1-21 所示。

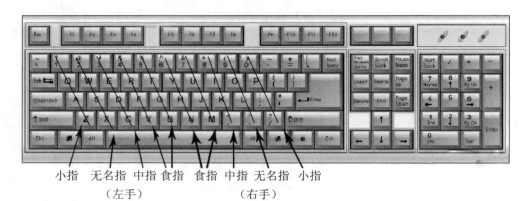

小指　无名指　中指　食指　　食指　中指　无名指　小指
（左手）　　　　　　　　　（右手）

图 1-21　指法分工图

要保证高速度的输入，用户输入信息时，10 个手指应按指法分工击键。

3. 正确的姿势

正确的打字姿势不仅有助于输入速度的提高，身体也不容易疲劳。

（1）身体保持端正，腰杆挺直，手指轻触键盘（浮于键上），两脚自然平放在地板上。

（2）椅子高度要合适，以前臂可自然平放键盘边为准。

（3）打字时，两臂自然下垂，手指自然弯成弧形，手与前臂成直线。在主键盘区击键时，主要是通过手指移动找键位，敲击较远的键才需移动胳膊。

（4）敲击键盘时手指用力要均匀、有弹性，击键后手指要迅速返回到基本键上，不敲击键的手指保持在基本键上。

操作练习：请以本学期英语课本中的一篇英文文章为内容，使用 Windows 10 附件中的"写字板"进行英文录入的操作练习，要求反复训练，达到"盲打"和快速录入的目标。

1.3.3 鼠标的使用

鼠标是计算机输入设备"鼠标器"的简称。鼠标上一般有左右两个键，中间有一滚轴，如图 1-22 所示。单击左右键可以向计算机输入操作命令，一般用右手拿鼠标，拇指放在鼠标的左侧，无名指和小指放在鼠标的右侧，食指和中指分别放在左键和右键上，如图 1-23 所示。系统默认的设置为左键是命令键，右键是快捷键，利用滚轮可以方便地在许多窗口上下翻页。

图 1-22　鼠标

图 1-23　握鼠标示意图

一般情况下鼠标指针为一个空心箭头。当移动鼠标时，鼠标指针会随着移动。

鼠标的基本操作一般有指向、单击、双击、拖动、右击等。

（1）指向：移动鼠标，鼠标指针对准某一位置或某一对象，即鼠标的指向，主要用于光标定位。利用计算机输入文字时，通常有一个小竖线有规律地闪动，提示当前输入字符的位置，这个小竖线就称为光标。

（2）单击：将鼠标指向某一目标，按一下鼠标左键便立即松开，常用于选定对象。

（3）双击：将鼠标指向某一目标，快速连击鼠标左键两下，常用于打开对象。

（4）拖动：将鼠标指向某一目标，按住左键不放，移动鼠标至指定位置，松开鼠标键。

（5）右击：将鼠标指针定位到某一对象，单击鼠标右键然后立即松开，即为右击，也可称为右击鼠标。右击后，系统通常会弹出一个快捷菜单，根据对象不同菜单也不同，它常用于执行与当前对象相关的操作。

（6）滚动：如果鼠标有滚轮，则可以用它来滚动查看文档和网页。若要向下滚动，请向后（朝向自己）滚动滚轮。若要向上滚动，请向前（远离自己）滚动滚轮。

注意：正确地握住并移动鼠标可避免手腕、手和胳膊酸痛或受到伤害，特别是长时间使用计算机时。下面是有助于避免这些问题的技巧：

● 将鼠标放在与肘部水平的位置。上臂应自然下垂在身体两侧。

- 轻轻地握住鼠标，不要紧捏或紧抓它。
- 鼠标移动是通过绕肘转动胳臂。避免向上、向下或向侧面弯曲手腕。
- 单击鼠标按钮时要轻。
- 手指保持放松。手指轻搭在鼠标上，不要悬停在按钮上方。
- 不需要使用鼠标时，不用握住它。
- 每使用计算机 15 ~ 20min 要短暂的休息。

1.4　计算机网络安全与法规

主要学习内容:

- 计算机网络安全概述
- 网络病毒和网络攻击
- 网络安全防护

随着计算机的应用和网络的普及，网络安全问题日益凸显，人们在享受计算机和网络带来的便利的同时，不得不面临计算机病毒和网络黑客等犯罪分子带来的困扰（隐私泄露和数据损失）。因此，注重网络安全防护和遵守网络安全法规尤为重要。

1.4.1　计算机网络安全概述

计算机网络安全是指利用网络管理控制和技术措施，保证在一个网络环境里，数据的保密性、完整性及可使用性受到保护。计算机网络安全包括两个方面：物理安全和逻辑安全。物理安全指系统设备及相关设施受到物理保护，免于破坏、丢失等；逻辑安全包括信息的完整性、保密性和可用性。

计算机网络不安全因素主要表现在以下几个方面。

- 保密性：信息不泄露给非授权用户、实体或过程，或供其利用的特性。
- 完整性：数据未经授权不能进行改变的特性。即信息在存储或传输过程中保持不被修改、不被破坏和丢失的特性。
- 可用性：可被授权实体访问并按需求使用的特性。即当需要时能否存取所需的信息。例如网络环境下拒绝服务、破坏网络和有关系统的正常运行等都属于对可用性的攻击。
- 可控性：对信息的传播及内容具有控制能力。
- 可审查性：出现安全问题时提供依据与手段。

网络安全由于不同的环境和应用而产生了不同的类型，主要有以下 4 种。

1. 系统安全

运行系统安全即保证信息处理和传输系统的安全。它侧重于保证系统正常运行，避免因为系统的崩溃和损坏而对系统存储、处理和传输的信息造成破坏和损失，产生信息泄露，干扰他人。

2. 网络安全

网络安全即网络上系统信息的安全，包括用户口令鉴别、用户存取权限控制、数据存取权限控制、方式控制、安全审计、安全问题跟踪、计算机病毒防治等。

3. 信息传播安全

信息传播安全即网络上信息传播安全及信息传播后果的安全，侧重于防止和控制由非法、有害的信息进行传播所产生的后果。

4. 信息内容安全

信息内容安全即网络上信息内容的安全，侧重于保护信息的保密性、真实性和完整性，避免攻击者利用系统的安全漏洞进行窃听、冒充、诈骗等有损于合法用户的行为，本质是保护用户的利益和隐私。

1.4.2　计算机网络病毒和网络攻击

1. 计算机病毒

计算机病毒是编制者在计算机程序中插入的破坏计算机功能或者数据的代码，能影响计算机使用，能自我复制的一组计算机指令或者程序代码。计算机病毒被公认为是数据安全的头号大敌，从 1987 年开始，计算机病毒受到世界范围内用户的普遍重视，我国也于 1989 年首次发现计算机病毒。

计算机感染病毒的主要症状：计算机屏幕上出现某些异常字符或画面；文件长度异常增减或莫名其妙地产生新文件；一些文件打开异常或突然丢失；系统无故进行大量磁盘读写；系统出现异常的重启现象，经常死机，或者蓝屏无法进入系统；可用的内存或硬盘空间变小；打印机等外部设备出现工作异常；程序或数据神秘消失，文件名不能辨认；文件不能正常删除等。

计算机病毒的特点如下：

（1）传染性。计算机病毒可以自我复制，即具有传染性，这是判断某段程序为计算机病毒的首要条件。

（2）破坏性。计算机病毒种类不同，其破坏性也差别很大。计算机中毒后，可能会导致正常的软件无法运行，也可能会把计算机内的数据或程序删除，使之无法恢复。

（3）潜伏性。有些计算机病毒进入系统后不会马上发作，只是悄悄地传播、繁殖、扩散。一旦时机成熟，病毒发作，会破坏计算机系统，如格式化磁盘、删除磁盘文件、对数据文件做加密、封锁键盘以及使系统死锁等。

（4）隐蔽性。计算机病毒具有很强的隐蔽性，有的会时隐时现、变化无常，有的可以通过病毒软件检查出来，有的根本就查不出来。

计算机病毒是通过媒介进行传播的。常见的计算机病毒的传染媒介有计算机网络、磁盘和光盘等。现在计算机病毒传染最快的途径就是计算机网络，如利用电子邮件、网上下载文件进行传播等。移动硬盘、U 盘、光盘等也是计算机病毒传染的重要途径。

2. 网络病毒

广义上认为，可以通过网络传播，同时破坏某些网络组件（服务器、客户端、交换和路由设备）的病毒就是网络病毒。狭义上认为，局限于网络范围的病毒就是网络病毒，即网络病毒应该是充分利用网络协议及网络体系结构作为其传播途径或机制。

从不同的角度看，网络病毒有不同的分类方式。

（1）从网络病毒功能区分，分为木马病毒和蠕虫病毒。木马病毒是一种后门程序，它会潜伏在操作系统中，窃取用户资料，比如 QQ 密码、网上银行密码等。蠕虫病毒相对来说要先进一点，它的传播途径很广，可以利用操作系统和程序的漏洞主动发起攻击，每种蠕虫都有一个能够扫描到计算机漏洞的模块，一旦发现立即传播出去，由于蠕虫的这一特点，它的危害性也更大，它可以在感染了一台计算机后通过网络感染这个网络内的所有计算机，被感染后，蠕虫病毒会发送大量数据包，所以被感染的网络速度就会变慢，也会因为 CPU、内存占用过高而产生或濒临死机状态。

（2）从网络病毒传播途径区分，分为邮件型病毒和漏洞型病毒两种。相比较而言，邮件型病毒更容易清除，它是由电子邮件进行传播的，病毒会隐藏在附件中，伪造虚假信息欺骗用户打开或下载该附件，有的邮件病毒也可以通过浏览器的漏洞进行传播，这样，用户即使只是浏览了邮件内容，并没有查看附件，也同样会让病毒乘虚而入。而漏洞型病毒应用最广泛的就是 Windows 操作系统，而 Windows 操作系统的系统操作漏洞非常多，微软会定期发布安全补丁，即便没有运行非法软件，或者不安全连接，漏洞型病毒也会利用操作系统或软件的漏洞攻击计算机，例如 2004 年风靡的冲击波和震荡波病毒就是漏洞型病毒的一种，它们使全世界网络计算机瘫痪，造成了巨大的经济损失。

3．网络攻击

网络攻击（Cyber Attacks，也称赛博攻击）是指针对计算机信息系统、基础设施、计算机网络或个人计算机设备的，任何类型的进攻动作。对于计算机和计算机网络来说，破坏、揭露、修改、使软件或服务失去功能、在没有得到授权的情况下偷取或访问任何一台计算机的数据，都会被视为对计算机和计算机网络的攻击。

近年来，网络攻击事件频发，互联网上的木马、蠕虫、勒索软件层出不穷，这对网络安全乃至国家安全形成了严重的威胁。2017 年维基解密公布了美国中央情报局和美国国家安全局的新型网络攻击工具，其中包括了大量的远程攻击工具、漏洞、网络攻击平台以及相关攻击说明的文档。同时从部分博客、论坛和开源网站，普通的用户就可以轻松地获得不同种类的网络攻击工具。互联网的公开性，让网络攻击者的攻击成本大大降低。2017 年 5 月，全球范围内爆发了永恒之蓝勒索病毒的攻击事件，该病毒是通过 Windows 网络共享协议进行攻击并具有传播和勒索功能的恶意代码。经网络安全专家证实，攻击者正是通过改造了 NSA 泄露的网络攻击武器库中 Eternal Blue 程序发起了此次网络攻击事件。

网络攻击的类型如下：

（1）主动攻击。主动攻击会导致某些数据流的篡改和虚假数据流的产生。这类攻击可分为篡改、伪造消息数据和终端（拒绝服务）。

（2）被动攻击。被动攻击中攻击者不对数据信息做任何修改，截取/窃听是指在未经用户同意和认可的情况下攻击者获得了信息或相关数据。通常包括窃听、流量分析、破解弱加密的数据流等攻击方式。

4．常见的网络攻击方法

（1）口令入侵。所谓口令入侵是指使用某些合法用户的账号和口令登录到目的主机，然后再实施攻击活动。这种方法的前提是必须先得到该主机上的某个合法用户的账号，然后再进行合法用户口令的破译。

（2）特洛伊木马。放置特洛伊木马程序能直接侵入用户的计算机并进行破坏，它常被伪装成工具程序或游戏等诱使用户打开带有特洛伊木马程序的邮件附件或从网上直接下载，一旦用户打开了这些邮件的附件或执行了这些程序，它们就会像古特洛伊人在敌人城外留下的藏满士兵的木马一样留在自己的计算机中，并在自己的计算机系统中隐藏一个能在 Windows 启动时悄悄执行的程序。

（3）Web 欺骗。一般 Web 欺骗使用两种技术手段，即 URL 地址重写技术和相关信息掩盖技术。利用 URL 地址，使这些地址都指向攻击者的 Web 服务器，即攻击者能将自己的 Web 地址加在所有 URL 地址的前面。当用户和站点进行安全链接时，就会毫不防备地进入攻击者的服务器，用户的所有信息便处于攻击者的监视之中。

（4）电子邮件。电子邮件是互联网上运用得十分广泛的一种通信方式。攻击者能使用一些邮件炸弹软件或 CGI 程序向目的邮箱发送大量内容重复、无用的垃圾邮件，从而使目的邮箱被撑爆而无法使用。当垃圾邮件的发送流量特别大时，更有可能造成邮件系统对于正常的工作反映缓慢，甚至瘫痪。相对于其他的攻击手段来说，这种攻击方法具有简单、见效快等特点。

（5）节点攻击。攻击者在突破一台主机后，往往以此主机作为根据地，攻击其他主机（以隐蔽其入侵路径，避免留下蛛丝马迹）。它们能使用网络监听方法，尝试攻破同一网络内的其他主机；也能通过 IP 欺骗和主机信任关系，攻击其他主机。

（5）网络监听。网络监听是主机的一种工作模式，在这种模式下，主机能接收到本网段在同一条物理通道上传输的所有信息，而不管这些信息的发送方和接收方是谁。

（6）黑客软件。利用黑客软件攻击是互联网上用得比较多的一种攻击手法。Back Orifice 2000、冰河等都是比较著名的特洛伊木马，它们能非法地取得用户计算机的终极用户级权利，能对其进行完全的控制，除了能进行文件操作外，同时也能进行对方桌面抓图、取得密码等操作。

5. 网络病毒防范

在防范网络病毒时需注意以下几点：

（1）对系统文件、重要可执行文件和数据进行写保护。

（2）不使用来历不明的程序或数据。

（3）不打开来历不明的电子邮件。

（4）使用新的计算机系统或软件时，要先杀毒后使用。

（5）安装杀毒软件，并定期进行杀毒。

（6）对外来的磁盘进行病毒检测处理后再使用等。

1.4.3　网络安全防护

1. 概念

网络安全防护是一种网络安全技术，指致力于解决诸如如何有效进行介入控制，以及如何保证数据传输的安全性的技术手段，主要包括物理安全分析技术、网络结构安全分析技术、系统安全分析技术、管理安全分析技术及其他的安全服务和安全机制策略。

2. 网络安全防护措施

（1）利用虚拟网络技术，防止基于网络监听的入侵手段。

（2）利用防火墙技术保护网络免遭黑客袭击。

（3）利用病毒防护技术可以防毒、查毒和杀毒。

（4）利用入侵检测技术提供实时的入侵检测及采取相应的防护手段。

（5）安全扫描技术为发现网络安全漏洞提供了强大的支持。

（6）采用认证和数字签名技术。认证技术用以解决网络通信过程中通信双方的身份认可问题，数字签名技术用于通信过程中的不可抵赖要求的实现。

（7）采用 VPN 技术。我们将利用公共网络实现的私用网络称为虚拟私用网 VPN。

（8）利用应用系统的安全技术以保证电子邮件和操作系统等应用平台的安全。

3. 网络安全法

《中华人民共和国网络安全法》是为保障网络安全，维护网络空间主权和国家安全、社会公共利益，保护公民、法人和其他组织的合法权益，促进经济社会信息化健康发展而制定的法律。

《中华人民共和国网络安全法》由第十二届全国人民代表大会常务委员会第二十四次会议于 2016 年 11 月 7 日通过，自 2017 年 6 月 1 日起施行。《中华人民共和国网络安全法》六大亮点如图 1-24 所示。

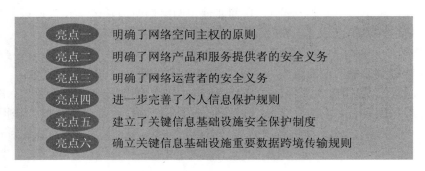

图 1-24 《中华人民共和国网络安全法》六大亮点

4. 计算机犯罪

计算机犯罪，就是在信息活动领域中，利用计算机信息系统或计算机信息知识，或者针对计算机信息系统，对国家、团体或个人造成危害，依据法律规定，应当予以刑罚处罚的行为。

计算机犯罪分为如下三大类：

（1）以计算机为犯罪对象的犯罪，如行为人针对个人计算机或网络发动攻击，这些攻击包括非法访问存储在目标计算机或网络上的信息，或非法破坏这些信息，窃取他人的电子身份等。

（2）以计算机作为攻击主体的犯罪，如当计算机是犯罪现场、财产损失的源头、原因或特定形式时，常见的有黑客、特洛伊木马、蠕虫、传播病毒和逻辑炸弹等。

（3）以计算机作为犯罪工具的传统犯罪，如使用计算机系统盗窃他人信用卡信息，或者通过连接互联网的计算机存储、传播淫秽物品等。

如何增强网络安全意识？需要做到：加强网络安全法制知识学习；加强自身信息的保护；不盲目跟风，不参与不负责任的网络信息传播。

练习题

1．计算机的分类有哪些？
2．计算机的硬件系统包括哪几部分？
3．计算机的主要性能指标是什么？
4．计算机网络安全具备哪些特征？
5．常见的网络攻击手段有哪些？

第 **2** 章　Windows 10 基本操作

2.1　中文 Windows 10 的启动与退出

主要学习内容：

- Windows 10 的启动和退出
- Windows 10 的桌面

操作系统是用户与计算机间沟通的桥梁。计算机没有安装操作系统，用户就不能正常使用计算机。所有应用软件都必须在操作系统的支持下才能使用，操作系统是应用软件的支撑平台。Windows 10 系统是 Microsoft 公司于 2015 年正式发布的操作系统，在易用性和安全性方面相比其他版本有了很大的提升，除了针对云服务、智能移动设备、自然人机交互等新技术进行融合外，还对固态硬盘、生物识别、高分辨率屏幕等硬件进行了优化完善与支持。

一、操作要求

（1）打开计算机，启动 Windows 10 系统，观察 Windows 10 桌面的组成。
（2）切换用户。以另一用户登录当前正在使用的计算机。
（3）重新启动计算机。
（4）让计算机进入睡眠（或休眠）状态并唤醒。
（5）关闭计算机。

二、操作过程

1. 计算机启动

按下计算机的电源开关即可启动 Windows 10。计算机机箱的电源上通常有开关标志 ⏻，计算机启动后，按系统要求输入"用户名"和"密码"，按 Enter 键，进入 Windows 10 系统，首先显示的用户界面如图 2-1 所示。

2. 切换用户

单击"开始" ⊞ 按钮，然后单击上方"用户图标"按钮 ◉，打开用户管理菜单，如图 2-2 所示。单击"更改账户设置"，可选择改用其他账户登录；或按组合键 Ctrl+Alt+Delete，然后单击"切换用户"再登录。

图 2-1　Windows 10 用户界面

图 2-2　用户管理菜单

说明：如果计算机上有多个用户，另一用户要登录该计算机，且不关闭当前用户打开的程序和文件，可使用"切换用户"方式。

注意：Windows 不会自动保存打开的文件，因此在切换用户之前要保存所有打开的文件。如果切换到其他用户并且该用户关闭了该计算机，则之前账户上打开的文件所做的所有未保存更改都将丢失。

3．重新启动计算机

单击"开始"按钮，然后单击"电源"按钮，在上方列表中单击"重启"按钮，即可重新启动计算机。

说明：通常在计算机中安装了一些新的软件、硬件或者修改了某些系统设置后，为了使这些程序、设置或硬件生效，需要重新启动操作系统。

4. 进入与唤醒睡眠（或休眠）状态

单击"开始"按钮 ■，然后单击"电源"按钮 ⏻，在上方列表中单击"睡眠"（或"休眠"）按钮，系统进入睡眠（或休眠）状态。

睡眠是一种节能状态，将工作和设置保存在内存中，消耗少量的电量，当用户再次开始工作时，可在几秒之内快速恢复到之前的工作。休眠是一种主要为笔记本计算机设计的电源节能状态，在 Windows 使用的所有节能状态中，休眠使用的电量最少。如果用户很长一段时间不使用计算机，且在那段时间不能给电池充电，则应使用休眠模式。

在大多数计算机上，可以按计算机电源按钮恢复工作状态。也可通过按键盘上的任意键或单击来唤醒计算机。

提示：有些计算机的键盘有 Sleep（休眠）键和 Wake Up（唤醒）键。笔记本计算机可通过打开便携式盖子来唤醒计算机。睡眠（或休眠）在"电源"菜单中的显示可通过搜索【电源和睡眠设置】→【其他电源设置】→【选择电源按钮功能】界面设置。

5. 关闭计算机

单击"开始"按钮，然后单击"电源"按钮，在上方列表中单击"关机"按钮；或按计算机的电源按钮持续几秒。关闭计算机后，然后关闭显示器。

提示：关机时，计算机关闭所有打开的程序以及 Windows 本身。关机不会保存用户的工作，所以在关机前，必须首先保存文件。

三、知识技能要点

1. Windows 10 的启动

按下计算机的电源开关即可启动 Windows 10。计算机启动后，Windows 会要求用户输入"用户名"和"密码"。输入正确的用户名和密码后，按 Enter 键，进入 Windows 10 系统。Windows 10 进入后，首先显示的用户界面如图 2-1 所示，该界面是用户操作所有应用程序的场所，俗称桌面。

2. Windows 10 的关闭

退出 Windows 10 有几种方案供用户选择，包括关机、切换用户、注销、锁定、重新启动、休眠和睡眠 7 种方式。单击"开始"按钮，然后单击"关机"按钮右边的箭头，打开"退出系统"菜单，显示退出 Windows 的几种方式，如图 2-2 所示。

3. Windows 10 的桌面

启动 Windows 10 后，显示器出现的就是 Windows 的桌面，如图 2-1 所示。桌面上显示的一个个小图标，代表不同的程序、文件夹、文件或其他的对象，有部分是系统自带的图标，如"回收站"，也有一部分图标是安装应用软件时自动添加的"快捷方式"，用户可以自己添加或删除桌面上的图标，双击桌面上的图标可打开相应的软件。

下面简单介绍桌面上常见的图标：

- 此电脑：用于管理计算机内置的各种资源对象，比如硬盘资源、光盘资源、移动存储设备和控制面板等。
- 回收站：用于存放和管理被删除的文件或文件夹。从计算机上删除文件时，文件实际上只是移动到并暂时存储在回收站中，直至回收站被清空。没清空回收站时，还可以从中还原被删除的文件或文件夹，所以删除的文件如果没有清空仍然占用计算机的硬盘资源。

- IE 浏览器：全称是 Internet Explorer，简称 IE，作为 Windows 默认的桌面浏览器，用于上网搜索信息、浏览网页的应用程序。
- 任务栏：通常位于桌面的最下方，如图 2-3 所示。任务栏主要由"开始"菜单按钮、快速搜索栏、Cortana 程序按钮、打开的程序窗口和通知区等几部分组成。

图 2-3　任务栏

- "开始"按钮：单击该按钮，打开"开始"菜单。在"开始"菜单中包含已安装在计算机中的所有应用程序和 Windows 10 自带的应用程序，单击"开始"菜单中的程序按钮可以启动所选择的程序，例如单击"所有程序"中的 Internet Explorer 按钮可以启动 IE 浏览器；在菜单右侧系统特有的"高效工作"界面，可以自由添加程序图标磁贴和进行分组。

2.2　中文 Windows 10 的基本操作

主要学习内容：

- 鼠标指针形状
- 桌面图标
- 开始菜单和任务栏的使用
- 窗口及对话框的使用
- 菜单的使用

一、操作要求

（1）设置桌面上的图标自动排列，再按"修改日期"对桌面图标重新排序，观察图标顺序变化。

（2）为应用程序建立桌面快捷图标。

（3）打开"此电脑"窗口，观察该窗口的组成。然后对该窗口进行最大化、最小化和还原操作，并通过边框调整此窗口的大小。

（4）打开"此电脑""网络"和"回收站"窗口；在打开的各窗口间切换；将各窗口以"并排显示窗口"形式显示。

（5）将任务栏的位置设置到屏幕上方。

（6）设置"桌面"图标显示在任务栏的工具栏上。

（7）在任务栏的通知区域显示"音量"图标。

（8）将系统时间设置为当前正确的时间。

二、操作过程

1. 排列桌面上的图标

在桌面无图标处右击，打开快捷菜单，将鼠标指针移至"查看"，显示下一级菜单。单击选择"自动排列图标"，则桌面上的图标自动排列。再在桌面右击，打开快捷菜单，单击"排序方式"下的"修改日期"，如图 2-4 所示，则系统对桌面图标按修改日期重新排序，观察图标顺序变化。

2. 创建桌面快捷图标

单击"开始"按钮，在程序列表中用鼠标指针点住某应用程序的图标直接拖动到桌面，可快速创建桌面快捷图标。此外，找到某程序所在位置，右击程序图标，打开快捷菜单，选择"创建快捷方式"，在弹出的对话框中选择"是"，也可将快捷方式放到桌面上，如图 2-5 所示。

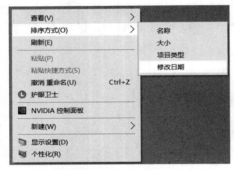

图 2-4　桌面图标排序

图 2-5　建立桌面快捷方式

3. 改变"此电脑"窗口大小

双击桌面上的"此电脑"图标，打开"此电脑"窗口，如图 2-6 所示，观察该窗口的组成。

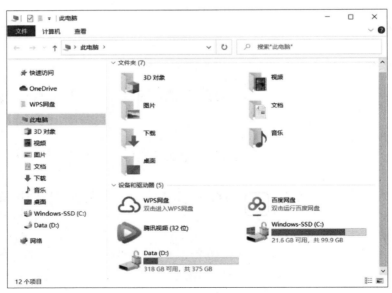

图 2-6　"此电脑"窗口

单击窗口标题栏上的"最大化"按钮 ☐，将窗口最大化。窗口"最大化"按钮变为"向下还原"按钮 ☐。单击"向下还原"按钮，窗口恢复到最大化之前窗口的大小。单击"最小化"按钮 —，窗口缩为一个图标 🖥此电脑显示在任务栏上。单击任务栏上相应的图标，则重新显示该窗口。

要调整窗口的高度，则将鼠标指针定位到窗口的上边框或下边框。当鼠标指针变为垂直的双箭头 ↕ 时，单击边框将边框向上或向下拖动。要调整窗口宽度，则将鼠标指针定位至窗口的左边框或右边框，当指针变为水平的双箭头 ↔ 时，单击边框，然后将边框向左或向右拖动。若要同时改变高度和宽度，则将鼠标指针定位至窗口的任何一个角。当指针变为斜向的双向箭头 ↖ 时，单击边框，然后向任一方向拖动边框。

4. 打开、切换和并排显示窗口

双击桌面上"此电脑"图标，打开"此电脑"窗口；双击桌面上的"回收站"图标，打开"回收站"窗口，同时打开计算机网络的设置界面。

按组合键 Alt+Tab，进入窗口切换模式，如图 2-7 所示，按住 Alt 键不松开，继续按 Tab 键在窗口缩略图间向前循环切换，需要切换至哪个窗口就在哪个窗口的缩略图选中时停留，松开组合键，选中的窗口就展示在桌面最前方。

右击底部任务栏，在如图 2-8 所示的快捷菜单中单击"并排显示窗口"命令，当前打开的各窗口即以并排窗口的方式显示，如图 2-9 所示。使用计算机时，需同时看到多个窗口内容时，可采用该方式显示窗口，也可使用"堆叠显示窗口"命令。

图 2-7 窗口切换模式

图 2-8 快捷菜单

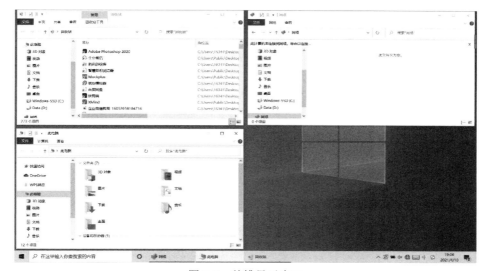

图 2-9 并排显示窗口

5. 设置任务栏的位置到屏幕顶部

在任务栏上右击，打开快捷菜单，单击"任务栏设置"，打开设置界面，如图 2-10 所示，"任务栏在屏幕上的位置"选择顶部，如图 2-11 所示，任务栏便被移动到屏幕顶部了。

图 2-10 任务栏设置界面   图 2-11 设置任务栏在屏幕顶部

6. 设置"桌面"图标显示在任务栏的工具栏上

在任务栏上右击，打开快捷菜单，指向"工具栏"选项，显示"工具栏"子菜单，如图 2-12 所示。单击"桌面"选项，"桌面"图标即显示在任务栏的工具栏上。

图 2-12 "工具栏"子菜单

7. 选择在通知区域显示"音量"图标

在任务栏上右击，打开快捷菜单，单击"任务栏设置"，打开设置界面，如图 2-10 所示，在"通知区域"单击"选择哪些图标显示在任务栏上"链接，打开的设置界面如图 2-13 所示，单击打开"音量"后面的按钮，通知区域即显示音量图标 🔊。

8. 设置时间和日期

在任务栏右侧的时间上右击，打开快捷菜单，选择"调整日期/时间（A）"，弹出如图 2-14 所示的界面。单击"相关设置"下的"日期、时间和区域格式设置"链接，打开"区域"设置界面，继续单击"其他日期、时间和区域设置"，出现"时钟和区域"界面，如图 2-15 所示，单击"设置时间和日期"，打开"日期和时间"对话框，如图 2-16 所示，单击"更改日期和时间"按钮，打开"日期和时间设置"对话框，如图 2-17 所示，在此对话框设置正确的时间和日期，单击"确定"按钮，再次单击"确定"按钮，完成设置。

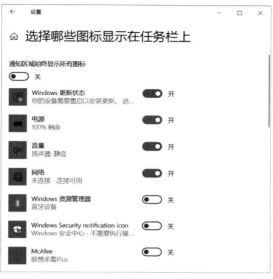

图 2-13 "任务栏"选项卡

图 2-14 日期和时间设置界面

图 2-15 时钟和区域设置界面

图 2-16 "日期和时间"对话框

图 2-17 "日期和时间设置"对话框

三、知识技能要点

1. 鼠标指针形状

Windows 10 中，用户的大部分操作都可通过鼠标来完成。鼠标的基本操作主要有指向、单击、双击、拖放和右击 5 种，其操作方法在第 1 章中已介绍。

使用鼠标时，用户的操作不同，对应鼠标的形状也不同。在 Windows 标准方案下鼠标指针形状和相应含义见表 2-1。

表 2-1 鼠标指针形状和相应含义

指针形状	含义	指针形状	含义
⟍	正常选择	⊘	不可用
⟍?	帮助选择	↕	垂直调整大小
⟍○	后台运行	⟷	水平调整大小
○	忙	⬃或⬁	沿对角线调整大小
+	精确选择	✥	移动
I	文本选择	⬆	候选
✎	手写	☝	链接选择

2. "开始"界面

"开始"界面是计算机程序、文件夹和设置的主门户。若要打开"开始"界面，请单击屏幕左下角的"开始"按钮 ⊞，或者按键盘上的 Windows 徽标键 ⊞。

使用"开始"界面可执行以下常见的操作：

- 启动程序。
- 快速打开常用的文件夹。
- 快速选择常用应用软件。
- 调整计算机设置。
- 获取有关 Windows 操作系统的帮助信息。
- 关闭计算机。
- 关闭 Windows 或切换到其他用户账户。

"开始"界面如图 2-18 所示，分为左中右 3 个组成部分：①左边是一列短列表，从下到上显示的依次是"电源、设置、图片、文档、账户"按钮，单击相应按钮可打开对应界面或快捷菜单；②中间列表列出了最近添加的和已安装的应用软件快捷方式图标，并按名称首字母排序；③右边窗格是 Windows 10 特有的屏幕界面，提供对常用程序软件、文件或文件夹、设置和功能的访问，可以自由拖动、添加程序图标磁贴和对磁贴进行分组。

3. 搜索框

搜索框是在计算机上查找项目的最便捷方法之一。搜索框将遍历用户程序以及个人文件夹（包括"文档""图片""音乐""桌面"以及其他常见位置）中的所有文件夹，还会搜索用户的电子邮件、已保存的即时消息、联系人等，其默认位置在"开始"按钮右侧，单击搜索框，出现如图 2-19 所示的界面，在上方界面中可直接单击打开常用的或最近使用的程序或文件、文档等，将鼠标指针定位到搜索框输入要搜索的内容即可查找，相应的搜索结果会显示在该界面中。

图 2-18　"开始"界面

图 2-19　"搜索框"界面

4. 桌面图标

在 Windows 操作系统中，可以为程序、文件、图片、位置和其他项目添加或删除桌面图标。添加到桌面的大多数图标将是快捷方式，但也可以将文件或文件夹保存到桌面。如果删除快捷方式图标，则会将快捷方式从桌面删除，但不会删除快捷方式链接到的文件、程序或位置。可以通过图标上的箭头来识别快捷方式，如图 2-20 所示。

（1）创建桌面快捷方式图标。找到要为其创建快捷方式的项目，右击该项目，单击"创建快捷方式"，然后在弹出的对话框中单击"是"，该快捷方式图标便出现在桌面上。

（2）删除图标。右击桌面上的某个图标，单击"删除"，打开"删除快捷键"对话框，然后单击"是"。如果系统提示输入管理员密码或进行确认，则输入该密码或进行确认。

（3）添加或删除特殊的 Windows 桌面图标，包括"计算机"文件夹、用户个人文件夹、"网络"文件夹、"回收站"和"控制面板"的快捷方式。操作步骤如下：

1）在桌面空白处右击，打开快捷菜单，单击"个性化"，在出现的界面中选择"主题"，显示主题设置窗口，如图 2-21 所示。

图 2-20　快捷图标

图 2-21　主题设置窗口

2）在"相关的设置"中，单击"桌面图标设置"，打开"桌面图标设置"对话框。

3）在"桌面图标"选项中，勾选要添加到桌面的每个图标的复选框，或取消勾选想要从桌面上删除的每个图标的复选框，如图 2-22 所示，然后单击"确定"按钮。

（4）隐藏桌面图标。如要临时隐藏所有桌面图标，实际并不删除它们，可右击桌面空白部分，在打开的快捷菜单中，单击"查看"→"显示桌面图标"，取消选择该项，桌面上的图标就会消失。可以通过再次单击"显示桌面图标"来显示图标。

5. 窗口的使用

窗口是 Windows 操作系统最基本的操作界面，也是 Windows 操作系统的特点。每当打开程序、文件或文件夹时，它都会在屏幕上称为窗口的框或框架中显示。在 Windows 中应用程序、资源管理等都是以窗口界面呈现在用户面前的。

（1）窗口的组成。Windows 10 的窗口有许多种，虽然每个窗口的内容各不相同，但所有窗口都有一些共同点。窗口始终显示在桌面（屏幕的主要工作区域）上。大多数窗口都具有相同的基本部分。通常由标题栏、菜单栏、工具栏、工作区、滚动条等几部分组成，如图 2-23 所示是一个 Windows 窗口。窗口中主要的组成部分及其功能见表 2-2。

图 2-22　"桌面图标设置"对话框

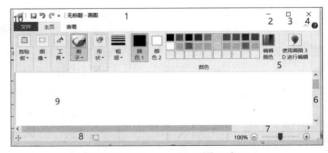

图 2-23　Windows "画图"窗口

表 2-2　窗口的组成部分及其功能

序号	名称	功能
1	标题栏	显示应用程序或文档的名称，其左端为控制菜单按钮，右端为最小化、最大化（或还原）以及关闭按钮
2	最小化按钮	单击该按钮，窗口最小化
3	最大化按钮	窗口的最大化显示
4	关闭按钮	关闭窗口
5	选项卡栏	显示当前选项卡的命令按钮
6	垂直滚动条	拖动滚动可查看程序或文档的内容在垂直方向上的显示
7	水平滚动条	拖动滚动可查看程序或文档的内容在水平方向上的显示
8	状态栏	显示窗口当前状态
9	工作区	显示应用程序或文档的内容
10	选项卡	单击选项卡标签，切换选项卡

（2）窗口的基本操作。

1）打开窗口：常用的方法有两种。一是双击相应窗口图标；二是右击相应窗口图标，在打开的快捷菜单中选择"打开"命令。

2）移动窗口：将鼠标指针指向窗口的标题栏，然后拖动窗口到目标位置后释放鼠标，即可完成移动操作。

3）关闭窗口：单击"关闭"按钮。关闭窗口会将其从桌面和任务栏中删除。

最小化、最大化和关闭窗口：单击标题栏上的窗口控制按钮，即可完成相应操作。

- "最小化"按钮 −：单击该按钮，窗口会缩成为 Windows 10 任务栏上的一个按钮。当再次使用该窗口时，单击任务栏上相应的按钮，窗口即恢复原来的位置和大小。
- "最大化"按钮 □：单击该按钮，窗口铺满整个桌面，此时，"最大化"按钮变成"向下还原"按钮 ❐；单击"向下还原"按钮，窗口会变回原来的大小，"向下还原"按钮又变为"最大化"按钮。
- "关闭"按钮 ✕：单击该按钮，可关闭窗口。

在窗口标题栏上双击，也可使窗口在"最大化"与"还原"状态间切换。

4）调整窗口：用户可根据需要，使用鼠标拖动窗口边框、调整窗口大小、拖放窗口位置。

- 调整窗口宽度：将鼠标指针指向窗口的左边框或右边框，当鼠标指针变成一个水平的双箭头 ⟷ 时，点住鼠标左键拖动到合适位置松开。
- 调整窗口高度：将鼠标指针指向窗口的上边框或下边框，当鼠标指针变成一个垂直的双箭头 ↕ 时，点住鼠标左键拖动到合适位置松开。
- 同时调整高度和宽度：将鼠标指针指向窗口的任一角，当鼠标指针变成一个斜向的双箭头 ⤢ 时，点住鼠标左键向对角方向拖动边框到合适位置松开。

5）切换窗口：当用户在 Windows 10 中打开多个窗口时，可用下面几种方法在窗口间切换。

方法一：单击任务栏上相应窗口的按钮。被选定的窗口将出现在所有其他窗口的前面，成为活动窗口。

方法二：按组合键 Alt+Tab，屏幕上会出现一个切换窗口，该窗口显示当前正在运行的所有程序图标，如图 2-24 所示。按住 Alt 键并重复按 Tab 键循环切换所有打开的窗口和桌面。释放 Alt 键可以显示所选的窗口。

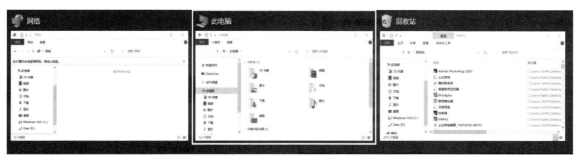

图 2-24 切换窗口

方法三：通过单击任务栏图标预览窗口进行切换。当用户将光标移至任务栏中某打开的程序按钮上时，在该按钮上方会显示与该程序相关的所有打开窗口的预览窗格，单击其中某个预览窗格，即可切换至该窗口。

方法四：按住 Windows 徽标键的同时按 Tab 键，可将目前正在运行的所有程序界面缩略图平铺展示，即打开"任务视图"，单击视图中某应用程序的缩略图后，可快速切换到该窗口，这样不仅可以快速浏览和显示打开的窗口，还可以浏览和打开今天以及更早时间应用过的程序。

6）排列窗口：利用 Windows 10 提供的排列窗口功能，可使打开的多个窗口排列整齐有条理，且都在桌面上可见。Windows 10 提供了 3 种排列窗口的方式："层叠窗口""堆叠显示窗口"和"并排显示窗口"。

设置排列窗口的操作方法：右击任务栏的空白区域，弹出快捷菜单，选择任一种排列窗口方式，系统即按所选择方式排列当前已打开的所有窗口。

6. 对话框的使用

对话框是 Windows 系统内的次要窗口，包括按钮和命令，是某个应用程序提供给用户设置选项的特殊窗口，可完成特定的命令和任务。多数对话框无法最大化、最小化或调整大小。但是它们可以被移动。对话框通常由标题栏、标签、选项卡、下拉列表框、复选框、数据调节按钮、文本输入框和命令按钮等组成，如图 2-25 所示为"页面设置"对话框。对话框的组成部分及其说明见表 2-3。

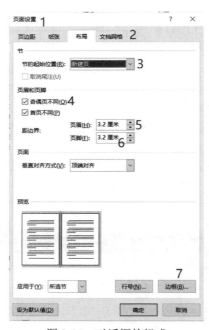

图 2-25　对话框的组成

表 2-3　对话框的组成部分及其说明

序号	名称	说明
1	标题栏	显示对话框名。其右端显示"帮助"按钮及"关闭"按钮
2	标签、选项卡	标签即为对话框中选项卡的名字，每个标签对应一个选项卡。单击标签可以切换到对应的选项卡

续表

序号	名称	说明
3	下拉列表框	给用户提供了一些选择项，单击此框弹出下拉列表，用户通过单击可选择某项
4	复选框	复选框为方形按钮，提供在一组选择项中可选择多个。单击复选框，可在选择和未选择间切换。选择复选框时，方形按钮中显示一个对钩√，对钩消失，则说明未选择
5	数据调节按钮	单击调节按钮，可以改变相应项的设置值，设置值显示在输入框中。单击向上箭头，则增大数值；单击向下箭头，则减小数值
6	文本输入框	供用户输入设置项的值，也可对输入内容进行修改和删除等操作
7	命令按钮	单击命令按钮，可执行相应命令。常见有"确定"和"取消"按钮

除上面图中各项外，对话框中也会常见单选按钮。单选按钮为圆圈形的按钮，选择时圆圈内显示一个圆点◉，未选择时圆圈内无圆点○。在一组单选按钮中只能选择其中一项，单击单选按钮，即选择相应项。

7. 菜单的使用

Windows 菜单是一些命令的集合，常见的 Windows 菜单有开始菜单、控制菜单、窗口菜单和快捷菜单等。

（1）开始菜单：用于启动 Windows 10 中所安装的程序以及对计算机的资源进行设置、管理等操作。

（2）控制菜单：用于控制窗口的还原、移动、最小化、最大化和关闭等操作。

（3）窗口菜单：包括打开的应用程序窗口的所有操作命令，由多个主菜单项组成，各主菜单项又有相应的下拉菜单。常见的有"文件""编辑"等菜单项。

（4）快捷菜单：在对象上右击，一般有相应快捷菜单出现。

使用 Windows 10 菜单时，一般都有统一的约定，见表 2-4。

表 2-4　菜单标记的约定

菜单命令标记	含义
灰色字体的命令	表示该命令在当前情况下不能使用
命令选项前带√	表示该命令在当前情况下已起作用，也说明该项为复选项。再次单击该命令标记消失，命令不起作用
命令选项后带▶	表示该命令有下一级子菜单
命令选项前带有●	表示该命令在当前情况下已起作用，也说明该项为单选项。单击其他选项时该项目标记消失，则该项目不起作用
命令选项后的组合键	表示组合键为该项的快捷键
命令选项后有…	表示执行该命令将会打开一个对话框
命令项间的分隔线	表示命令分组，命令是按功能相近而分组
菜单命令带下划线字母	表示命令的热键，在相应菜单打开的情况下，按带下划线字母，相当于执行相应菜单命令

8. 任务栏

任务栏是位于屏幕底部的水平长条。与桌面不同的是，桌面可以被打开的窗口覆盖，而任务栏可以设置始终可见。任务栏主要由"开始"菜单按钮、快速启动工具栏、打开的程序窗口按钮和通知区域等几部分组成。快速启动工具栏上用于放置一些使用频率较高的程序图标，用户直接单击这些图标即可启动相应的程序。无论何时打开程序、文件夹或文件，Windows都会在任务栏上创建对应的按钮。通过单击这些按钮，可以在它们之间进行快速切换。

利用任务栏上的程序按钮，可查看所打开窗口的预览，将光标移向任务栏按钮时，上方出现一个小图片，即显示缩小版的相应窗口，如图 2-26 所示。通过该预览图（也称为"缩略图"）可快速预览该窗口的内容，并可以通过单击不同的预览图切换窗口。

通知区域：包括时钟以及一些运行的程序和计算机设置状态的图标，如图 2-27 所示。在通知区域中的图标上右击，可在快捷列表中打开与其相关的程序或设置界面。

图 2-26　任务栏上窗口的预览

图 2-27　通知区域

有时该区域中的图标会显示一个小的弹出窗口（称为通知），向用户通知某些信息。例如，向计算机添加新的硬件设备（如插入 U 盘）之后，则会看到有相应的提示。

显示隐藏的图标按钮 ∧：用户单击该按钮可查看当前正在运行的程序。

语言栏 拼：用户单击此栏可以选择不同的输入法，右击此栏可对语言栏进行相关设置。

显示桌面按钮 ‖：任务栏的最右侧有一个"显示桌面"的长条按钮。当系统桌面上显示其他窗口时，单击该按钮，则其他窗口最小化，显示桌面。

锁定任务栏：右击任务栏上的空白部分。如果"锁定任务栏"旁边有复选标记 ✓，则任务栏已锁定。通过单击"锁定任务栏"命令可以解除或锁定任务栏。

9. 查看或设置时间和日期

单击时间区域，可查看系统时间和详细的日期信息，设置正确的系统时间有利于系统的管理，在任务栏右侧的时间上右击，打开快捷菜单，选择"调整日期/时间（A）"命令，找到相应界面进行设置，具体设置请参看本节案例的第 8 步操作。

2.3　个性化的 Windows 设置

主要学习内容：

● 　主题、桌面背景及屏幕保护程序

● 　声音及电源

● 显示器分辨率及字体大小

● 鼠标形状

● 快速操作

一、操作要求

（1）设置 Windows 桌面主题为 Windows 10，设置背景图片切换频率为 10 分钟。

（2）设置屏幕保护为"3D 文字"，文本为"计算机应用基础"，楷体，加粗，高分辨率，摇摆式快速旋转。

（3）设置 Windows 系统打开程序时的声音为"Windows 气球.wav"。

（4）将桌面的"计算机"图标改为 📺。

（5）设置鼠标指针方案为"Windows Aero（大）（系统方案）"；设置正常选择时的鼠标指针为"aero_arrow_l.cur"。

（6）设置系统在待机 30 分钟后关闭显示器。

（7）设置显示分辨率为 1920×1080，更改文本、应用等项目的大小 125%显示。

（8）在桌面右侧边栏上添加"时钟""日历"和"幻灯片"小工具。再将"幻灯片"小工具从右侧边栏上删除。

二、操作过程

1. 设置主题

在桌面空白处右击，在打开的快捷菜单中选择"主题"选项卡，在"更改主题"下方单击 Windows 10 主题，如图 2-28 所示，该计算机的主题便更改成功。在该界面下单击"主题"的"背景"按钮，弹出如图 2-29 所示的窗口。在窗口下方，单击"图片切换频率"下方的下拉菜单，从列表中选择"10 分钟"，即可完成主题的更改设置，最后返回个性化窗口。

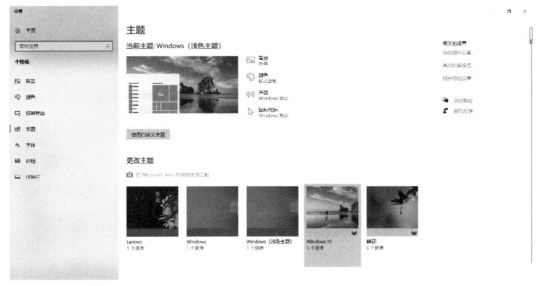

图 2-28　主题设置窗口

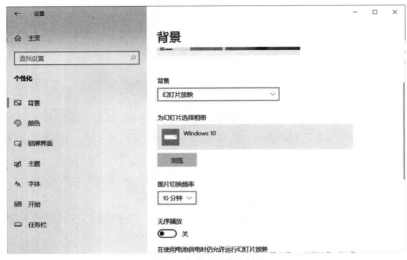

图 2-29　背景设置窗口

2．设置屏幕保护程序

单击个性化窗口中的"锁屏界面"选项，单击"屏幕保护程序设置"链接，单击"屏幕保护程序"下方的下拉菜单，选择"3D 文字"，如图 2-30 所示。单击"设置"按钮，打开"3D文字设置"对话框，在"自定义文字"文本框中输入"计算机应用基础"，如图 2-31 所示；单击"选择字体"按钮，打开"字体"对话框，在字体列表中单击"楷体"，字形列表中选择"粗体"，如图 2-32 所示，单击"确定"按钮，返回"3D 文字设置"对话框。将"分辨率"滑块拖动到"高"，如图 2-33 所示；在"动态"设置的"旋转类型"中选择"摇摆式"，"旋转速度"滑块拖动到"快"，如图 2-34 所示。单击两次"确定"按钮，返回"个性化"窗口。

图 2-30　"屏幕保护程序设置"对话框

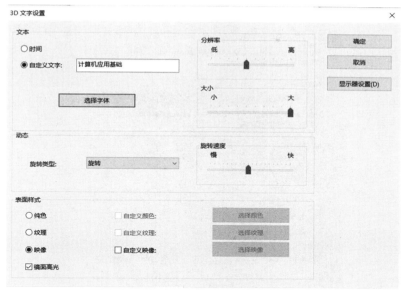

图 2-31　"3D 文字设置"对话框

图 2-32　"字体"对话框

图 2-33　分辨率设置

图 2-34　动态设置

3. 设置声音

在桌面空白处右击，打开快捷菜单，选择"显示设置"，然后选择"声音"选项卡，在该界面"相关的设置"下面单击"声音控制面板"超链接，显示"声音"选项卡。在"程序事件"列表中单击"打开程序"选项。在"声音"下拉列表中单击"Windows 气球.wav"，如图 2-35 所示，单击"确定"按钮。

图 2-35 "声音"对话框

4. 更改桌面图标

在桌面空白处右击，打开快捷菜单，选择"个化性"，打开"个性化"设置界面，在主题界面右侧的"相关设置"下面单击"桌面图标设置"选项。打开"桌面图标设置"对话框，单击"此电脑"图标，如图 2-36 所示。再单击"更改图标"按钮，打开"更改图标"对话框。在图标列表中选择 📺 图标，如图 2-37 所示。单击两次"确定"按钮。

图 2-36 "桌面图标设置"对话框

图 2-37 "更改图标"对话框

5. 设置鼠标指针方案

在桌面空白处右击，打开快捷菜单，选择"个化性"，打开"个性化"设置界面，选择"主题"选项卡，单击"鼠标光标"按钮，打开"鼠标 属性"对话框。在"方案"下拉列表中单击"Windows 默认（大）（系统方案）"，如图 2-38 所示，即设置了鼠标指针方案；在"自定义"列表中单击"正常选择"，然后单击下方的"浏览"按钮，打开"浏览"对话框。在文件列表框中单击 aero_arrow_l.cur 文件，如图 2-39 所示。单击"打开"按钮，设置好"正常选择"指针。单击"确定"按钮，关闭"鼠标 属性"对话框，返回"个性化"窗口。

图 2-38　"鼠标 属性"对话框

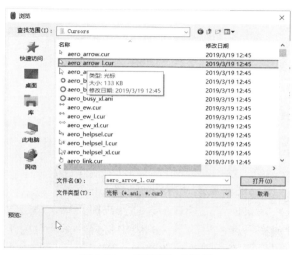

图 2-39　"浏览"对话框

6．更改电源设置

在桌面空白处右击，打开快捷菜单，选择"个化性"，打开"个性化"设置界面，选择"锁屏界面"选项卡，单击窗口下方的"屏幕保护程序设置"超链接，打开"屏幕保护程序设置"对话框，单击对话框下方的"更改电源设置"超链接，打开"电源选项"窗口，如图 2-40 所示。在窗口右侧单击"更改计划设置"超文本，打开"编辑计划设置"窗口，如图 2-41 所示，在"关闭显示器"右侧的两个下拉列表中都选择"30 分钟"，单击"保存修改"按钮，关闭此窗口。即设置系统在待机 30 分钟后关闭显示器，返回"电源选项"窗口，关闭窗口。返回"屏幕保护程序设置"对话框，单击"确定"按钮，再单击"确定"按钮关闭"个性化"窗口。

图 2-40　"电源选项"窗口

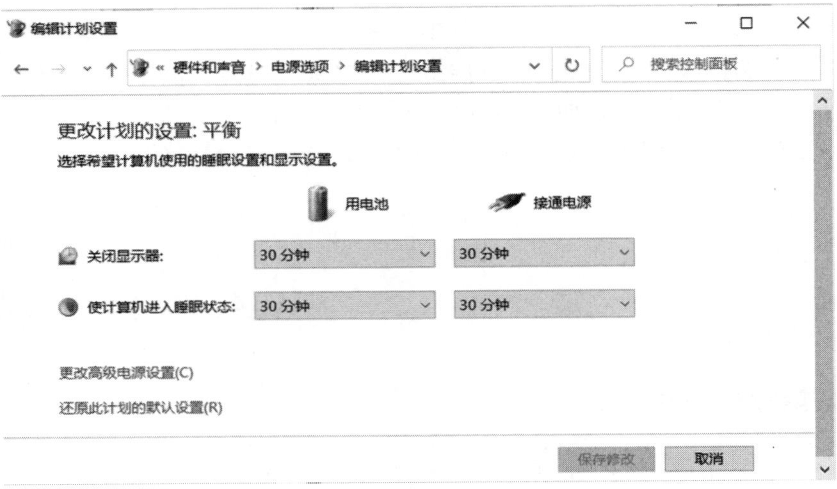

图 2-41　"编辑计划设置"窗口

7. 设置显示分辨率

在桌面空白处右击，打开快捷菜单，单击"显示设置"，选择"显示"选项卡，在"显示分辨率"选项后的下拉列表中将分辨率调至为 1920×1080，如图 2-42 所示。在上方"缩放与布局"标签下的"更改文本、应用等项目的大小"列表中选择 125%，同时选择"显示方向"为横向。

图 2-42　"显示"选项卡

8. 编辑快速操作

在桌面空白处右击，打开快捷菜单，单击"显示设置"，在打开的窗口中选择"通知和操作"选项，如图 2-43 所示。在"通知和操作"选项中单击"编辑快速操作"，屏幕右边推出如图 2-44 所示界面，在该状态下可以添加、删除或重新排列快速操作的程序按钮，单击图标右上角的"图钉"按钮 可以实现删除操作，单击下方 添加 按钮，在出现的列表中选择要添加的程序图标，单击"完成"按钮 完成，退出编辑状态。

单击右下角的通知按钮 可再次调出快速操作界面，如图 2-45 所示，在该快速操作界面中直接单击相应的按钮可启动对应的程序或功能，操作非常方便快捷。

图 2-43 "通知和操作"选项卡

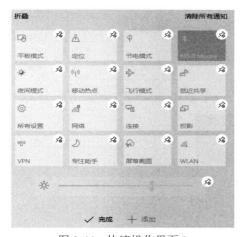

图 2-44 快速操作界面 1

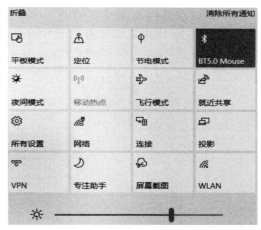

图 2-45 快速操作界面 2

三、知识技能要点

1. 设置不同的主题

主题是计算机上的图片、颜色和声音的组合。它包括桌面背景、屏幕保护程序、窗口边框颜色和声音方案。某些主题也包括桌面图标和鼠标指针。Windows 提供了多个主题。可以选择和更改任何一个个性化的主题，如果计算机运行缓慢，建议选择基本主题，如果希望屏幕更易于查看，可以选择高对比度主题。设置主题的常用方法如下：

方法一：在桌面空白处右击，打开快捷菜单，单击"个性化"，打开"个性化"窗口，单击"主题"，单击选择合适的主题。

方法二：单击"开始"菜单，单击"设置"按钮，打开 Windows 设置窗口，搜索"主题及相关设置"，按 Enter 键确认，打开"主题"设置窗口，单击选择合适的主题。

主题设置包括了背景、颜色、声音、鼠标光标，如图 2-46 所示，这些项排列在"主题"界面的上方，单击其中一项，即进入相关设置，此外还可以单击相关设置中的"桌面图标设置"对桌面图标进行设置。

图 2-46 主题的各项设置

"声音"可以更改接收电子邮件、启动 Windows 或关闭计算机时计算机发出的声音。

"屏幕保护程序"是在指定时间内没有使用鼠标或键盘时，出现在屏幕上的图片或动画。可以选择各种 Windows 屏幕保护程序。

2. 设置桌面背景

桌面背景（也称为"壁纸"）是显示在桌面上的图片、颜色或图案。可以选择某个图片作为桌面背景，也可以以幻灯片形式显示图片。

在"主题"窗口中，单击"背景"图标，打开桌面背景设置窗口，如图 2-47 所示。单击图片的"浏览"按钮可以选择背景图片的来源，在"选择契合度"下拉列表中可以设置图片以"填充""平铺"或"居中"等方式显示。

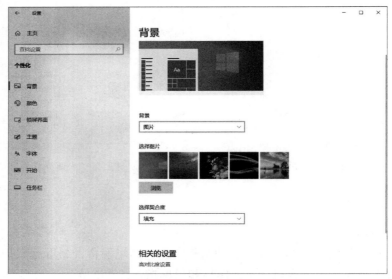

图 2-47 桌面背景设置窗口

3. 设置声音

可以设置计算机在发生某些事件时播放声音。事件可以是用户执行的操作，如登录到计算机，或计算机执行某种操作，如打开程序等。Windows 附带多种针对常见事件的声音方案，某些桌面主题有它们自己的声音方案。

设置声音的操作步骤如下：

（1）在桌面空白处右击，打开快捷菜单，单击"个性化"，打开"个性化"窗口。

（2）在"个性化"窗口中，选择"主题"选项，单击主题的"声音"按钮，打开"声音"对话框，显示"声音"选项卡。

（3）在"程序事件"列表中单击要设置声音的事件。在"声音"下拉列表中单击选择声音。

（4）单击"确定"按钮。

4. 设置显示分辨率

屏幕分辨率指的是屏幕上显示的文本和图像的清晰度。分辨率（如 1920×1080）越高，项目越清楚，同时屏幕上的项目越小，因此屏幕可以容纳越多的项目。分辨率（如 800×600）越低，在屏幕上显示的项目越少，但尺寸越大。LCD 监视器（也称为"平面监视器"）和手提电脑屏幕通常支持更高的分辨率，用户是否能够增加屏幕分辨率取决于监视器的大小和功能及视频卡的类型。

在一些计算机上，过高的分辨率需要大量的系统资源才能正确显示。如果计算机在高分辨率下出现问题，请尝试降低分辨率直到问题消失。

调整分辨率的操作步骤如下：

（1）在桌面空白处右击，打开快捷菜单，单击"显示设置"，即可设置"显示分辨率"。

（2）在"分辨率"列表中，单击所需的分辨率，然后在弹出的对话框中单击"保留更改"。

5. 更改鼠标设置

用户可以通过多种方式自定义鼠标。例如，可以交换鼠标按钮的功能，更改鼠标指针形状，还可以更改鼠标滚轮的滚动速度等。

更改鼠标按钮工作方式的步骤如下：

（1）在桌面空白处右击，打开快捷菜单，单击"个性化"。在"个性化"窗口中选择"主题"选项，单击"鼠标光针"按钮，打开"鼠标 属性"对话框；或在"开始"菜单中，单击"设置"→"设备"→"鼠标"→"其他鼠标选项"也可以打开"鼠标 属性"对话框。

（2）选择"鼠标键"选项卡，如图 2-48 所示。然后执行以下操作之一：

图 2-48　"鼠标键"选项卡

● 若要交换鼠标左右按钮的功能，在"鼠标键配置"下勾选"切换主要和次要的按钮"复选框。

- 若要更改双击鼠标的速度，在"双击速度"下，将"速度"滑块向"慢"或"快"方向移动。
- 若要使用户可以不用一直按着鼠标按钮就可以突出显示或拖拽项目，则在"单击锁定"项下勾选"启用单击锁定"复选框。

（3）单击"确定"按钮。若要改变鼠标指针形状，可选择"鼠标 属性"对话框的"指针"选项卡，具体操作方法见本节操作实例第 5 步。若要改变鼠标指针工作方式，则在"指针"选项卡中设置，如图 2-49 所示。若要改变鼠标滚轮工作方式，则在"滑轮"选项卡中设置，如图 2-50 所示。

图 2-49　"指针"选项卡

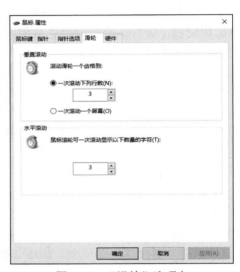

图 2-50　"滑轮"选项卡

6. 应用快速操作界面

Windows 10 系统右下角的快速操作界面中既包含通知信息，又包含有常用小程序的按钮，单击"通知"按钮📄出现快速操作界面，通知会显示在界面上方，界面下方排列常用的功能和工具按钮，单击里面的按钮可以快速地启动相应的功能或者打开对应的工具。例如，可以随时单击"屏幕截图"直接进行屏幕的截图，单击"设置"按钮可以直接打开"设置"对话框，应用起来非常方便。

2.4　文件资源管理器的应用

主要学习内容：

- Windows 10 文件资源管理器的启动
- 了解 Windows 10 文件和文件夹的概念
- 查看和设置文件及文件夹的属性
- 文件或文件夹的新建、选择、复制、移动和删除
- 搜索文件

文件资源管理器是 Windows 系统提供的资源管理工具，用于管理文件、文件夹、存储器等计算机资源。用户可以用它查看计算机的所有资源，特别是它提供的树形文件系统结构，能使用户清楚、直观地认识计算机的文件和文件夹，利用它可以实现对存储器中的文件、文件夹的选择、复制、移动和删除等管理和操作。

一、操作要求

（1）启动文件资源管理器，浏览"此电脑→图片→图片示例"下的图片。图片分别以"超大图标""大图标""小图标""列表""详细信息""平铺"和"内容"等视图方式显示。

（2）在"详细信息"视图方式下，将示例图片文件分别以名称、大小、类型、修改时间等进行排序。

（3）显示 C 盘的已用空间和可用空间；将 C 盘根目录下的所有文件以修改日期的降序方式排列。

（4）设置文件资源管理器中显示隐藏文件和系统文件，并显示文件的扩展名。

（5）设置在文件资源管理器窗口显示"预览窗格"。

（6）在 D 盘的根文件夹下创建"我的练习"和"我的图片"文件夹，在"我的练习"文件夹下再分别创建"Word 文档"和"Excel 文件"文件夹。

（7）在"我的练习"文件夹下创建名"练习 1.txt"的空文本文件。查看"练习 1.txt"的属性，并设置该文件为只读文件。

（8）将 C 盘中所有的 Word 文档复制到此"Word 文档"目录中；从"示例图片"文件夹中复制 3 个图片到"我的图片"文件夹。

（9）将"我的图片"文件夹移至"我的练习"文件夹下，并改名为 My Picture。删除 My Picture 文件夹，再将其还原。

（10）彻底删除"Excel 文件"文件夹。

（11）设置删除文件时，不将文件移到回收站中，而立即删除，不显示删除确认对话框。

二、操作过程

1. 浏览系统文件夹里的图片

右击 Windows 10 的"开始"菜单按钮，打开快捷菜单，如图 2-51 所示。单击"文件资源管理器"命令，打开资源管理器窗口，如图 2-52 所示。在窗口左侧的导航窗格中单击"此电脑"下方的"图片"，再在右侧窗口中双击"示例图片"文件夹，即在右侧窗格中显示该文件夹中的图片文件，如图 2-53 所示。选定右下角的视图按钮，意为"使用大缩略图显示项"，也可以单击其左侧的按钮，意为"在窗口中显示每一项的相关信息"，打开视图列表菜单，如图 2-54 所示，此外，可以在空白处右击，出现快捷菜单，选择"查看"，再选择合适的视图方式，或者单击菜单栏上的"查看"，选择合适的视图方式。

2. 排序示例图片

在 Windows 文件资源管理器的工具栏上，单击视图按钮左侧的列表按钮，打开视图列表菜单，这时窗口如图 2-55 所示。分别在右侧窗格的列标题"名称""日期""类型""大小"上单击，系统按单击的项对文件进行排序（升序或降序）。再次在相同项上单击，则改变排序方式，由升序变降序，或由降序变为升序。

图 2-51　快捷菜单

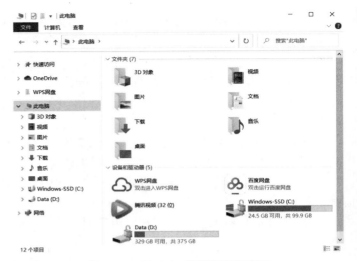

图 2-52　Windows 资源管理器窗口

图 2-53　示例图片（以大图标显示）

图 2-54　视图列表菜单

图 2-55　以详细信息方式显示文件

3. 定位至 C 盘

在文件资源管理器窗口左侧的"导航窗格"中单击"此电脑"，右侧窗格中显示"此电脑"文件夹内容，如图 2-56 所示。在右侧窗格中，单击"Windows-SSD（C:）"，即在当前窗口下方显示 C 盘的相关信息，如图 2-57 所示。

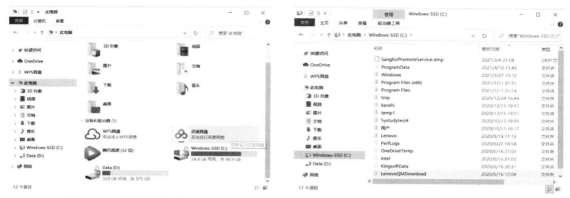

图 2-56　"计算机"文件夹　　　　　　　图 2-57　窗口下方显示 C 盘信息

4. 显示隐藏的文件及展示文件的扩展名

在文件资源管理器窗口菜单中单击"查看"选项，在"显示/隐藏"功能区中选择"隐藏的项目"和"文件的扩展名"便可实现，设置区域如图 2-58 所示。

图 2-58　"查看"选项卡

5. 设置窗口显示"预览窗格"

单击文件资源管理器窗口菜单中的"查看"选项，在"窗格"功能区中单击"预览窗格"按钮，即显示预览窗格。这时在窗口中单击某些文件，可在预览窗格中看到选中文件的缩览图，如图 2-59 所示。

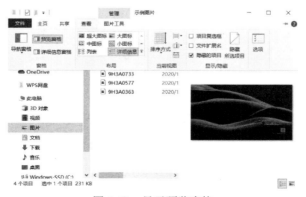

图 2-59　显示预览窗格

6. 新建文件夹

在文件资源管理器的导航窗格中，单击 D 盘，进入 D 盘根文件夹。

在右侧窗格空白处右击，在快捷菜单中选择"新建"→"文件夹"，建立一个名为"新建文件夹"的文件夹，将光标定位在文件名称框中，直接输入"我的练习"，然后按 Enter 键，即建立文件夹。用同样的方法建立"我的图片"文件夹。双击"我的练习"文件夹，进入该文件夹。选择菜单栏上的"主页"选项卡，单击"新建文件夹"按钮，输入名称"Word 文档"，然后按 Enter 键。用同样的方法在"我的练习"文件夹再建立"Excel 文件"文件夹。

7. 建立"练习 1.txt"的空文本文件

在"我的练习"文件夹列表空白处右击，打开快捷菜单，选择"新建"命令，显示下一级菜单，如图 2-60 所示，选择"文本文档"，即创建一个文本文档文件，直接输入文件名"练习 1"（如果系统显示扩展名则保留扩展名；如果没显示扩展名，扩展名不必输入，因为系统隐藏了文件扩展名），这时文件资源管理器窗口如图 2-61 所示。右击"练习 1.txt"文件，单击"属性"，打开"练习 1 属性"对话框。勾选"只读"复选框，如图 2-62 所示，单击"确定"按钮。

图 2-60 快捷菜单

图 2-61 "我的练习"文件夹窗口

图 2-62 "练习 1 属性"对话框

注意：文件的扩展名说明文件的类型，用户不能随意改变文件的扩展名，否则文件不能正常打开。

8. 查找和复制文件

查找文件：在文件资源管理器的导航窗格中单击"此电脑"下的 C 盘，在搜索框中输入"*.docx"，然后按 Enter 键，系统在 C 盘搜索所有的 docx 文档，结果如图 2-63 所示。

图 2-63　搜索结果

复制文件分为 4 个步骤：

（1）选择文件。单击"搜索结果"窗口中的第一个 Word 文件，再按住 Shift 键并单击最后一个文件，即选择所有查找到的文件。

（2）执行"复制"命令。在选中文件区域右击，在打开的快捷菜单中单击"复制"命令。

（3）将光标定位到目标位置。在导航窗格中单击"此电脑"，单击 D 盘。在右窗格中双击"我的练习"文件夹，打开"我的练习"文件夹。

（4）执行"粘贴"命令。右击"Word 文档"文件夹，打开快捷菜单，单击"粘贴"完成复制。

单击"返回"按钮←，返回到"示例图片"文件夹，按住 Ctrl 键，分别单击 3 个文件，即选择 3 个图片文件，然后按组合键 Ctrl+C 进行复制；在导航窗格中，单击"此电脑"下的 D 盘，右击右侧窗口中的"我的图片"文件夹，在打开的快捷菜单中单击"粘贴"命令，完成复制。

注意：计算机 C 盘一般存放系统文件以及计算机上所安装的应用程序相关的文件，用户不能随意将 C 盘的文件删除或移动，否则可能会使计算机操作系统或应用软件不能正常启动或使用。

9. 移动、删除或恢复文件夹

按住鼠标左键，拖动"我的图片"文件夹至"我的练习"文件夹图标上，当提示"移动到我的练习"时，松开鼠标左键，即移动成功。在"我的练习"文件夹上单击两次，出现文件名框，输入新的文件名 My Picture，按 Enter 键，完成改名。右击 My Picture 文件夹，打开快捷菜单，单击"删除"。双击桌面上的回收站，打开"回收站"窗口。右击 My Picture 文件夹，打开快捷菜单，单击"还原"，即将文件夹 My Picture 还原，关闭"回收站"窗口。

10. 彻底删除文件夹

在文件资源管理器窗口，找到"Excel 文件"文件夹，单击选择"Excel 文件"文件夹，按 Delete 键，系统弹出删除提示对话框，单击"是"按钮。在桌面上，双击桌面上的回收站，打开"回收站"窗口，右击"Excel 文件"文件夹，单击"删除"即可彻底删除文件夹。

11. 设置回收站

在桌面空白处右击"回收站"，打开快捷菜单，单击"属性"。打开"回收站 属性"对话框，选中"不将文件移到回收站中。移除文件时立即将其删除。"单选按钮，取消勾选"显示删除确认对话框"复选框，如图 2-64 所示，单击"确定"按钮。

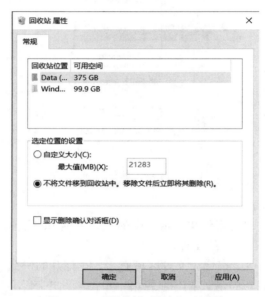

图 2-64 "回收站 属性"对话框

三、知识技能要点

1. Windows 10 文件、文件夹的概念

文件是数据组织的一种形式。计算机中的所有信息都是以文件的形式存储的，如用户的一份简历、一幅画、一首歌、一幅照片等都是以文件的形式存放的。计算机中的每一个文件都必须有文件名，便于操作系统管理和使用。

文件夹是一个文件容器。每个文件都存储在文件夹或"子文件夹"（文件夹中的文件夹）中。可以通过单击任何已打开文件夹的导航窗格（左窗格）中的"此电脑"来访问所有文件夹。

Windows 10 文件系统采用树形层次结构来管理和定位文件及文件夹（也称为"目录"）。在树形文件系统层次结构中，最顶层的是磁盘根文件夹，根文件夹下面可以包含文件和文件夹，可以表示为 C:\或 D:\等，文件夹下面可以有文件夹和文件，其中，"此电脑"目录下自带的"视频""图片""文档""下载"等属于系统文件夹，不可进行删除操作。

2. 文件、文件夹的命名规则

文件名一般由 3 部分组成：主文件名、分隔符（即圆点"."）和扩展名。扩展名用来表示文件的类型，例如"Example.docx""简历.doc"这两个文件均表示是 Word 文档。常见的文件类型及其扩展名见表 2-5。

表 2-5　常见的文件类型及其扩展名

文件类型	扩展名	说明
可执行文件	exe	应用程序
批处理文件	bat	批处理文件
文本文件	txt	ASCII 文本文件
配置文件	sys	系统配置文件，可使用记事本创建
位图图像	bmp	位图格式的图形、图像文件，可由"画图"软件创建
声音文件	wav	压缩或非压缩的声音文件
视频文件	avi	将语音和影像同步组合在一起的文件格式
静态光标文件	cur	用来设置鼠标指针

Windows 10 中文件的命名规则如下：

（1）文件名可以由字母、数字、汉字、空格和一些字符组成，最多可以包含 255 个字符。

（2）文件名不可以含有这些字符：\ / : * ? <> |。

（3）Windows 系统中文件名不区分大小写。

（4）文件名中可以多个圆点"."分隔，最后一个圆点后的字符作为文件扩展名。

（5）文件名的命名最好见名知意。

文件夹的命名与文件的命名规则基本相同，只是一般文件夹不需要扩展名。

3．路径

文件的路径即文件的地址，是指连接目录和子目录的一串目录名称，各文件夹间用"\"（反斜杠）分隔。路径分为绝对路径和相对路径两种。

● 绝对路径：指从文件所在磁盘根目录开始到该文件所在目录为止所经过的所有目录。绝对路径必须以根目录开始，例如 C:\Program Files\Microsoft Office\OFFICE\ADDINS\CENVADDR.DOCX。

● 相对路径：顾名思义就是文件相对于目标的位置。如系统当前的文件夹为 Microsoft Office，文件 CENVADDR.DOCX 的相对路径为 OFFICE\ADDINS\CENVADDR.DOCX。文件的相对路径会因采用的参考点不同而不同。

以下是在使用路径时常用的几个特殊符号及其所代表的意义。

● .：代表目前所在的目录。

● ..：代表上一层目录。

● \：代表根目录。

4．打开 Windows 10 文件资源管理器的方法

打开文件资源管理器的常用方法有以下几种：

（1）右击"开始"菜单按钮，选择"文件资源管理器"。

（2）快捷键：Windows 徽标键💶+E 键。

（3）在搜索框内输入"文件资源管理器"（或拼音缩写），单击上方"最佳匹配"中显示的"文件资源管理器"图标。

5. Windows 10 源管理器窗口的组成

文件资源管理器窗口如图 2-65 所示。其组成及功能见表 2-6。

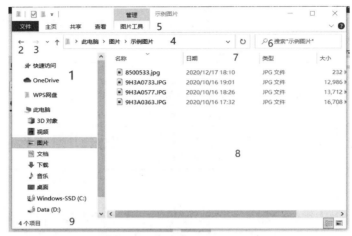

图 2-65　文件资源管理器窗口

表 2-6　文件资源管理器窗口的组成及其功能

序号	名称	功能
1	导航窗格	使用导航窗格可以访问库和文件夹等。例如：使用"收藏夹"可以打开最常用的文件夹和搜索；使用"计算机"文件夹浏览文件夹和子文件夹
2	"后退"按钮	使用"后退"按钮可返回上一级文件夹或库等
3	"前进"按钮	使用"前进"按钮可返回后退之前操作所在位置
4	地址栏	使用地址栏可以导航至不同的文件夹或库，或返回上一级文件夹或库
5	菜单栏	使用菜单栏可以进行一些常见操作，如查看、新建、共享，以及应用简单的图片工具（仅当有图片文件展示的时候）等
6	搜索框	在搜索框中输入词或短语可查找当前文件夹或库中的项。一开始输入内容，搜索就开始了。例如，当输入 A 时，所有名称以字母 A 开头的文件都将显示在文件列表中
7	列标题	使用列标题可以更改文件列表中文件的整理方式。例如，单击列标题的左侧以更改显示文件和文件夹的顺序，也可以单击右侧以采用不同的方法筛选文件
8	文件列表窗格	显示当前文件夹内的内容
9	细节窗格	使用细节窗格可以查看与选定文件或驱动器等关联的最常见属性

6. 使用地址栏导航

地址栏显示在每个文件夹窗口的顶部，系统将当前的位置显示为以箭头分隔的一系列链接，如图 2-66 所示。

图 2-66　地址栏

单击某个链接或输入位置路径可导航到其他位置，也可以单击地址栏中的链接直接转至该位置。如单击上面地址中的"第 2 章"，即转到第 2 章文件夹；也可以单击地址栏中指向链接右侧的箭头。然后，单击列表菜单中的某项以转至该位置，如图 2-67 所示。

图 2-67　单击链接右侧的箭头

在地址栏中可输入常见位置的名称切换到该位置，如控制面板、计算机、桌面等。

提示：如需在地址栏显示当前位置的完整路径，在地址栏单击即可，效果如图 2-68 所示。

图 2-68　地址栏显示完整路径

7. 更改文件夹中的显示方式

在文件资源管理器窗口中，可更改文件或文件夹在窗口中的显示方式。单击菜单栏上的"查看"选项，可选择显示文件和文件夹的方式，在 8 个不同的视图间循环切换：超大图标、大图标、中等图标、小图标、列表、详细信息、平铺及内容。也可以右击空白处，选择快捷菜单中的"查看"命令，如图 2-69 所示，然后选择想要的视图。

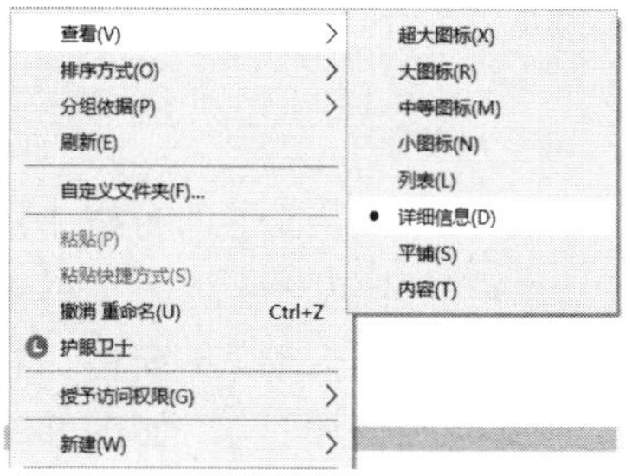

8. 设置显示预览窗格

在默认情况下，Windows 文件资源管理器窗口不显示预览窗格。

使用预览窗格可以查看大多数文件的内容。例如，文本文件、图片、Excel 文档、Word 文档和电子邮件等。如果预览窗格没显示，可以单击菜单栏中的"查看"选项，然后单击"预览窗格"按钮，打开预览窗格。

图 2-69　视图选项

9. 使用导航窗格

在导航窗格（左窗格）中，可以查找文件和文件夹，是用户访问系统文件最方便的地方。还可以在导航窗格中将项目直接移动或复制到目标位置。如果窗口的左侧没有显示导航窗格，可单击"查看"→"窗格"→"导航窗格"按钮，即显示导航窗格。

导航窗格中的一些常见操作如下：

- 创建新库：右击"库"，在打开的快捷菜单中单击"新建"→"库"。
- 将文件移动或复制到库中：将这些文件拖动到导航窗格中的库。如果文件与库的默认保存位置位于同一硬盘上，则移动这些文件。如果它们位于不同的硬盘上，则复制这些文件。
- 重命名库：右击库，在打开的快捷菜单中单击"重命名"，在名称框中输入新名称，按 Enter 键。
- 查看库：双击库名称将其展开，此时将在库下列出其中的文件夹。

- 删除库中的文件夹：右击文件夹，在打开的快捷菜单中单击"从库中删除位置"。这样只是将文件夹从库中删除，不会从该文件夹的原始位置删除该文件夹。

10. 查看和设置文件的属性

在 Windows 10 中，通过查看文件的属性可了解到文件的类型、打开方式、大小、创建时间、最后一次修改的时间、最后一次访问的时间和属性等信息。也可在细节窗格（位于文件夹窗口的底部）显示文件最常见的属性，如果想查看作者、备注等信息，可单击"查看"选项，单击"详细信息窗格"按钮，如图 2-70 所示，可在详细信息窗格中直接添加或更改文件属性，如标记、作者姓名和分级等。

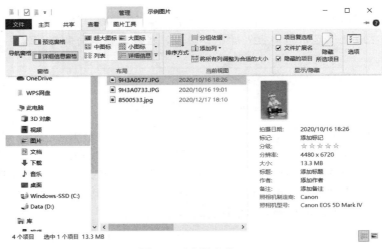

图 2-70 文件夹窗口

（1）在详细信息窗格中添加或更改常见属性。

1）打开包含要更改文件的文件夹，然后单击文件。

2）打开详细信息窗格，在详细信息窗格中，在要添加或更改的属性旁单击，输入新的属性（或更改该属性），如图 2-71 所示。然后单击"保存"按钮。

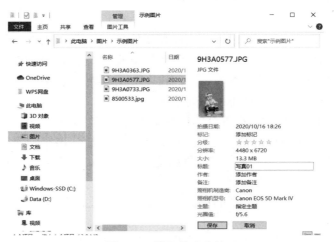

图 2-71 详细信息窗格

（2）在属性对话框中查看和设置文件属性。

1）右击文件，在打开的快捷菜单中单击"属性"，打开文件属性对话框。

2）在"常规"选项卡中可看到文件名、文件类型、打开方式、位置、大小、创建时间、最后一次修改时间、最后一次访问时间和属性等。属性有"只读"和"隐藏"两项。如选择"只读"项，表示文档内容只可查看，不能被编辑；如选择"隐藏"，则表示文档在文件夹常规显示中不可见。

3）如图2-72所示，在"详细信息"选项卡的"值"下，在要添加或更改的属性旁单击，输入文本，然后单击"确定"按钮。（如果"值"下的部分显示为空，在该位置单击，将会显示一个框。）

11．设置文件夹选项

在文件资源管理器窗口，单击"查看"选项→"选项"，打开"文件夹选项"对话框，如图2-73所示。如需在导航窗格中显示文件夹路径，则选择"查看"选项卡下的"显示所有文件夹"。

图2-72 "详细信息"选项卡

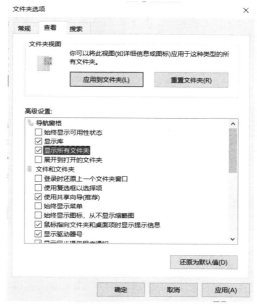

图2-73 "文件夹选项"对话框

在"查看"选项卡中，可进行有关文件夹或文件显示的设置。例如，设置"隐藏/显示已知文件类型的扩展名"，则浏览文件目录时，系统已知的一些文件类型的文件，将只显示其主名，不显示扩展名，如docx、sys、exe等扩展名将不显示。具体设置方法参看本节操作实例第4步。

12．"此电脑"文件夹

单击导航窗格中的"此电脑"，或双击桌面上的"此电脑"图标，在文件资源管理器窗口显示"此电脑"文件夹，可以方便地查看硬盘和可移动媒体上的可用空间。

在"此电脑"文件夹中，可以访问各个位置，例如硬盘、可移动媒体。还可以访问可能连接到计算机的其他设备，如USB闪存驱动器，如图2-74所示。

图 2-74　"此电脑"文件夹窗口

右击"此电脑"文件夹中的项目，则可以执行下列任务，如查看硬盘属性以及格式化磁盘。

操作实例：查看 C 盘属性，并将其卷标更改为"系统盘"。

操作步骤：双击桌面上的"此电脑"，显示"此电脑"窗口。右击右窗格中的本地磁盘 C，系统打开快捷菜单，单击"属性"。在"常规"选项卡中，用户可查看其属性。在其"卷标"框中输入 system，如图 2-75 所示，单击"确定"按钮。

图 2-75　"常规"选项卡

提示：卷标是磁盘的名称，最多可以为 11 个字符，但只能包含字母和数字。

13. 文件夹的创建

文件夹是一个位置，可以在该位置存储文件和创建文件夹，文件夹常见的图标是 。

新文件夹的创建方法如下：

（1）启动文件资源管理器，转到要新建文件夹的位置。

（2）在文件夹窗口中右击空白区域，打开快捷菜单，单击"新建"→"文件夹"命令。

（3）输入新文件夹的名称，然后按 Enter 键，即创建好文件夹。

也可以在桌面上建立文件夹，在桌面空白处右击，选择"新建"命令，然后单击"文件夹"。输入新文件夹名，然后按 Enter 键，即创建好文件夹。

14. 选择文件或文件夹

Windows 系统的操作特点是先选择后操作，移动、复制和删除文件或文件夹时，一定要先选择相应的文件或文件夹，即先确定要操作的对象，然后再进行相应的操作。

（1）选择单个文件或文件夹。在文件资源管理器窗口中，转到要选择的文件或文件夹所在位置，然后在文件资源管理器窗口单击文件或文件夹，即选择该文件或文件夹。

（2）选择连续的多个文件或文件夹。单击第一个文件或文件夹，然后按住 Shift 键再单击最后一个要选择的文件或文件夹。

（3）选择不连续的多个文件或文件夹。按住 Ctrl 键，再依次单击想要选择的文件或文件夹即可。

（4）选择全部文件或文件夹。选择当前文件夹中所有文件和文件夹，常用方法有以下几种：

方法一：按组合键 Ctrl+A。

方法二：执行"编辑"→"全选"命令。

方法三：从当前文件夹窗口区域的某个顶角处，向其对角拖动鼠标，框选所有内容。

（5）反向选择文件或文件夹。先选择不需要的文件或文件夹，再单击"编辑"→"反向选择"菜单命令，这种方法常用于选择除个别文件或文件夹以外的所有文件和文件夹。

（6）取消文件或文件夹的选择。可按住 Ctrl 键，然后单击已选择的文件或文件夹，即可取消对单个文件或文件夹的选择。在选中的文件或文件夹图标外，单击鼠标，即可取消所有的选择。

15. 复制和移动文件或文件夹

复制文件或文件夹即是将选择的文件或文件夹，在目标位置也放一份，源文件或文件夹还存在。移动文件或文件夹是将选择的文件或文件夹移到目标文件夹下，原来位置源文件或文件夹不存在了。

复制和移动文件的常用方法如下：

（1）利用鼠标拖动。利用鼠标拖动来复制或移动文件或文件夹时，最好是源位置和目标位置在窗口均可见。

1）复制：如果在同一个驱动器的两个文件夹间进行复制，则在拖动对象到目标位置的同时按住 Ctrl 键；如在不同驱动器的两个文件夹间进行复制，直接拖动对象到目标位置即可实现复制。在拖动过程中鼠标指针右边会有一个"＋"。

2）移动：如果在同一个驱动器的两个文件夹间进行移动，则直接拖动到目标位置，即实现移动；如在不同驱动器的两个文件夹间进行移动，在拖动对象到目标位置的同时按住 Shift 键即可实现移动。

（2）利用命令或快捷菜单，操作步骤如下：

1）选择要复制（或移动）的文件或文件夹。

2）执行"编辑"菜单中的"复制"命令（或"剪切"命令），或按组合键 Ctrl+C（或按组合键 Ctrl+X）。

3）转到目标文件夹。

4）执行"编辑"菜单中的"粘贴"命令，或按快捷键 Ctrl+V，即完成文件的复制（或移动）。

16. 删除和还原文件或文件夹

选择要删除的文件或文件夹，然后执行以下任一操作即可删除：

（1）按 Del 键或 Delete 键。

（2）单击"文件"菜单中的"删除"命令。

（3）直接将选中的对象拖动到回收站中。

如果用户删除的对象存储在计算机硬盘上，则系统默认是将其移入回收站，如果是误删除，还可以从回收站中将文件或文件夹还原。如果要将硬盘上的文件或文件夹彻底删除，不放入回收站，则在执行删除操作的同时按住 Shift 键即可。

还原文件的方法：双击桌面上的回收站图标，打开"回收站"窗口。在窗口选择要还原的文件，在工具栏上，单击"还原选定的项目"按钮。即可将选中的文件还原到删除之前所在位置。

彻底删除文件：在"回收站"窗口中选择要彻底删除的文件，然后按 Delete 键，在系统弹出的"确认删除文件"对话框中单击"是"按钮。

17. 打开文件

若要打开某个文件，则双击它。该文件通常将在曾用于创建或更改它的程序中打开。例如，文本文件会在字处理程序中打开，扩展名为 docx 的文件一般情况下在 Word 中打开。

但不是所有文件始终如此。例如：双击某个图片文件通常打开图片查看器。双击某个视频文件，会打开媒体播放器。若要编辑图片，则需要使用其他图片编辑软件。右击该文件，单击"打开方式"，然后单击选择要使用的软件的名称。

18. 搜索文件或文件夹

对文件和文件夹、打印机、用户以及其他网络计算机都可以进行搜索。

Windows 10 中很多地方都有搜索框，在任务栏上、文件资源管理器窗口中都有，它根据所输入的文本筛选当前位置中的内容，搜索将查找文件名和内容中的文本，以及标记等文件属性中的文本。如果在库中，搜索包括库中包含的所有文件夹及这些文件夹中的子文件夹。

（1）使用搜索框搜索文件或文件夹。

操作方法如下：在搜索框中输入字词或字词的一部分。输入时，系统将筛选文件夹或库的内容，以反射输入的每个连续字符。找到需要的文件后，即可停止输入。

如果没有找到要查找的文件，则可以通过单击搜索结果底部的某一选项来更改整个搜索范围。例如，如果在文档库中搜索文件，但无法找到该文件，则可以单击"此电脑"以将搜索范围扩展至整个计算机。

操作实例：查找本地驱动器 E 盘中于 2014 年 4 月 16 日修改的所有 docx 类型的文档。

操作步骤如下：

1）启动文件资源管理器。右击"开始"菜单，单击"文件资源管理器"。

2）设置搜索位置。在导航窗格的"此电脑"下，单击"C:"驱动器。

3）设置搜索条件。在搜索框中输入"*.docx"或"类型：docx"。在文件列表显示出 C 盘所有 docx 文档，如图 2-76 所示。

图 2-76　搜索结果文件列表

说明：星号（*）表示 0 个或多个字符。当记不清楚或不想完整输入要查找的文件名称时，可用*代替一个或多个字符。

4）限定搜索条件。当搜索出很多文件或文件夹的时候，需要限定搜索条件，缩小搜索范围：在"搜索"选项卡下面的"优化"功能区，可选择不同修改日期、类型、大小等的条件，如图 2-77 所示，设置好后会在列表框中显示出符合条件的文件。

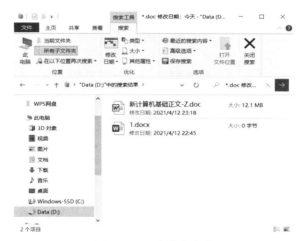

图 2-77　限定搜索条件

（2）扩展搜索。如果在特定库或文件夹中无法找到要查找的内容，则可以扩展搜索其他位置，操作方法如下：

1）在搜索框中输入某个字词。

2）滚动到搜索结果列表的底部。在"在以下内容中再次搜索"下，执行下列操作之一：

● 　单击"库"，在每个库中进行搜索。

● 　单击"此电脑"，在整部计算机中进行搜索。

● 　单击"自定义"，搜索特定位置。

● 　单击"网络"，以使用默认 Web 浏览器及默认搜索提供程序进行联机搜索。

（3）使用"搜索"选项卡查找文件。通过菜单栏中的"搜索"选项卡可以更轻松地按文件属性（例如文件大小、类型等）搜索文件，也可直接输入相应的文字。当应用搜索框进行过一次搜索后，菜单栏上便会自动出现"搜索"选项卡，如图 2-78 所示。

图 2-78　"搜索"选项卡

19．回收站

回收站是硬盘上的一块区域，用户从硬盘上删除对象时，系统会将其放入回收站中。

从回收站中还原文件或文件夹的操作步骤如下：

（1）双击桌面上的回收站图标，打开"回收站"窗口。

（2）在"回收站"窗口中选择要还原的文件或文件夹，然后单击"回收站"窗口工具栏上的"还原此项目"，即可将所选对象恢复到原来位置。

如果要删除回收站中所有项，单击"回收站"窗口工具栏上的"清空回收站"即可。

用户还可以设置删除硬盘上的对象不放入回收站，而是彻底删除。操作方法如下：右击桌面上的"回收站"图标，在打开的快捷菜单中选择"属性"命令，系统打开"回收站 属性"对话框，选中"不将文件移到回收站中。移除文件后立即将其删除。"单选按钮，然后单击"确定"按钮。

如设置删除硬盘上的文件或文件夹为彻底删除，则文件或文件夹被删除时不会再移入回收站，就不能利用回收站对文件或文件夹进行还原了。

20．常用快捷键

除鼠标外，键盘也是一个重要的输入设备，主要用来输入文字符号和操作控制计算机。在 Windows 10 中，所有操作都可用键盘来完成，且大部分常用菜单命令都有快捷键，利用这些快捷键可以让用户完成许多操作。常用快捷键及功能见表 2-7。

表 2-7　Windows 10 的常用快捷键及功能

快捷键	功能	快捷键	功能
Ctrl+C	复制	Alt+Tab	以打开窗口的顺序切换窗口
Ctrl+X	剪切	Alt＋Enter	查看所选对象的属性
Ctrl+V	粘贴	Alt+空格	显示当前窗口的控制菜单
Ctrl+A	选中全部内容	Alt+D	选择地址栏
Ctrl+Z	撤销上一个操作	Shift+右箭头	打开右侧下一个菜单或子菜单
Ctrl+Esc	显示"开始"菜单	Windows 徽标键+M	最小化所有窗口

2.5　新账户的创建

主要学习内容：

● 控制面板

● 创建和删除账户

● 更改账户的密码

一、操作要求

（1）在 Windows 10 系统中，创建一个账户名为 student 的标准用户，密码为 123456。
（2）更改 student 账户密码并删除该账户。

二、操作过程

1. 打开"控制面板"

使用搜索框搜索"控制面板"，打开"控制面板"窗口，如图 2-79 所示。

图 2-79　"控制面板"窗口

2. 创建新账户

在"用户账户"项下，单击"更改账户类型"，打开"管理账户"窗口，如图 2-80 所示。单击"在电脑设置中添加新用户"超文本。系统打开"创建新账户"窗口，如图 2-81 所示。

图 2-80　"管理账户"窗口　　　　　　　图 2-81　"创建新账户"窗口

单击"将其他人添加到这台电脑"选项，在弹出的 Microsoft 账户界面"用户名"框和"密码"框中，分别输入 student、123456，单击"创建账户"按钮，即创建名为 student 的账户，如图 2-82 所示。

3. 设置密码

在"管理账户"窗口，单击 student 账户，打开"更改账户"窗口，如图 2-83 所示。单击"更改密码"选项，打开"更改密码"窗口，如图 2-84 所示，在"新密码"和"确认新密码"

框中均输入密码 123456，然后单击窗口下方的"更改密码"按钮，即更改好密码。

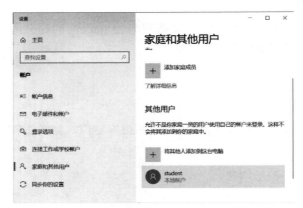

图 2-82　新添加本地账户

图 2-83　"更改账户"窗口　　　　　　　　　　　　图 2-84　更改密码

三、知识技能要点

1. 控制面板

用户可以使用"控制面板"更改 Windows 的设置并自定义计算机的一些功能。这些设置几乎包括了有关 Windows 外观和工作方式的所有设置。

打开"控制面板"的常见方法如下：

方法一：右击"开始"菜单按钮，选择"控制面板"命令，打开"控制面板"窗口。

方法二：使用搜索框搜索"控制面板"，打开"控制面板"窗口。

要设置或查看控制面板中的某一项，单击控制面板中相应项目即可。

查找"控制面板"中的项目，可选择下面方法之一：

● 使用搜索功能。在面板右上角搜索框中输入项目名称或其中的文本，如输入"声音"，则声音项显示在控制面板最前面。

● 浏览。单击不同的类别（例如，系统和安全、程序或轻松访问），查看每个类别下列出的常用任务来浏览控制面板。控制面板有 3 种不同的查看方式：类别、大图标和小图标。单击"控制面板"窗口右侧的"查看方式"列表，可以选择查看方式。图 2-79 和图 2-85 分别是以"类别""大图标"查看方式显示控制面板。

图 2-85 大图标查看方式

2. 用户账户

用户账户是记录 Windows 用户可以访问哪些文件和文件夹，可以对计算机和个人首选项进行更改的信息集合。通过用户账户，用户可以在拥有自己的文件和设置的情况下与其他人共享计算机。每个人都可以使用用户名和密码访问其用户账户。

从 Windows 8 开始，微软引用了在线用户——Microsoft 账户，使用该账户登录系统可以将个人的设置和使用习惯同步到云端（OneDrive），从而在其他设备使用该账户登录后获得一致的体验，而在 Windows 10 系统中，Microsoft 账户在线用户的优点得以继承，同时用户还可以使用本地的（非 Microsoft 账户）不同用户账户。一般来说，用户账户分为管理员用户账户和标准用户账户，分别为用户提供不同的计算机控制级别。

- 标准账户：权限受到限制，可以访问安装在计算机的程序，可以创建、更改自己的账户密码，但无权限更改计算机设置，不能删除重要文件，无法安装软件或硬件，亦不能访问其他用户的文件。
- 管理员账户：拥有对全系统的控制权，可以对计算机进行最高级别的控制，不仅可以安装删除程序，还可以改变系统设置，能访问计算机上的所有文件，还可以控制其他用户的权限：可创建及删除其他用户账号，可更改其他人的账户名、密码等。

3. 添加、删除或更改账号

对已创建好的账户，管理员 Administrator 类型的用户登录计算机后，可以添加或删除账户，也可更改某个账户的名称、创建或更改密码、更改账户图标和账户类型等。标准账户可以更改账户图标和密码，不可以更改账户类型、删除和添加账户，管理员类型账户则可以。

添加账户和更改账户的操作方法请见本节实例第 2～3 步。

删除账户的操作方法如下：

（1）以管理员类型账户登录计算机。

（2）使用搜索框搜索"控制面板"，打开"控制面板"窗口，如图 2-79 所示。

（3）在"用户账户"项下单击"更改账户类型"，打开"管理账户"窗口，如图 2-86 所示。

（4）单击要删除的用户。本例单击 student，打开"更改账户"窗口，如图 2-87 所示，单击"删除账户"选项，打开"删除账户"窗口，如图 2-88 所示，打开"确认删除"窗口，如图 2-89 所示，单击"删除账户"即删除账户。

图 2-86　"管理用户"窗口

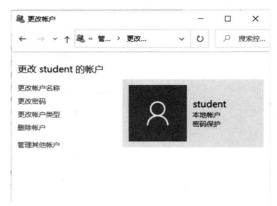

图 2-87　"更改账户"窗口

图 2-88　"删除账户"窗口

图 2-89　"确认删除"窗口

2.6　打印机的安装、设置和使用

主要学习内容:

● 添加打印机

● 设置默认打印机和共享打印机

● 设置用户使用打印机的权限

一、操作要求

（1）在计算机 LPT1 端口安装一台 Canon MP280 打印机，取名为 MP280，允许其他网络用户共享，共享名为 printer1，设置为默认打印机。

（2）设置允许 Administrator 对打印机 MP280 享有所有权限。

二、操作过程

1. 安装 Canon MP280 打印机

（1）目前很多打印机可以直接通过 USB 插口连接到计算机上，即插即用。将打印机连接到计算机，并且在保持计算机联网的状态下，计算机会自动识别打印机，并搜索下载相应驱动程序，完成打印机的安装。

（2）在搜索框搜索"控制面板"，打开"控制面板"窗口。以"类别"查看方式浏览"控制面板",如图 2-79 所示。

（3）单击"硬件和声音"→"查看设备和打印机"超文本，打开"设备和打印机"窗口，如图 2-90 所示，已安装的打印机图标就展示在"打印机"列表中了。

图 2-90 "设备和打印机"窗口

（4）若计算机没有自动安装，或者如果要继续安装其他打印机，可直接单击"添加打印机"链接，打开"添加设备"窗口搜索打印机，如图 2-91 所示，按照指引可完成后续操作。

（5）选中 Canon MP280 打印机图标，单击"打印服务器属性"文本链接，打开图 2-92 所示的对话框，选择"端口"选项卡，选中"LPT1：打印机端口"，单击"确定"按钮。

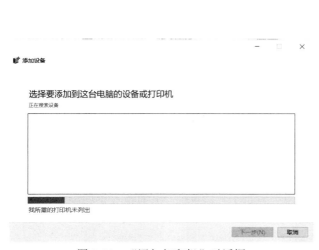

图 2-91 "添加打印机"对话框

图 2-92 "打印服务器 属性"对话框

（6）右击打印机图标，打开快捷菜单，选择"打印机属性"，在打印机名称文本框里输入 MP280，对打印机重新命名，如图 2-93 所示。

（7）右击 MP280 打印机图标，打开快捷菜单，选择"打印机属性"，打开"MP280 属性"对话框，勾选"共享这台打印机"复选框，如图 2-94 所示。输入"共享名"为 printer1，单击"确定"完成设置。

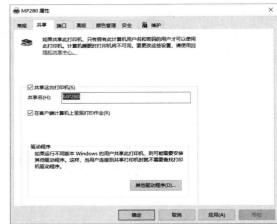

图 2-93　"Canon MP280 series Printer 属性"对话框　　　　　图 2-94　"MP280 属性"对话框

2. 设置 Administrators 打印权限

在"设备和打印机"窗口中，右击 MP280 打印机图标，在打开的快捷菜单中单击"设置打印机属性"命令，系统打开"MP280 属性"对话框。选择"安全"选项卡，在"组或用户名称"列表中选择 Administrators 用户，然后在下面相应"Administrators 的权限"列表框中勾选"打印""管理此打印机""管理文档"复选框，如图 2-95 所示，单击"确定"按钮完成设置。

图 2-95　设置打印权限

三、知识技能要点

1. 驱动程序

驱动程序（Device Driver）全称为"设备驱动程序"，是使计算机和设备通信的一种特殊程序，相当于硬件的接口，操作系统只有通过这个接口，才能控制硬件设备的工作。如果设备的驱动程序未能正确安装，设备便不能正常工作。

从理论上讲，所有的硬件设备都需要安装相应的驱动程序才能正常工作。但像 CPU、内存、主板、软驱、键盘、显示器等设备，其驱动程序已经集成在计算机主板的 BIOS 中，不需要再安装驱动程序就可以正常工作；而显卡、声卡、网卡、打印机等一定要安装驱动程序，否则便无法正常工作。

2. 打印机的安装

在 Windows 10 系统中，用户可以手动添加打印机、安装打印机驱动程序，当打印机为即插即用时，系统会自动搜索打印机类型然后安装相应驱动程序。

本节案例中所讲的打印机安装过程，为系统自动搜索打印机类型然后安装相应驱动程序。

3. 设置默认打印机

在 Windows 10 操作系统中，用户可以安装多台打印机。这时，用户应设置打印时首选的打印机，即默认打印机。设置默认打印机的操作方法：在"控制面板"窗口中，单击"查看设备和打印机"链接，打开"设备和打印机"窗口。在此窗口中，右击打印机图标，打开快捷菜单，选择"设为默认打印机"命令，这时，打印机缩略图上多了一个带√的绿色圆形标志，如图 2-96 所示，说明已将其设置为默认打印机。

4. 设置或删除打印机权限

在 Windows 10 系统中，可设置不同的用户有不同的权限来使用打印机。设置或删除打印机权限的操作步骤如下：

（1）单击"控制面板"窗口中的"查看设备和打印机"链接，打开"设备和打印机"窗口。

（2）右击打印机图标，在打开的快捷菜单中单击"打印机属性"，打开打印机属性对话框，选择"安全"选项卡，如图 2-97 所示。

（3）在"组或用户名"列表框中，单击选择组或用户。

（4）根据需要可在权限列表中单击每个要允许或拒绝的权限。如从权限列表中删除用户或组，则单击"删除"按钮。

图 2-96　设置默认打印机

图 2-97　"安全"选项卡

2.7 磁盘管理

主要学习内容：

- 清理磁盘
- 整理磁盘碎片
- 定期优化磁盘

一、操作要求

（1）对本地驱动器 C 进行磁盘碎片整理。

（2）清理 C 盘的回收站文件和 Internet 临时文件。

（3）建立名为"磁盘整理"的磁盘碎片整理计划任务，要求每周一晚上 9 点开始整理 C 盘。

二、操作过程

1. 快速清理磁盘

（1）启动磁盘清理。单击搜索框，输入"磁盘清理"，在搜索结果中单击磁盘清理应用程序，弹出"磁盘清理:驱动器选择"对话框。

（2）选择要清理的磁盘。在驱动器的下拉列表中，选择要清理的驱动器 C，如图 2-98 所示，单击"确定"按钮。系统对 C 盘进行扫描，并弹出"磁盘清理"提示对话框，如图 2-99 所示。

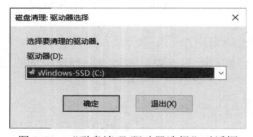

图 2-98 "磁盘清理:驱动器选择"对话框   图 2-99 "磁盘清理"提示对话框

（3）选择要清理的文件。扫描完成后，系统弹出"Windows-SSD(C:)的磁盘清理"对话框，如图 2-100 所示。在"要删除的文件"列表中勾选"临时文件""回收站"复选框，然后单击"确定"按钮。系统会弹出一个对话框要求用户确认，单击"是"按钮，选择的文件会被删除。

2. 整理磁盘碎片

（1）单击搜索框，输入"优化驱动器"（或拼音缩写），按 Enter 键确认搜索，单击搜索到的应用程序，弹出"优化驱动器"窗口，如图 2-101 所示。

（2）在"状态"列表中单击要整理的磁盘 C，然后单击"分析"按钮，程序会对 C 磁盘进行碎片分析。分析结束后，"当前状态"列会显示出碎片情况，根据碎片情况用户可决定是否需要整理。

图 2-100　"Windows-SSD(C:)的　　　　　　　　图 2-101　"优化驱动器"窗口
　　　　　磁盘清理"对话框

（3）用户也可直接单击"优化"按钮，开始对磁盘 C 进行碎片整理，优化过程中，对话框会显示碎片整理进程，优化结束显示当前状态，如图 2-102 所示，整理结束后单击"关闭"按钮，关闭对话框。

图 2-102　显示当前状态

3．设置定期优化驱动器

（1）单击搜索框，输入"优化驱动器"（或拼音缩写），按 Enter 键确认搜索，单击搜索到的应用程序，弹出"优化驱动器"窗口，如图 2-101 所示。

（2）单击"更改设置"按钮，打开"优化计划"对话框，设置频率为"每周"，如图 2-103 所示。单击驱动器"选择"按钮，打开"选择要定期优化的驱动器"对话框，选择 C 盘，如图 2-104 所示，单击"确定"按钮，关闭此对话框。单击"确定"按钮，关闭"优化计划"对话框，再单击"关闭"按钮，关闭"优化驱动器"窗口，即设置了定期优化驱动器的计划。

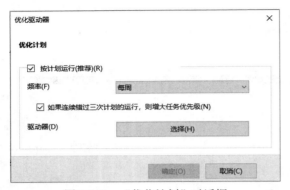

图 2-103　"优化计划"对话框　　　　图 2-104　"选择要定期优化的驱动器"对话框

三、知识技能要点

1．清理磁盘

Windows 10 所提供的优化磁盘程序可以删除临时 Internet 文件、删除不再使用的已安装组件和程序以及清空回收站，这样可以释放硬盘空间，保持系统的简洁，大大提高系统性能。

2．整理磁盘碎片

优化驱动器可以分析磁盘并合并碎片文件和文件夹，以便每个文件或文件夹都可以占用磁盘上单独而连续的磁盘空间。这样，可以提高系统访问和存储文件、文件夹的速度。

磁盘碎片整理的操作步骤请参照本节案例。

3．定期优化驱动器

使用优化驱动器不仅可手动对相应磁盘进行碎片整理，还可以通过启用自动优化驱动器设置优化计划，定期优化指定的磁盘驱动器。

2.8　程序管理

主要学习内容：

- 安装与删除程序
- 程序的启动和退出
- 创建快捷方式
- 添加或删除输入法

一、操作要求

（1）在 Windows 10 中，安装金山打字通 2016。

（2）删除桌面上金山打字通 2016 的快捷方式。

（3）在 Windows 桌面上创建金山打字通 2016 的快捷方式。

（4）从当前操作系统中删除金山打字通 2016 程序。

（5）为系统添加"中文(简体,中国)-微软拼音"输入法。

（6）删除输入法列表中的"中文(简体,中国)-微软五笔"输入法。

（7）设置切换到"中文(简体,中国)-微软拼音"的键盘快捷键为 Ctrl+Shift+1。

二、操作过程

1. 安装金山打字通 2016

（1）双击金山打字通 2016 的安装程序文件 Setup2016.exe，开始安装初始化，完成后，系统会弹出安装向导对话框，如图 2-105 所示。单击"下一步"按钮，弹出"许可协议和隐私政策"对话框，如图 2-106 所示。单击"我接受"按钮，表示同意协议内容。

图 2-105 安装向导对话框

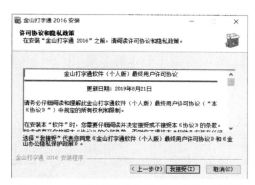

图 2-106 "许可协议和隐私政策"对话框

（2）系统弹出安装 WPS Office 推荐对话框，用户可根据需要选择安装或不安装，单击"下一步"按钮。

（3）弹出"选择安装位置"对话框，即设置程序文件的安装文件夹，如图 2-107 所示。可采用默认文件夹，如想修改，可通过单击"浏览"按钮选择合适的文件夹。设置好后，单击"下一步"按钮。

（4）系统弹出"选择'开始菜单'文件夹"对话框，如图 2-108 所示。采用默认名即可，单击"安装"按钮。

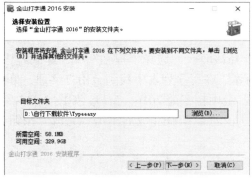

图 2-107 "选择安装位置"对话框

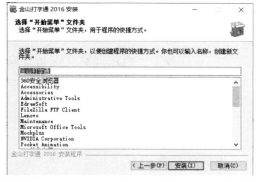

图 2-108 "选择'开始菜单'文件夹"对话框

（5）系统弹出"安装 金山打字通 2016"对话框，如图 2-109 所示。安装完成后系统弹出如图 2-110 所示的对话框，单击"完成"按钮，则金山打字通 2016 安装完成。在"开始"菜单中可看到"金山打字通"即为金山打字通 2016。

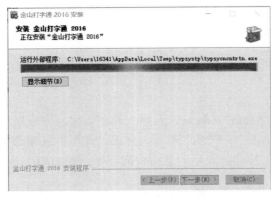

图 2-109 "安装 金山打字通 2016"对话框

图 2-110 安装完成对话框

2. 删除桌面上金山打字通 2016 的快捷方式。

金山打字通 2016 安装程序会自动在桌面上建立金山打字通 2016 的快捷方式 （快捷图标的左下角有一个向右上的箭头）。将桌面上金山打字通的快捷方式拖入回收站，即删除该快捷方式。

3. 建立桌面快捷方式

单击"开始"菜单按钮，找到"金山打字通"，然后直接将其拖到桌面上，即建立"金山打字通"的快捷方式。双击桌面上的金山打字通快捷方式，就可启动该软件；或单击"开始"菜单中的"金山打字通"，也可以启动。

4. 删除金山打字通 2016

方法一：利用软件自身所带的卸载程序。在"开始"菜单中单击"金山打字通"下的"卸载"选项，如图 2-111 所示。根据提示操作，即可删除计算机中安装的金山打字通。

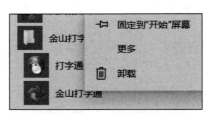

图 2-111 利用"开始"菜单删除金山打字通

方法二：在搜索框直接搜索"控制面板"，打开该面板，选择"程序"→"卸载程序"，系统打开"卸载或更改程序"窗口，如图 2-112 所示。在程序列表中找到金山打字通，单击选择该项。然后单击"卸载/更改"按钮，弹出"卸载 金山打字通 2016"窗口，如图 2-113 所示。单击"卸载"按钮，系统开始卸载金山打字通相关文件。卸载完成后单击"完成"按钮，即成功删除金山打字通 2016。

5. 添加内置输入法

（1）右击任务栏上的"输入法"按钮，在出现的列表（图 2-114）中选择"语言首选项"，弹出"设置"窗口，单击"语言"选项，如图 2-115 所示，进入语言设置窗口。

（2）单击默认输入语言"中文（中华人民共和国）"选项，出现"选项"按钮，单击该按钮出现如图 2-116 所示的"语言选项:中文(简体,中国)"界面。

图 2-112 "卸载或更改程序"窗口

图 2-113 "卸载 金山打字通 2016"窗口

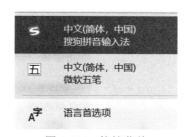

图 2-114 快捷菜单

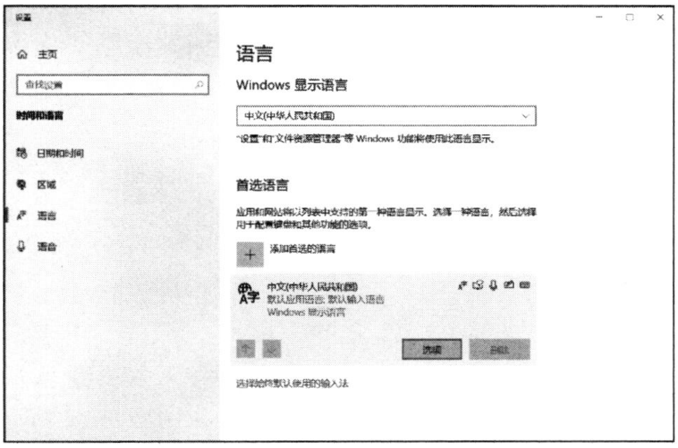

图 2-115 语言设置窗口

图 2-116 添加键盘界面

（3）单击"添加键盘"按钮➕，出现所有输入法键盘的列表，选中"微软拼音"输入法，完成添加。

6. 删除内置输入法

在"语言选项:中文(简体,中国)"设置的界面中,单击"微软五笔"输入法选项,选择出现的"删除"按钮,便可以删除该输入法。

7. 设置切换输入法的快捷键

(1) 右击任务栏上的"输入法"按钮,在出现的列表中选择"语言首选项",如图 2-114 所示,弹出"设置"窗口,单击"语言"选项,进入如图 2-115 所示的界面,单击相关链接中的"拼写、键入和键盘设置"链接,出现"输入"设置界面,单击下方的"高级键盘设置"链接,出现"高级键盘设置"界面,单击"输入语言的热键"链接,在对话框中,选择"切换到中文(简体,中国)-微软拼音",如图 2-117 所示。

图 2-117 "高级键设置"选项卡

(2) 单击"更改按键顺序"按钮,打开"更改按键顺序"对话框,勾选"启用按键顺序"复选框,在右边的下拉列表中选择数字 1,如图 2-118 所示,单击"确定"按钮,返回"文本服务和输入语言"对话框,再单击"确定"按钮,完成设置。

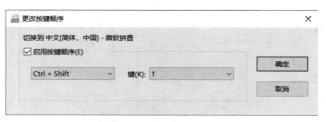

图 2-118 "更改按键顺序"对话框

三、知识技能要点

1. 创建快捷方式

快捷方式是 Windows 提供的指向一个对象(如文件、程序、文件夹等)的链接,它们包含了为启动一个程序、编辑一个文档或打开一个文件夹所需的全部信息。快捷方式是 Windows 提供的一种快速启动程序、打开文件或文件夹的方法。当双击一个快捷方式图标时，Windows 首先检查该快捷方式文件的内容，找到它所指向的对象，然后打开该对象。

用户可根据需要为程序、文件或文件夹创建快捷方式。常用创建快捷方式的方法如下：

方法一：右击程序缩略图或文件图标，在弹出的快捷菜单中选择"创建快捷方式"命令，即可在桌面上创建相应的快捷方式。

方法二：将"开始"菜单中的程序直接用鼠标拖到桌面上，也可以创建快捷方式。快捷方式创建后，也可重命名、移动位置、复制或删除。

2. 启动和关闭程序

Windows 操作系统中启动程序的常用方法如下：

方法一：在搜索框内直接搜索想要启动的应用程序，单击程序图标启动。

方法二：单击"开始"按钮，从列表中单击相应的程序图标。

方法三：双击桌面上应用程序的快捷图标。

关闭程序的常用方法如下：

方法一：单击程序标题栏上的"关闭"按钮。

方法二：将光标移到程序顶部的菜单栏背景处，右击，弹出快捷菜单，选择"关闭"命令。

方法三：使用快捷键 Alt+F4。

3. 安装与删除程序

在使用计算机时，用户可根据自己的需要安装或删除程序。

（1）添加新程序。通常安装程序的文件名为 setup.exe、install.exe 等，双击启动该文件，根据提示，完成程序的安装。

（2）更改或删除程序。卸载 Windows 应用程序常用的两种方法如下：

方法一：使用软件包自带的卸载程序。

方法二：在控制面板"卸载程序"界面选择程序进行删除。如图 2-79 所示，在"控制面板"窗口，单击"程序"下的"卸载程序"，打开"卸载或更改程序"窗口。在程序列表中选择要卸载的程序，然后单击"卸载/更改"按钮，即开始卸载操作。

4. 添加与删除输入法

中文版 Windows 10 操作系统提供了两种中文输入法，用户可以使用其内置的微软拼音、微软五笔等输入法，也可以根据需要下载和安装第三方的中文输入法，如搜狗拼音输入法、万能五笔输入法和百度拼音输入法等。

为操作系统添加内置输入法的操作步骤，请参照本节案例中添加"中文(简体,中国)-微软拼音"输入法的操作。

5. 设置文件与应用程序的关联

在 Windows 系统中，文件关联是指将某一类数据文件与一个相关的程序建立联系。当双击这类数据文件时，Windows 操作系统就自动启动关联的程序，打开这个数据文件供用户处理。例如，扩展名为 txt 的文本文件，Windows 系统中默认的关联程序就是记事本程序。当用户双击 txt 文件时，Windows 系统会启动记事本程序，读入 txt 文件的内容，供用户查看和编辑。

通常情况，当应用程序安装成功后，很多都会自动建立文件关联，但有些应用程序则不能自动建立自己的文件关联，如果需要为文件建立关联程序，或改变文件的关联，常用操作方法如下：

（1）右击文件（本例为"练习.txt"文件），打开快捷菜单。单击"属性"命令，打开"练习.txt 属性"对话框，如图 2-119 所示。

（2）在"常规"选项卡中的"打开方式"项后，单击"更改"按钮，打开"打开方式"对话框，如图 2-120 所示。

图 2-119 "练习.txt 属性"对话框

图 2-120 "打开方式"对话框

（3）在该对话框中，单击选择用来打开此文件的程序，也可以单击"在这台电脑上查找其他应用"链接，搜索选择其他用来打开此类文件的程序。

（4）设置完成后，单击"确定"按钮。

2.9 常用附件小程序

主要学习内容：

- 画图程序的使用
- 写字板的使用
- 记事本的使用

2.9.1 画图

画图是 Windows 10 操作系统自带的绘图软件，它具备绘图的基本功能。利用它可以绘制简笔画、水彩画、插图或贺卡等；利用它可以在空白的画稿上作画，也可以修改其他已有的画稿。

启动画图程序：单击搜索框输入"画图"（或 h），则显示最佳匹配，单击"画图"（或按 Enter 键），即可启动画图程序。画图程序界面如图 2-121 所示。

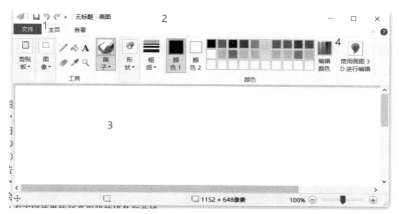

图 2-121　画图程序界面

1—选项卡；2—快速启动工具栏；3—绘图区域；4—功能区

绘图工具使用方法如下：

1. "铅笔"工具

使用"铅笔"工具可绘制细的、任意形状的直线或曲线。

（1）在"主页"选项卡的"工具"组中，单击"铅笔"工具。

（2）在"颜色"组中，单击"颜色 1"，再单击某种颜色，然后在图片中拖动指针进行绘图；若要使用颜色 2（背景颜色）绘图，则拖动指针时右击。

2. "刷子"工具

可绘制具有不同外观和纹理的线条，就像使用不同的艺术刷一样。使用不同的刷子，可以绘制具有不同效果的任意形状的线条和曲线。

（1）在"主页"选项卡上单击"刷子"下面的向下箭头。

（2）单击要使用的艺术刷。

（3）单击"尺寸"，然后单击某个线条尺寸，这将决定刷子笔画的粗细。

（4）在"颜色"组中，单击"颜色 1"，再单击某种颜色，然后拖动指针进行绘图。若要使用颜色 2（背景颜色）绘图，则拖动指针时右击。

3. "直线"工具

使用"直线"工具可绘制直线。使用此工具时，可以选择线条的粗细，还可以选择线条的外观。

（1）在"主页"选项卡的"形状"组中，单击"直线"工具。

（2）单击"尺寸"，然后单击某个线条尺寸，这将决定线条的粗细。

（3）在"颜色"组中，单击"颜色 1"，再单击某种颜色，然后拖动指针绘制直线。若要使用颜色 2（背景颜色）画线，则拖动指针时右击。

（4）若要更改线条样式，则在"形状"组中单击"边框"，然后单击某种线条样式。

4. "曲线"工具

使用"曲线"工具可绘制平滑曲线。

（1）在"主页"选项卡的"形状"组中，单击"曲线"工具。

（2）单击"尺寸"，然后单击某个线条尺寸，这将决定线条的粗细。

（3）在"颜色"组中，单击"颜色 1"，再单击某种颜色，然后拖动指针绘制直线。

（4）若要使用颜色 2（背景颜色）画线，可在拖动指针时右击。

（5）创建直线后，在图片中单击希望曲线弧分布的区域，然后拖动指针调节曲线。

提示： 若要绘制水平直线，可在从一侧到另一侧绘制直线时按住 Shift 键；若要绘制垂直直线，可在向上或向下绘制直线时按住 Shift 键。

5. 绘制其他形状

可以使用画图程序在图片中添加其他形状。已有的形状除了传统的矩形、椭圆、三角形和箭头之外，还包括一些有趣的特殊形状，如心形、闪电形或标注等，如图 2-122 所示形状组。如果希望自定义形状，可以使用"多边形"工具。

图 2-122　形状组

（1）在"主页"选项卡的"形状"组中，单击某个已有的形状。

（2）若要绘制该形状，可拖动指针。

（3）若要绘制对称的形状，可在拖动鼠标时按住 Shift 键。例如，若要绘制正方形，则单击"矩形"，然后在拖动鼠标时按住 Shift 键。

（4）选择该形状后，执行下列操作之一或多项可更改其外观。

● 若要更改线条样式，则在形状组中单击"边框"，然后单击某种线条样式。如果形状不需要有边框，则单击"边框"→"无轮廓线"。

● 若要更改边框的粗细，则单击"尺寸"，然后单击线条尺寸（粗细）。

● 在"颜色"组中，单击"颜色 1"，然后单击用于边框的颜色。

● 在"颜色"组中，单击"颜色 2"，然后单击用于填充形状的颜色。

● 若要更改填充样式，则在形状组中单击"填充"，然后单击某种填充样式。如果不填充形状，则单击"填充"，然后单击"无填充"。

6. "文本"工具

使用"文本"工具可以在图片中输入文本。

（1）在"主页"选项卡的"工具"组中，单击"文本"工具。

（2）在希望添加文本的绘图区域拖动指针。

（3）在"文本"选项卡的"字体"组中单击字体、大小和样式。

7. "选择"工具

在画图程序中，如需对图片或对象的某一部分进行更改，必须先选择图片中要更改的部分，然后进行编辑。编辑包括调整对象大小、移动或复制对象、旋转对象或裁剪图片使之只显示选定的项。

（1）在"主页"选项卡的"图片"组中，单击"选择"下面的向下箭头。

（2）根据希望选择的内容执行以下操作之一。

● 选择任何正方形或矩形部分，则单击"矩形选择"，然后拖动指针以选择图片中要编辑的部分。

- 选择图片中任何不规则的形状部分，则单击"自由图形选择"，然后拖动指针以选择图片中要编辑的部分。
- 选择整个图片，则单击"全选"。
- 选择图片中除当前选定区域之外的所有内容，则单击"反向选择"。
- 删除选定的对象，则单击"删除"。

8. 使用"剪切"功能

使用"剪切"功能可剪切图片，使图片中只显示所选择的部分。"剪切"功能可用于更改图片，使只有选定的对象可见。

（1）在"主页"选项卡的"图像"组中，单击"选择"下面的箭头，然后单击要进行的选择类型。

（2）拖动指针以选择图片中要显示的部分。

（3）在"图像"组中单击"剪切"。

（4）若要将剪切后的图片另存为新文件，则单击"画图"按钮，指向"另存为"，然后单击当前图片的文件类型。

（5）在"文件名"框中输入新文件名，然后单击"保存"按钮。

9. 使用"旋转"功能

使用"旋转"功能可旋转整个图片或图片中的选定部分。选择要旋转的对象，执行下列操作之一：

- 旋转整个图片：在"主页"选项卡上的"图像"组中，单击"旋转"，然后单击旋转方向。
- 旋转图片的某个对象或某部分：在"主页"选项卡上的"图像"组中，单击"选择"。拖动指针选择要旋转的区域或对象，单击"旋转"，然后单击旋转方向。

10. 擦除图片中的某部分

使用"橡皮擦"工具可以擦除图片中的区域。

（1）在"主页"选项卡的"工具"组中，单击"橡皮擦"。

（2）单击"尺寸"，接着单击选择橡皮擦尺寸，然后将橡皮擦拖过图片中要擦除的区域。所擦除的所有区域都将显示背景色（颜色 2）。

11. 图像的复制、移动和删除

（1）图像的复制。

方法一：鼠标拖动法。选择工具箱中的"选择"工具，拖动鼠标选择要复制的图像。然后按住 Ctrl 键，将图像拖动到目标处，松开鼠标左键，完成复制。

方法二：利用快捷键。用"选择"工具选择要复制的图像，按组合键 Ctrl+C 进行复制，再按组合键 Ctrl+V 进行粘贴，然后将新复制出的图像拖动到目标位置处。

（2）图像的移动。选择工具箱中的"选择"工具，拖动鼠标选择要移动的图像。然后将图像拖动到目标处，松开鼠标左键，完成移动。

（3）图像的删除。用"选择"工具选好要删除的图像，然后按 Delete 键即可。

12. 图像的保存

如果要对当前正在编辑的图像进行保存，可按以下步骤进行操作：

（1）单击"文件"，打开"文件"菜单，如图 2-123 所示。

（2）单击"另保存"命令，打开"保存为"对话框，如图 2-124 所示，在"文件名"文本框中输入文件名，选择合适的保存路径，在"保存类型"下拉列表中选择保存类型，然后单击"保存"按钮。

图 2-123　"文件"菜单　　　　　　　　图 2-124　"另存为"对话框

2.9.2　写字板

写字板是一个使用简单，但功能强大的文字处理程序，用户可以利用它进行日常工作中文件的编辑。在写字板中可以创建、编辑和打印简单文本文档，或者有复杂格式和图形的文档。用户可以将信息从其他文档链接或嵌入写字板文档。写字板程序的使用与 Word 文字处理程序的使用类似，其使用方法请参看第 3 章 Word 2016 的使用。

在写字板中，可以将文件保存为文本文件（txt）、多信息文本文件（rtf）、MS-DOS 文本文件等类型。

启动写字板程序：单击搜索框，输入"写字板"（或 x），显示最佳匹配，单击"写字板"（或按 Enter 键），即可启动写字板程序。"写字板"窗口如图 2-125 所示。

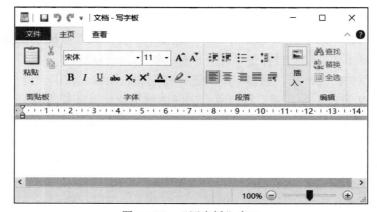

图 2-125　"写字板"窗口

2.9.3 记事本

记事本是一个简单的文本编辑程序，最常用于查看或编辑文本文件。文本文件的扩展名为 txt。记事本用于纯文本文档的编辑，功能相对写字板比较有限，但它使用方便、快捷，适于编写篇幅短小的文件，比如许多软件的 READ ME 文件通常是用记事本打开的。

启动记事本的操作步骤：单击搜索框，输入"记事本"（或 j），显示最佳匹配，单击"记事本"（或按 Enter 键），即可启动记事本，其界面如图 2-126 所示。

图 2-126　记事本界面

练习题

1. 设置自己喜欢的 Windows 10 的桌面背景、主题和外观，为计算机设置屏幕保护程序。
2. 试更改任务栏在桌面上的位置，定义符合自己习惯的任务栏和"开始"菜单。
3. 搜索当前计算机 C 盘中所有扩展名为 bmp 的文件。
4. 在桌面上为记事本程序建立快捷方式。
5. 为计算机添加一个任务计划，每周对 C 盘进行磁盘碎片整理。
6. 为计算机添加一台打印机。
7. 对计算机的系统盘进行碎片整理。
8. 对计算机的 C 盘和 D 盘进行磁盘清理，清理回收站和旧的压缩文件。

第 3 章 Word 2016 的使用

Microsoft Word 2016 是一款由微软官方出品的 Word 系列软件，是专门帮助用户完成高质量文档的文字处理软件。软件的排版清晰有序、一目了然，使用该软件，将使文档更专业、文章更加对齐，让用户可以更加专注于内容。

Word 2016 增加了多窗口显示功能。此功能在之前的版本中没有，只有在 WPS 版本中有此功能，非常实用，避免了来回切换 Word 的麻烦，直接在同一界面中就可以选取。Word 2016 其他新增的功能以及使用方法将在后文一一介绍。

用户使用 Word 2016 创建的文档常见类型为 docx，称为"Word 文档"。

3.1　Word 2016 文档基本操作

主要学习内容：

● 启动 Word 2016
● 浏览 Word 窗口
● 输入、修改、删除文本
● 新建、保存 Word 文档
● 关闭文档并退出 Word

一、Word 2016 用户界面

1. 启动 Word 2016

在任务栏的左侧单击"开始"按钮→"所有程序"→Microsoft Office→Microsoft Word 2016 菜单命令，启动 Word 2016。启动 Word 后，该程序会打开一个新的空白文档，用户就可以在该文档中进行以下操作。如果 Word 已启动，这时也可以按组合键 Ctrl+N 新建一个空白文档。用户界面如图 3-1 所示。

Word 窗口主要包括功能区选项卡、功能区组、标尺、编辑区、状态栏和滚动条等，如图 3-1 所示。最大的区域为 Word 的工作区，工作区是空白的，可以任由用户编辑文字。文字编辑是 Word 最基本也是最重要的功能。

通过本例，用户将掌握如何建立和保存新文档，如何输入、删除文本。

2. 退出 Word 2016

单击 Word 2016 窗口右上角"关闭"按钮，关闭当前 Word 文档。

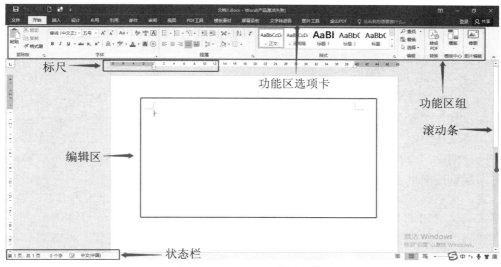

图 3-1 Word 2016 用户界面

二、Word 2016 基本操作

1. 新建空白 Word 文档

在 Word 2016 中无论是文章、报告还是书信,都统称为文档,所以在 Word 2016 中要开始工作,首先要新建一个文档。

启动 Word 2016 时一般在窗口中已经建立了一个空白文档,默认名为"文档 1"(显示于标题栏)。如果 Word 2016 已启动且打开了其他文档,这时应新建一个文档以输入文本。

单击"文件"→"新建"命令,如图 3-2 所示,单击"空白文档"模板可快速新建一个空白文档。在图 3-2 中,拉动右侧滚动条,列表中会显示很多内置的 Word 模板,可以寻找合适的模板快速完成任务。还可在"搜索联机模板"框中,输入所需的模板名称,单击其右侧的"开始搜索"按钮,寻找自己需要的更多模板。

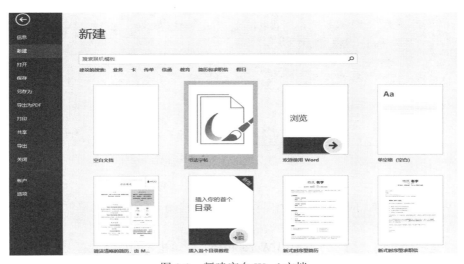

图 3-2 新建空白 Word 文档

2. 段落的输入

在每个段落内容输入前，可先按空格键空出两个汉字的位置，然后输入相应内容。一个段落结束后，按 Enter 键，再输入下一段文字。

3. 文档的保存

Word 2016 中输入的文本，为了今后继续使用，必须将文档存储到磁盘上。文档保存在磁盘上称为文件，文档保存时应起一个合适的文件名，方便以后使用。文件名最多可以为 255 个字符，可以使用中文作为文件名，当首次保存文件时，Word 2016 会使用第一个标点符号或换行符之前的文字作为文件名，保存的文件最好取一个能体现文档主题的文件名。Word 文档保存时，默认的扩展名为 docx。

注意：文档第一次保存时，系统会弹出"另存为"对话框，以后输入内容后，再需保存，只需单击快速访问工具栏的"保存"按钮 📁，或单击"文件"选项卡→"保存"命令，系统不会再弹出"另存为"对话框。在编辑的过程中应养成经常存盘的习惯，以防因机器或系统故障丢失录入信息。

输入所有文字内容后，单击"文件"选项卡→"保存"命令，或者单击快速访问工具栏中的"保存"按钮 📁，弹出"另存为"对话框，如图 3-3 所示。在地址栏中定位到 E 盘中的"Word 练习"文件夹，在"文件名"文本框中输入文档名称，"保存类型"选择"Word 文档"，单击"保存"按钮。

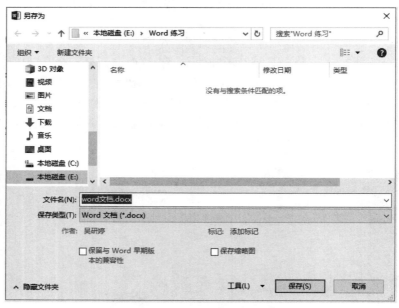

图 3-3 "另存为"对话框

4. 关闭文档

退出 Word 2016 前，应将所建文档保存。如果文档尚未保存，Word 2016 会在关闭窗口前提示用户保存文件。

如果只是关闭当前文档，并不退出 Word 2016，可单击 Word 窗口右上方的"关闭"按钮。如果要关闭文档的同时退出 Word，可以单击 Word 2016 窗口右上方的"关闭"按钮 ❌。

5．插入特殊符号

将鼠标指针定位在需要插入特殊符号的文字前面，单击"插入"
选项卡→"符号"组，弹出如图 3-4 所示的符号面板，在符号面板中
单击所需的符号，即完成插入操作。用同样的方法插入其他位置的
符号。

图 3-4　符号面板

6．插入项目符号

为了提高文档的清晰性和易读性，可以在文本段落前添加项目
符号或编号。

选定需处理的段落，单击"段落"组"项目符号"按钮 ≡· 右边的下三角按钮，弹出如图
3-5 所示的项目符号库，选择所需的项目符号。如果项目符号库中没有所需符号，则单击"定
义新项目符号"命令，在"定义新项目符号"对话框中设置新项目符号。

选取正文需要添加项目符号的段落，单击"段落"组"编号"按钮 ≡· 右侧的下三角按钮，
弹出如图 3-5 所示的项目符号库，单击"定义新项目符号"，弹出如图 3-6 所示的"定义新项
目符号"对话框，从中选择所需样式的编号。

图 3-5　项目符号库

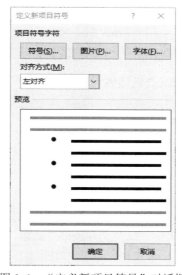
图 3-6　"定义新项目符号"对话框

7．输入、删除文本与修改

用 Word 进行文字处理的第一步是进行文字的录入，然后进行文字的校对和编辑，再进行
文字的格式化设置。因此，文字录入是 Word 文字处理中最基本的操作。输入文本前，首先要
确定光标的位置，然后再输入内容。在 Word 中，当插入点到达右边距时，系统会自动换行。
当一个段落结束，要开始新的段落时，应按 Enter 键（回车键）换行。

Word 提供了即点即输的功能，移动鼠标指针至文档的任意位置单击，即可改变插入点位
置，在新位置输入文本。用鼠标拖动选中所要删除的文本内容，按 Delete 键即可删除所选取
的内容。

如果需要修改文本，需将光标移至相应位置再进行修改。要移动光标，可移动鼠标指针，
还可以通过键盘的编辑键进行，见表 3-1。

表 3-1　利用键盘编辑键移动光标的方法

按键	作用
←→↑↓	光标往左、右、上、下移动
Home	光标移到行首
End	光标移到行尾
Ctrl+Home	光标移到文件起始处
Ctrl+End	光标移到文件结尾处
Delete	删除光标右边的内容
Backspace	删除光标左边的内容
Page Up	上移一屏
Page Down	下移一屏

若当前处于"插入"状态，即 Word 状态栏中的"插入/改写"区域为"插入"两字，则将插入点光标移动到需要修改的位置后面，按一次 Backspace 键可删除光标当前位置前面的一个字符，再输入新的内容。

若当前处于"改写"状态，则将插入点光标移动到需要修改的位置前面，所输入的新文本会替换原来相应位置上的文本。"插入"和"改写"编辑状态的切换可通过键盘上的 Insert 键或单击状态栏中的"插入/改写"区域实现。Word 的默认状态为"插入"状态。

三、知识点巩固练习

1. 练习 1

题目要求：使用 Word 提供的样本模板创建一个"基本简历"模板，在求职意向输入栏目中输入内容为财务总监，并保存为 210104.docx 文档。

操作步骤如下：

（1）单击"开始"按钮→"所有程序"→Microsoft Office→Microsoft Word 2016 命令，启动 Word。Word 2016 打开时默认名称为"文档 1"。

（2）单击"文件"，选择"新建"命令，搜索"基本简历"，在弹出的模板中选择"基本简历"模板，单击"创建"，如图 3-7 和图 3-8 所示。

图 3-7　新建模板

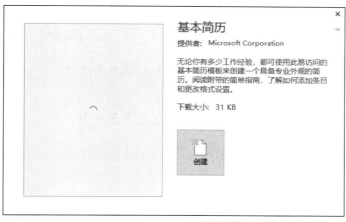

图 3-8 "基本简历"模板

（3）在"求职意向"输入栏目中输入内容为财务总监，如图 3-9 所示。

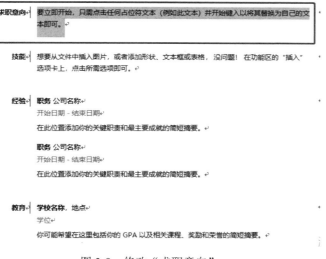

图 3-9 修改"求职意向"

（4）保存文档。单击"文件"，选择"另存为"，打开"另存为"对话框，如图 3-3 所示，在对话框中选择保存位置，输入文件名，单击"保存"按钮即可完成保存操作。

2. 练习 2

题目要求：打开 210105.docx 文档，在标题"游记"的前后分别输入一个实心五角星形特殊符号（字体 Wingdings，字符代码 171）；在第二段开始处输入内容"神州载中原，云台有山水"，并保存文件。

操作步骤如下：

（1）分别在标题"游记"前后单击"插入"→"符号Ω"，单击"其他符号"。在弹出的"符号"对话框"字体"下拉列表中选择 Wingdings，在"字符代码"文本框中输入 171，单击"插入"，如图 3-10 所示。

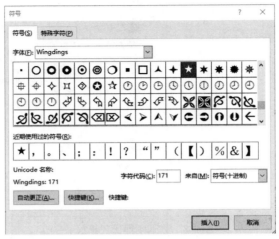

图 3-10　"字符"对话框

（2）在第二段开始处输入文字内容"神州载中原，云台有山水"，单击"保存"按钮即可完成操作。

3. 练习 3

题目要求：打开 210106.docx 文档，按要求设置项目符号和编号，一级编号位置为左对齐，对其位置为 0 厘米，文字缩进位置为 0 厘米。二级编号位置为左对齐，对其位置为 1 厘米，文字缩进位置为 1 厘米，并保存文件。

操作步骤如下：

（1）选中标题以外的全部文字，单击"段落"中的编号 ≔ ，如图 3-11 所示，选中题目要求的编号格式。按题目要求，将鼠标指针停留在二级编号前面，按住 Tab 键，设置下级编号。

（2）选择二级编号，单击"段落"中的编号 ≔ ，按题目要求将编号设置成大写字母。

（3）选择一级编号，右击，选择"调整列表缩进"，如图 3-12 所示。按题目要求将编号位置和文本缩进位置值均设置为 0 厘米。使用同样的方法设置二级编号的编号位置和文本缩进位置值均为 1 厘米。最后单击"保存"按钮即可完成操作。

图 3-11　编号格式框

图 3-12　调整列表缩进

4. 练习 4

题目要求：打开 210903.docx 文件，将文档中的黄色底纹的文字选中并删除；将文档中最后一段字体设置为粗体。

操作步骤如下：

（1）选中黄色底纹的文字，按 Delete 键即可删除所选取的内容。

（2）选中文档最后一段的文字，单击"开始"选项卡→"字体"中的 **B** ，即可完成粗体设置。最后单击"保存"按钮即可完成操作。

3.2　编辑 Word 文档

主要学习内容：

- 打开 Word 文档
- 复制、移动文本
- 查找和替换文本
- 撤销与恢复操作

用户输入和编写的文档不会一次就正确和完整，一般都需要进行再次修改和编辑，所以已保存的文档需要重新打开进行修改和编辑。

一、Word 2016 文档编辑的操作要求

1．打开文档

启动 Word 2016 后，单击"文件"选项卡的"打开"命令，定位至需打开的文档后，单击右下角的"打开"按钮打开文档。

2．移动文本

方法一：先选择需移动的文本，然后在选择的文字区域内按鼠标左键拖动鼠标，一直拖动到要插入的地方松开左键。

方法二：先选择需移动的文本，单击"开始"选项卡→"剪贴板"组→"剪切"按钮 ✂，或选择右键快捷菜单中的"剪切"命令，或按组合键 Ctrl+X 对文字进行剪切；然后将光标移到需插入的位置单击，单击"开始"选项卡→"剪贴板"组→"粘贴"按钮，或从右键快捷菜单中的"粘贴选项"中选择一种粘贴方式，或按组合键 Ctrl+V 实现粘贴。

3．复制文本

方法一：先选择需要复制的文字，然后在选择的文字区域内同时按住鼠标左键和 Ctrl 键并拖动鼠标，一直拖动到目的处松开左键。

方法二：先选择需复制的文字，单击"开始"选项卡→"剪贴板"组→"复制"按钮 📋，或选择右键快捷菜单中的"复制"命令，或按组合键 Ctrl+C 实现对文字的复制；然后在目的处插入光标，单击"开始"选项卡→"剪贴板"组→"粘贴"按钮 📋，或从右键快捷菜单中的"粘贴选项"中选择一种粘贴方式，或按组合键 Ctrl+V 实现粘贴。

4．查找文本

当需要查找某个词或将某个词替换成其他内容时，用人工查看的方式效率很低且可能会有遗漏。Word 2016 软件本身提供了查找和替换的功能。

单击设定开始查找的位置，如果不设置，默认从插入点开始查找。

方法一：单击"开始"选项卡→"编辑"组→"查找"命令 🔍 查找 ▾ 旁边的下三角按钮，选择"查找"，在弹出的"导航"框中输入要查找的内容，如图 3-13 所示。

图 3-13　"导航"框

方法二：单击"开始"选项卡→"编辑"组→"查找"命令 🔍 查找 ▾ 旁边的下三角按钮，选择"高级查找"，弹出"查找和替换"对话框，在"查找内容"输入框中输入查找内容，如果对查找内容有更高要求，如区分查找内容的大小写、文字字体颜色、着重号等字符格式，单击"更多"按钮，再在对话框中进行相关设置，单击"格式"按钮还可对文本内容进行"字体"和"段落"格式的设置。单击"查找下一处"按钮，从插入点开始查找，查找到的文本以蓝色背景显示，如果要继续查找，再次单击"查找下一处"按钮。

5．替换文本

单击"开始"选项卡→"编辑"组→"替换"按钮 ꜝ，弹出"查找和替换"对话框，如图 3-14 所示。在"查找内容"文本框中输入文字，在"替换为"文本框中输入替换内容文字即可。

图 3-14　"查找和替换"对话框

单击"更多"按钮 更多(M) >> ，展开"搜索选项"和"替换"区域，单击"替换"区的"格式"按钮 格式(O)▾ ，选择"字体"命令，在弹出的"查找字体"对话框"字形"下拉列表中可进行字体的替换。

替换完毕，会弹出如图 3-15 所示的替换信息对话框，信息显示完成了几处替换，由于第一段不参与替换，单击"否"按钮不搜索文档的其余部分。

图 3-15　替换信息对话框

完成替换后，单击"查找和替换"对话框的"关闭"按钮完成"替换"操作。

6．文件的另存

文档修改后，单击"文件"选项卡→"另存为"命令，弹出"另存为"对话框，在"文件名"文本框中输入文件名，再单击"保存"按钮即可将编辑修改的文档另存了，而原文件的内容没有被修改。

7．撤销与恢复

（1）撤销。当执行输入、修改、替换等操作时，若发现操作有误需要取消，可以单击快速访问工具栏上的"撤销"按钮 ↺。

若要撤销多项操作，单击"撤销"按钮右边的下拉按钮，在其下拉列表中选择要撤销的多项操作。

（2）恢复。用于恢复被撤销的操作，单击快速访问工具栏上的"恢复"按钮 ↻即可。

二、知识点巩固练习

1．练习 1

题目要求：打开 210108.docx 文档，在文档中查找"海南岛"三个字，并全部替换其字体格式为四号字，标准色红色。

操作步骤如下：

（1）单击"开始"选项卡→" 🔍 查找"命令，输入"海南岛"。

（2）单击"替换"，如图 3-16 所示。在弹出的"查找和替换"对话框中的"替换为"文本框中输入"海南岛"，单击"更多"→"格式"→"字体"，如图 3-17 所示。按照题目要求设置四号字，标准色红色，单击"确定"按钮。最后单击"保存"按钮即可完成保存操作。

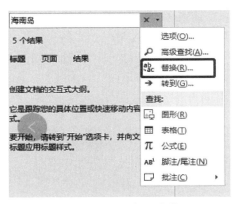

图 3-16　"导航"窗格

图 3-17　"查找和替换"对话框

2．练习2

题目要求：打开210155.docx文档，把文档第一段移动成文档第二段；复制文档第三段，只保留文本粘贴到第五段空行上。

操作步骤如下：

（1）选择需移动的文本，然后在选择的文字区域内按鼠标左键并拖动鼠标，一直拖动到文档第二段的位置松开左键。

（2）先选择需复制的文字，按组合键Ctrl+C实现对文字的复制；然后在目的处插入光标，单击"开始"选项卡→"剪贴板"组→"粘贴"按钮，或从右键快捷菜单中的"粘贴选项"中选择"只保留文本"实现粘贴。

3.3　排版Word文档

主要学习内容：

- 字体格式设置
- 段落格式设置
- 格式刷的使用
- 多级列表
- 边框和底纹

通过上一节的学习，读者已经可以编辑一篇文章了。在此基础上，要让文档按打印的要求进行格式设置，就要学会如何进行文档的排版。

一、文档排版的基本操作

1．字符格式设置

在编写好文章后，经常需要对文本的格式进行设置，如字体、字号、下划线等，快捷方式是使用"开始"选项卡"字体"组的各种字符格式工具按钮，如图3-18所示。

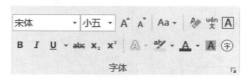

图3-18　"字体"组工具栏

各个工具按钮的作用如下：

- 字号框：用来设置文字字体的大小。
- 字体框：用来设置中文字体和英文字体。
- "增大字体"按钮：用来增大文字字体大小。
- "缩小字体"按钮：用来减小文字字体大小。
- "更改大小写"按钮：用来设置文字的大小写或其他常见的大小写形式。

- "清除格式"按钮 ![清除格式]：清除文字的所有格式，只留下纯文本。
- "拼音指南"按钮 ![拼音指南]：用来对被选取的中文字符标注汉语拼音。
- "字符边框"按钮 Ⓐ：用来设置文字的字符边框。
- "加粗"按钮 **B**：用来设置文字的加粗。
- "倾斜"按钮 *I*：用来设置文字的倾斜。
- "下划线"按钮 **U**：用来设置文字下划线的线形。
- "删除线"按钮 **abc**：用来添加文字的删除线。
- "突出显示"按钮 ![突出显示]：以不同的颜色突出显示文本，似荧光笔填涂效果。
- "字体颜色"按钮 **A**：用来设置文字字体的颜色。
- "字符底纹"按钮 **A**：为整行文字添加底纹背景。
- "带圈字符"按钮 ![带圈字符]：用来对被选取的文字加上圈号。

2. 段落格式设置

对文本的段落格式进行设置，如对齐方式、项目符号、缩进等，快捷方式是使用各种段落格式工具按钮，如图 3-19 所示。

图 3-19 "段落"组工具栏

各工具按钮作用如下：
- "项目符号"按钮 ![项目符号]：用来设置段落的项目符号。
- "编号"按钮 ![编号]：用来设置段落的行编号。
- "多级列表"按钮 ![多级列表]：设置段落的多级列表样式。
- "减少缩进量"按钮 ![减少缩进量]：使光标所在段落向左移动。
- "增加缩进量"按钮 ![增加缩进量]：使光标所在段落向右移动。
- "中文版式"按钮 ![中文版式]：自定义中文或混合文字的版式。
- "排序"按钮 ![排序]：将文字进行按字母或数值进行排序。
- "显示/隐藏编辑标记"按钮 ![显示/隐藏编辑标记]：显示/隐藏段落标记或格式符号。
- "左对齐"按钮 ![左对齐]：对被选取的段落进行左对齐。
- "居中"按钮 ![居中]：对被选取的段落进行居中。
- "右对齐"按钮 ![右对齐]：对被选取的段落进行右对齐。
- "两端对齐"按钮 ![两端对齐]：对被选取的段落进行左右两端同时对齐。
- "分散对齐"按钮 ![分散对齐]：对被选取的段落进行分散对齐。
- "行和段落间距"按钮 ![行和段落间距]：对被选取的段落进行改变行距和段前段后间距。
- "底纹"按钮 ![底纹]：给所选的文字或段落添加背景色。
- "下框线"按钮 ![下框线]：给所选的文字或段落添加框线及底纹。

3. 字符格式化

（1）设置字体、字号和字形等。文字默认的字体格式是"宋体""五号"，文本输入完后用户可以对字符的格式进行更改。

方法一：选择需进行字符格式设置的文本，通过如图 3-18 所示的"字体"组工具栏上的对应工具按钮进行设置。

方法二：选择需进行字符格式设置的文本，单击"开始"选项卡→"字体"组→"字体"对话框启动器 （或右击选择的文本，从快捷菜单中选择"字体"命令），弹出"字体"对话框，对字符进行格式设置。如图 3-18 所示，在"字体""字号"等框中输入或调节所需的值。

（2）调整字符间距。字符间距是指相邻两个字符间的距离。设置方法如下：

1）选定需设置字符间距的文本。

2）单击"开始"选项卡→"字体"组→"字体"对话框启动器 ，弹出"字体"对话框。

3）选择"高级"选项卡，如图 3-20 所示，在"间距"下拉列表中选择"加宽"或"紧缩"方式，在"磅值"框中设置调整的磅数，同时在"预览"框中可看到设置后的效果。

图 3-20 "高级"选项卡

4）单击"确定"按钮完成字符间距的调整。

4. 格式刷的使用

在编辑文档的过程中，会遇到多处字符或段落具有相同格式的情况。这时可以使用格式刷，将已设置好的字符或段落的格式复制到其他文本或段落，减少重复排版操作。

格式刷的使用方法如下：

（1）选择已设置格式的文本或段落。

（2）单击或双击工具栏上的"格式刷"按钮 ，此时鼠标指针变为刷子形状。若单击"格式刷"，格式刷只能应用一次；双击"格式刷"，则格式刷可以连续使用多次。

（3）按住鼠标左键，在需要应用格式的文本区域内拖动鼠标或在相应段落任意位置单击。

如果单击格式刷，执行一次第 3 步，即退出格式复制状态。如是双击格式刷，则可重复执行第 3 步。

若取消格式刷状态，可再次单击格式刷或进行其他的编辑工作，或按 Esc 键。

5. 多级列表

当编辑一些较长的文章时，可能需要用到多种级别的编号方式，如图 3-21 所示的目录结构效果。要实现图 3-21 的效果，先选定需处理的段落，单击"段落"组"多级列表"按钮右边的下三角按钮，弹出如图 3-22 所示的"列表库"，选择所需的多级列表符号。如果"列表库"中没有所需符号，则单击"定义新的多级列表"命令，在"定义新多级列表"对话框中设置新的多级列表符号。

第1章　计算机基础知识
　　1.1　计算机概述
　　　　1.1.1 计算机的发展
　　　　1.1.2 计算机的特点
　　　　1.1.3 计算机的分类
　　　　1.1.4 计算机的应用
　　　　1.1.5 多媒体技术的应用
　　1.2　计算机入门知识
　　　　1.2.1 计算机系统的组成
　　　　1.2.2 计算机的性能指标
　　1.3　信息的表示与存储
　　　　1.3.1 信息与数据
　　　　1.3.2 进位计数制
　　　　1.3.3 数据的转换

图 3-21　多级编号目录结构效果

图 3-22　"列表库"

需要特别注意的是，输入列表内容，按 Enter 键后，下一行所显示的编号依然与前一行是同级的，若想变成下一级别的编号，则需按 Tab 键，而如果想让当前行变成上一级别的编号就要按 Shift+Tab 组合键了。

6. 段落格式化

段落是文档中的自然段。输入文本时每按一次 Enter 键就形成一个段落，每一段的最后都有一个段落标志（↵）。段落格式适用于整个段落，如果对一个段落排版，只需把光标移到该段落中的任何位置。如果要对多个段落排版，则需要将这几个段落同时选中。

（1）对齐方式。通常有两端对齐、左对齐、居中、右对齐和分散对齐 5 种方式。

方法一：选择段落，单击"段落"组工具栏上的"两端对齐"或"左对齐"等按钮。

方法二：选择段落，选择"开始"选项卡→"段落"组→"段落"对话框启动器，弹出如图 3-23 所示的"段落"对话框，选择"缩进和间距"选项卡，在"常规"区域的"对齐方式"下拉列表中选择所需的对齐方式。

方法三：选择段落并右击，系统打开快捷菜单，选择"段落"命令，打开如图 3-23 所示的"段落"对话框，然后参照方法二进行设置。

（2）段落缩进。段落缩进指段落中的文本到正文区左、右边界的距离，包括左侧和右侧的首行、悬挂缩进，如图 3-23 所示。

图 3-23 "段落"对话框

方法一：使用标尺进行段落缩进。

1）勾选"视图"选项卡中"显示组"的"标尺"复选框，或单击垂直滚动条上方的"标尺"按钮 。

2）将鼠标指针定位在需要进行缩进设置的段落。

3）按住鼠标左键拖动标尺中的左缩进标记、右缩进标记、首行缩进标记、悬挂缩进标记至适当位置，如图 3-24 所示。

图 3-24 标尺及缩进示意图

方法二：用"段落"对话框进行精确调整。

1）单击"开始"选项卡→"段落"组→"段落"对话框启动器 ，弹出如图 3-23 所示的"段落"对话框。

2）选择"缩进和间距"选项卡，在"缩进"区域的"左侧""右侧"输入框中分别输入距离值，在"特殊格式"下拉列表框中选择"首行缩进"或"悬挂缩进"，在"磅值"输入框中输入距离值。

（3）间距设置。间距有行距、段前间距和段后间距。

在"段落"对话框中选择"缩进和间距"选项卡，在"间距"区域的"段前""段后"输入框中分别输入值，在"行距"下拉列表中选择所需的行距。若要设置多倍行距，例如 1.8 倍行距，则在"行距"下拉列表中选择"多倍行距"后在"设置值"输入框中输入 1.8。

7. 边框和底纹

当文字需要设置边框和底纹时，可选取需设置边框和底纹的文本，单击"开始"选项卡

→"段落"组→"下框线"旁的下三角按钮 [图标]，从弹出菜单中选择"边框和底纹"命令，弹出如图 3-25 所示的"边框和底纹"对话框。

　　选择"边框"选项卡，在"设置"区域选择一种边框类型，在"样式"列表框中选择边框线型样式，"颜色"下拉列表中选择边框颜色，"宽度"下拉列表中选择边框的磅数，在"应用于"下拉列表中选择"段落"或"文字"。

　　选择"底纹"选项卡，如图 3-26 所示，在"填充"区域的调色板中选择底纹颜色，在"图案"区域的"样式"下拉列表中选择底纹图案式样，在"颜色"下拉列表中选择底纹图案颜色。在"应用于"下拉列表中选择"段落"或"文字"，在"预览"区中可看到设置后的效果。

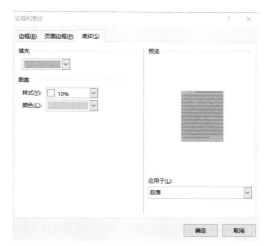

图 3-25　"边框和底纹"对话框　　　　　　图 3-26　"底纹"选项卡

二、知识点巩固练习

1. 练习 1

题目要求：打开 210114.docx 文档，设置第二段的字体格式，字体为"黑体"，字形为"加粗、倾斜"，字号为"小二"，字体颜色为"标准色红色，标准色蓝色单下划线"，效果为"删除线"；设置第一段文档的文字字符缩放 200%，字符间距加宽 2 磅，字符位置提升 10 磅；保存文件。

操作步骤如下：

（1）打开文档后，选取第二段文字，单击"开始"选项卡→"字体"组→"字体"对话框启动器 [图标]，弹出如图 3-27 所示的对话框，在"中文字体"下拉列表中选择"黑体"，在"字形""字号"下拉列表中分别选择"加粗"和"小二"，单击"字体"按钮 A →"标准色红色"，单击选择"字体"组→"所有文字"→"下划线线型"选择单下划线→"下划线颜色"选择标准色蓝色。

（2）选取标题行文字，单击"开始"选项卡→"字体"组→"字体"对话框启动器，在"字体"对话框中单击"高级"标签。在"字符间距"区域设置"缩放"为 200%，"间距"选择加宽，磅值设置 2 磅，"位置"选择提升，磅值设置 10 磅。最后单击"保存"按钮即可完成保存操作。

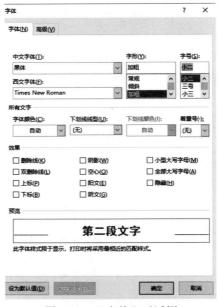

图 3-27　"字体"对话框

2．练习 2

题目要求：打开 210105.docx 文档，设置第一段文档的段落格式：把文字"凤凰古城"设置为居中对齐；设置第二段左、右各缩进 20 磅；设置第三段段前间距 26 磅，段后间距 26 磅；设置第四段悬挂缩进 3 字符，1.5 倍行距，段落对齐方式为分散对齐。

操作步骤如下：

（1）打开文档后，选取标题行文本，然后单击"开始"选项卡→"段落"组→"段落"对话框启动器，弹出"段落"对话框，在"常规"区域的"对齐方式"下拉列表中选择"居中"。

（2）选取文档的第二段，在"段落"对话框"缩进"区域的"左侧"输入框中输入"20磅"，"右侧"输入框中输入"20 磅"，单击"确定"按钮。

（3）选取文档的第三段，在"段落"对话框"间距"区域的"段前"输入框中输入"26磅"，"段后"输入框中输入"26 磅"，单击"确定"按钮。

（4）选取文档的第四段，在"段落"对话框"缩进"区域的"特殊格式"下拉列表中选择"悬挂缩进"，在"缩进值"输入框中输入"3 字符"，在"段落"对话框"间距"区域的"行距"下拉列表中选择"1.5 倍行距"，在"常规"区域的"对齐方式"下拉列表中选择"分散对齐"，单击"确定"按钮。

3．练习 3

题目要求：打开 210105.docx 文档，对文档第四段添加边框和底纹，底纹填充色为水绿色，强调文字颜色 5，淡色 60%，应用于段落；对文档第五段进行段落设置取消断字，换行设置为按中文习惯控制首尾字符。

操作步骤如下：

（1）打开文档后，选取第四段文字，单击"开始"选项卡→"段落"组→"下框线"旁的下三角按钮 　→"边框和底纹"命令，选择"底纹"选项卡，在"填充"中选择"水绿色，强调文字颜色 5，淡色 60%"，应用于"段落"。

（2）选取第五段文字，单击"开始"选项卡→"段落"组→"段落"对话框启动器→"换行和分页"（图 3-28），在"格式设置例外项"区域勾选"取消断字"复选框。在"中文版式"选项卡"换行"区域勾选"按中文习惯控制首尾字符"复选框，如图 3-29 所示。

图 3-28　"换行和分页"选项卡

图 3-29　"中文版式"选项卡

3.4　打印 Word 文档

主要学习内容：

- 页面设置
- 分栏
- 页眉和页脚
- 打印
- 添加页面背景

一、页面布局的基本操作

样式常常在文档重复使用同一种格式的情况下应用到，为了达到节省时间和统一格式的效果，将字符格式、段落格式、边框和底纹等效果统一地制定在样式中，使用者只需应用这种样式即可。如果修改了样式的格式，则文档中应用了这种样式的段落或文本块将自动随之改变。Word 软件本身提供了一系列标准样式，也允许用户自定义样式。

模板是 Word 2016 中一种扩展名为 dotx、用来产生相同类型文档的标准化格式的文件，模板可以将文档的结构、样式、格式、页面设置等固定下来，用户根据需要选择相应的模板可以大大提高效率，也可保持文档的统一性。

1. 页面设置

在打印一篇文档之前，先要对其进行页面设置，页面设置主要包括页边距、纸张、版式等，如图 3-30 所示。

（1）设置页边距。页边距是指文本区到纸张边缘的距离（图 3-31）。首先将插入点定位在文档中，单击"页面布局"选项卡→"页面设置"组→"页面设置"对话框启动器，弹出如图 3-30 所示的"页面设置"对话框，选择"页边距"选项卡，可以改变上、下、左、右边距，纸张方向，装订线位置等。

图 3-30　"页面设置"对话框

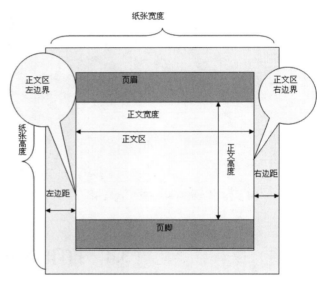

图 3-31　页边距示意图

说明：一般情况下，Word 2016 页边距设置应用于整篇文档。如果用户想对选定的文本或节设置页边距，可在"应用于"下拉列表中选择"所选节"或"所选文字"。节的长度可长可短，单击"页面设置"组→"分隔符"按钮→"连续"命令，插入分节符。可以用 Delete 键删除节分隔符。

（2）纸张设置。在"页面设置"对话框中选择"纸张"选项卡，可进行纸型、纸张来源的设置。

在纸型设置中也可以选择"自定义大小"，在"宽度"和"高度"输入框中输入厘米值。

2. 页眉和页脚

页眉和页脚是指每页顶端和底部的特定内容，例如标题、日期、页码、用户录入的内容或图片等。

单击"插入"选项卡→"页眉和页脚"组→"页眉"按钮，从弹出的菜单中选择一种内置类型或单击"编辑页眉"命令自定义编辑页眉。设置页脚的操作方法类似。在页眉和页脚处也可以通过单击"页码"按钮来插入各种形式的页码。例如插入"第 X 页共 Y 页"格式的页码，方法是在"页码"菜单中单击"页面底端"，从弹出的列表中选择"X/Y"的一种形式，在"X/Y"前后输入文字，效果为"第 X 页共 Y 页"。

在"页码"菜单中选择"设置页码格式"命令，弹出如图 3-32 所示的对话框，可以设置页码的编号格式、页码编号等。

在"页面设置"对话框的"版式"选项卡中，可以对页眉的页脚距边界的距离进行设置，如图 3-33 所示。

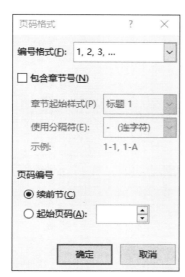

图 3-32 "页码格式"对话框

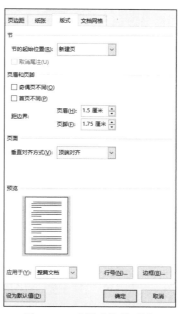

图 3-33 "版式"选项卡

页眉和页脚文字的编辑方法和一般文本的编辑方法一样，单击"设计"选项卡→"关闭页眉和页脚"按钮可退出页眉和页脚的编辑状态或直接在正文处双击，即可返回正文编辑状态，此时可以查看已设置的页眉和页脚的效果。

3．分栏

为了便于阅读，可以将文档分成两栏或更多栏，用户可以设置分栏的栏数、栏宽、栏间距、分隔线等。操作步骤如下：

（1）选取需要进行分栏的文本，如果不选，则默认对整个文档分栏。

（2）单击"页面布局"选项卡→"页面设置"组→"分栏"按钮右边的下三角按钮，从列表中选择一种现有的分栏样式，或者单击"更多分栏"命令，弹出如图 3-34 所示"分栏"对话框。

（3）在"预设"区中选取合适的分栏样式或在"栏数"中输入分栏数，在"宽度和间距"区域中设置"栏宽"和"间距"，勾选"分隔线"复选框。如果各栏的栏宽不相等，则取消勾选"栏宽相等"复选框，再在"宽度"和"间距"中自定义各栏的宽度和栏间的间距。

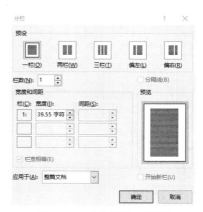

图 3-34 "分栏"对话框

（4）设置完成后单击"确定"按钮。

注意：在分栏时，各栏的长度可能会出现不一致的情况。采用的办法是在分栏之前，将鼠标指针先定位在需要进行分栏的文本结尾处，单击"页面设置"选项卡→"页面设置"组→"分隔符"按钮┠→"连续"命令，即插入节分隔符后再进行分栏。或者是在分栏前选取分栏段落时，不选取段落标记，也可以避免各栏长度不一。

4. 打印

在打印前可以通过"文件"选项卡→"打印"命令预览打印效果，在预览区的右下方单击 ⊖——▽——⊕ 调节显示比例。单击左下方 ◀ 37 共39页 ▶ 调节预览的页码。预览效果满意后就可以进行打印设置了。

打印设置（图 3-35）主要是设置打印机类型、打印份数、页码范围等，设置方法如下：

（1）在"打印"区"份数"输入框中输入需打印的份数。

（2）在"打印机"区单击下拉按钮从列表中选择打印机的型号。

（3）在"设置"区单击下拉按钮从列表中选择打印所有页、当前页或自定义范围。

（4）单击"单面打印"右边的下拉按钮可选择单面还是双面打印。

（5）单击"调整"右边的下拉按钮可以调整打印顺序。在打开的列表中选择"调整"选项将在完成第 1 份打印任务时再打印第 2 份、第 3 份……；选择"取消排序"选项，将逐页打印足够的份数。

（6）单击"纵向"右边的下拉按钮设置纵向还是横向打印。

（7）单击"A4"右边的下拉按钮设置页面大小。

图 3-35　"打印"设置

（8）单击"上一个自定义边距设置"右边的下拉按钮设置页面边距。

（9）单击"每版打印 1 页"右边的下拉按钮设置每页的版数，效果是将几页的内容缩小至一页中进行打印。

单击"页面布局"选项卡→"页面设置"组→"页面设置"对话框启动器，弹出"页面设置"对话框，选择"页边距"选项卡，在"纸张方向"区域中选择"横向"，在"页边距"区域的"上""下""左""右"输入框中输入度量值。

选择"纸张"选项卡，在"纸张大小"下拉列表中选择 ISO B5，在"应用于"下拉列表中选择"整篇文档"，单击"确定"按钮。

5. 添加页面背景

（1）水印。单击"设计"选项卡→"页面背景"组→"水印"按钮⬚→"自定义水印"命令，弹出如图 3-36 所示的"水印"对话框。可在"文字"下拉列表中输入水印文字，在"颜色"下拉列表中选择水印文字的颜色，"版式"选择"水平"或"斜式"，最后单击"应用"按钮即可。

（2）纹理背景。单击"设计"选项卡→"页面背景"组→"页面颜色"按钮⬚，从弹出的菜单中选择"填充效果"命令，弹出"填充效果"对话框，如图 3-37 所示。可以选择"渐变""纹理""图案""图片"，最后单击"确定"按钮即可。

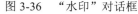

图 3-36 "水印"对话框

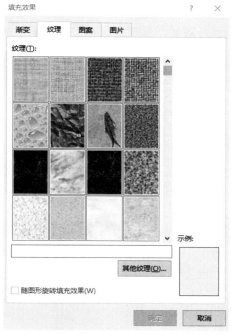

图 3-37 "填充效果"对话框

（3）页面边框。单击"设计"选项卡→"页面背景"组→"页面边框"按钮，弹出"边框和底纹"对话框，在"页面边框"选项卡中进行设置。

二、知识点巩固练习

1. 练习 1

题目要求：打开 210149.docx 文档，设置文档的页面格式：上、下页边距均为 3 厘米，装订线位置为上；纸张自定义大小的宽、高均为 20 厘米；页眉、页脚距边界均为 2 厘米。

操作步骤如下：

（1）打开文档后，单击"布局"选项卡→"页面设置"组→"页面设置"对话框启动器，弹出"页面设置"对话框，选择"页边距"选项卡，在上、下页边距内分别输入"3 厘米"，装订线位置选择"上"。

（2）选择"纸张"选项卡，纸张大小选择自定义，在宽、高输入框中分别输入"20 厘米"。

（3）选择"版式"选项卡，在距边界的页眉、页脚输入框中分别输入"2 厘米"。最后单击"确定"按钮，保存文档即可完成操作。

2. 练习 2

题目要求：打开 210156.docx 文档，将文档第二、三、四段偏左分为两栏：第一栏宽度 13字符，间距 2 字符，添加分割线。

操作步骤如下：

（1）打开文档后，选取第二、三、四段，单击"布局"选项卡→"页面设置"组→"分栏"按钮右边的下三角按钮→"更多分栏"命令，弹出"分栏"对话框。在对话框的"预设"区选择"偏左"，在"栏数"中输入"2"。

（2）在"宽度和间距"区中设置"栏"的宽度，第一栏"13字符"，间距"2字符"，勾选"分隔线"复选框，在"应用于"下拉列表中选择"所选文字"，单击"确定"按钮即可。

3．练习3

题目要求：打开210118.docx文档，为第一段标题"黄山"设置边框和底纹，设置边框宽度为1.5磅、标准色绿色双实线方框，应用于文字；底纹填充为标准色绿色，应用于文字。保存文件。

操作步骤如下：

（1）打开文档后，选择第一段文字，单击"设计"选项卡→"页面背景"组→"页面边框"按钮，弹出"边框和底纹"对话框，如图3-38所示，在"页面边框"选项卡中选择边框宽度为"1.5磅"，颜色选择"标准色绿色"，样式选择"双实线"，设置为"方框"。

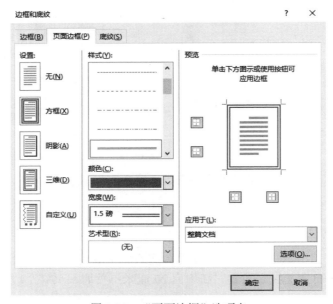

图3-38　"页面边框"选项卡

（2）选择应用于文字，单击"确定"按钮。

4．练习4

题目要求：打开210165.docx文档，将文档设置页面背景中的页面填充效果，套用纹理填充效果样式，样式名称为鱼类化石；添加页面边框为宽度10磅、5个红苹果图案的艺术型方框，保存文件。

操作步骤如下：

（1）打开文档后，单击"设计"选项卡→"页面背景"组→"页面颜色"按钮，单击"填充效果"，弹出"填充效果"对话框，在"填充效果"选项卡中单击"纹理"，按题目要求选择"鱼类化石"样式，如图3-39所示，单击"确定"按钮。

（2）单击"设计"选项卡→"页面背景"组→"页面边框"按钮，弹出"边框和底纹"对话框，在"页面边框"选项卡中设置选择"方框"，艺术型选择"5个红苹果"，宽度设置为"10磅"，如图3-40所示，单击"确定"按钮。

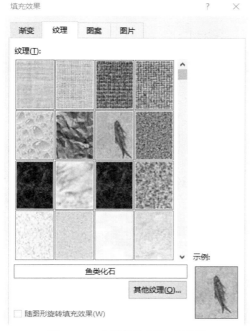

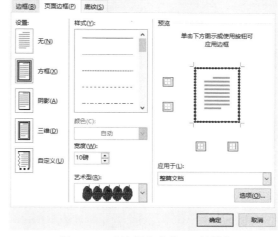

图 3-39　"填充效果"对话框　　　　　　　　图 3-40　"边框和底纹"对话框

5．练习 5

题目要求：打开 210131.docx 文档，设置文档的页眉为五台山风光，文字居中对齐；插入页码，页码位置为页面底端，页码套用样式为 X/Y 中的"加粗显示数字 2"，将内容加以编辑，内容为第 X 页/共 Y 页，字体颜色为标准色蓝色，字号为小五；保存文件。

操作步骤如下：

（1）打开文档后，单击"插入"选项卡→"页眉和页脚"组→"页眉"按钮，从弹出的菜单中选择内置类型为"空白"，编辑页眉内容"五台山风光"。

（2）在"页码"菜单中单击"页面底端"，从弹出列表中选择"X/Y"的"加粗显示数字 2"，在"X/Y"前后输入文字，效果为"第 X 页共 Y 页"。

（3）选中编辑好的页码，单击"开始"选项卡→"字体"组，字体颜色选择标准色蓝色，字号设置小五，单击"保存"按钮。

3.5　制作会议日程表

主要学习内容：

- 表格的建立、编辑、复制、移动、删除
- 设置表格格式
- 绘制表格
- 表格与文本间的相互转换

一、知识技能要点

Word 提供了丰富的制表功能，在工作中，无论是制作工作计划、通讯录还是安排会议议程等，用户都可以使用表格来进行。表格中的基本概念如图 3-41 所示。

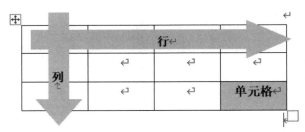

图 3-41　表格中的基本概念

1. 表格的建立

方法一：

（1）将光标定位在需要插入表格的位置。

（2）单击"插入"选项卡→"表格"组→"表格"按钮，打开如图 3-42 所示的界面。

（3）将鼠标指针向右下方移动，直到选定了所需的行、列数后，单击。此时在插入点处将创建一个指定行列数的空表。

方法二：单击"插入"选项卡→"表格"组→"表格"按钮，从弹出菜单中选择"插入表格"命令，弹出如图 3-43 所示的"插入表格"对话框，在"列数""行数"中输入所需的行列数；如果需要固定列宽，则选择"固定列宽"项，可在其右侧文本框中输入列宽值，也可采用"自动"，最后单击"确定"按钮。

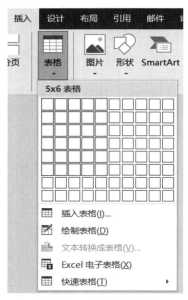

图 3-42　"表格"菜单

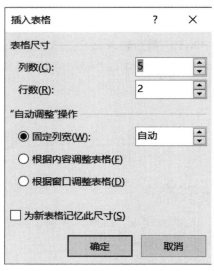

图 3-43　"插入表格"对话框

2．表格数据的编辑

（1）输入数据。

1）将鼠标指针移到输入点。

方法一：直接单击该单元格。

方法二：按 Tab 键使插入点移到下一单元格。

方法三：按光标键↑、↓、←、→使插入点上、下、左、右移动。

2）开始录入数据，录入完一个单元格内容后注意不要按 Enter 键，而是将鼠标指针移到下一个需录入的单元格。

提示： 在单元格内按 Enter 键，表示单元格内容换行，其行高增加。

（2）清除数据。选择需删除内容的单元格，按 Delete 键。

对表格内的文本进行查找、替换、复制、移动等操作与其他正文文本是一样的。

3．表格的复制、移动、删除、缩放

● 选择整个表格：将鼠标指针定位在表格内部，此时在表格左上角出现移动控点，如图 3-44 所示，单击"移动控点"即可选择整个表格。

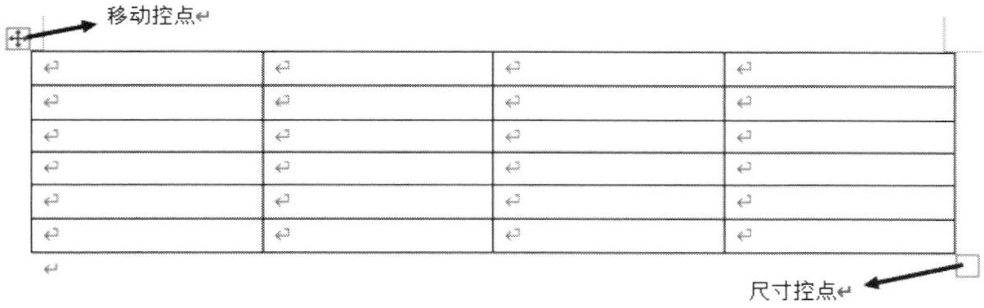

图 3-44　表格中的控点

● 复制：选择整个表格后，用常规复制的方法即可。

● 移动：将鼠标指针移到"移动控点"上，按住鼠标左键并拖动鼠标至所需的位置。

● 缩小及放大：将鼠标指针移到"尺寸控点"上，当鼠标指针变成双向箭头时拖动鼠标即可调整整个表格的大小。

● 删除：单击"布局"选项卡→"行和列"组→"删除"按钮，从弹出的菜单中选择删除单元格、行、列或表格。

4．调整表格

（1）选定单元格、行、列。

● 单元格：每个单元格的左侧有一个选定栏，当鼠标指针移到选定栏时指针形状会变成向右上方的箭头，单击即可选定该单元格。

● 单元格区域：将鼠标指针移至单元格区域的左上角单元格，按下鼠标左键不放，再拖动到单元格区域的右下角单元格。

● 行：将鼠标指针移至行左侧的文档选定栏，单击左键即可选定该行。这时拖动鼠标可选定若干行。

● 列：将鼠标指针移至列的上边界，当鼠标指针变为向下箭头时，单击即可选定该列。按住左键的同时拖动鼠标可选定若干列。

- 选定整个表格：拖动鼠标选择了所有行或列时即选定整个表格，或通过单击表格左上角的"移动控点"也可。

（2）行高、列宽的调整。

方法一（精确调整）：选择需调整的行或列，右击，从快捷菜单中选择"表格属性"命令，打开如图 3-45 所示的"表格属性"对话框，选择"行"或"列"选项卡，在"指定高度"或"指定宽度"输入框中输入行或列的尺寸，单击"确定"按钮。

图 3-45 "表格属性"对话框

方法二（大致调整）：将鼠标指针移至列或行的分隔线上，当指针形状变成双向箭头时，按下鼠标左键不放并拖动至合适行高或列宽再松开鼠标左键。

（3）单元格的合并与拆分。

- 合并：选定需要合并的若干单元格，单击"布局"选项卡→"合并"组→"合并单元格"按钮，或者右击，从快捷菜单中选择"合并单元格"命令。
- 拆分：选定需要拆分的单元格，单击"布局"选项卡→"合并"组→"拆分单元格"按钮，或者右击，从快捷菜单中选择"拆分单元格"命令，弹出如图 3-46 所示的"拆分单元格"对话框，设定拆分的行数和列数后单击"确定"按钮。

图 3-46 "拆分单元格"对话框

（4）行、列的插入与删除。

- 插入：选择插入点，从"布局"选项卡→"行和列"组中的"从上方插入""从下方插入""从左侧插入""从右侧插入"4 种方式中选择一种。
- 删除：选择需删除的行或列，单击"布局"选项卡→"行和列"组→"删除"按钮，从快捷菜单中选择"删除行"或"删除列"。

5. 设置表格格式

（1）表格中文本的对齐方式。表格中文本的对齐方式有水平对齐方式（两端对齐、居中、右对齐）和垂直对齐方式（靠上、中部、靠下），一共组成了 9 种对齐方式。

选择整个表格，从"布局"选项卡→"对齐方式"组的 9 种方式中选择一种，如图 3-47 所示。

图 3-47　"对齐方式"组

（2）表格边框和底纹的设置。

1）边框设置。

方法一：选择需要设置边框的单元格，单击"设计"选项卡→"边框"组→"笔样式"下拉按钮，从样式中选择线型，单击"笔划粗细"下拉按钮，从列表中选择线粗细，单击"笔颜色"按钮，选择边框颜色，最后单击"边框"下拉按钮，从中选择需应用的框线。

方法二：选择需要设置边框的单元格，单击"开始"选项卡→"段落"组→"边框"下拉按钮，从列表中选择"边框和底纹"，弹出如图 3-48 所示的"边框和底纹"对话框，选择"边框"选项卡，在"设置"区选择一种边框样式，如方框、全部、虚框、自定义，选取需要的线型、边框颜色和宽度，在"预览"中单击去掉或增加应用的框线，单击"确定"按钮。

图 3-48　"边框和底纹"对话框

2）底纹设置。

选择需设置底纹的单元格，在"边框和底纹"对话框，选择"底纹"选项卡，从中选择填充颜色或图案样式、颜色等，单击"确定"按钮。

6. 表格样式

不同的使用场合有不同的格式需求，Word 软件提供了多种不同风格的表格样式，用户可以根据需要将其中的表格样式添加到自己所制作的表格中，包括边框、底纹、颜色等。操作步骤如下：

（1）单击表格内的任意一个单元格。

（2）选择"设计"选项卡，在"表格样式"组中单击选择一种表格样式，即应用了该样式，如图 3-49 所示。

图 3-49　"表格样式"组

7. 表格在页面中的对齐方式

可以设置整个表格在页面中的对齐方式和文字环绕方式，步骤如下：

（1）单击移动控点选择整个表格。

（2）在表格区右击，从快捷菜单中选择"表格属性"命令，弹出如图 3-45 所示的"表格属性"对话框。

（3）选择"表格"选项卡，在"对齐方式"区域中选择一种表格在页面中的对齐方式，如果选择"左对齐"方式，可在"左缩进"输入框中输入缩进的距离值。在"文字环绕"区域选择一种文字环绕方式。

（4）单击"确定"按钮。

8. 数据计算

操作实例：打开如图 3-50 所示"×××公司员工工资表.docx"，计算应发工资和实发工资，并按实发工资进行降序排序。

×××公司员工工资表

姓名	岗位工资	工龄津贴	交通费	应发工资	税费	实发工资
张英	3500	400	300		30	
李文	4200	450	300		50	
何永	5000	600	300		90	
张勇	4800	550	300		80	
陈丽	4000	400	300		40	

图 3-50　员工工资表

操作步骤如下：

（1）将鼠标指针定位在张英的应发工资单元格处，单击"布局"选项卡→"数据"组→

"公式"按钮，弹出如图 3-51 所示的"公式"对话框，公式内容默认为"=SUM(LEFT)"，即对左边单元格的数据求和，此公式符合要求不用修改，直接单击"确定"按钮。

（2）选中用公式创建完成的数字，按 Ctrl+C，在其他应发工资单元格中粘贴。选中粘贴的单元格，然后右击，在弹出的快捷菜单中选择"更新域"命令。

如果要进行其他计算，例如求平均值、计数，可以在"公式"对话框中的"粘贴函数"下拉列表中选择合适的函数，如 AVERAGE、COUNT 等，然后分别使用左侧（LEFT）、右侧（RIGHT）、上面（ABOVE）和下面（BELOW）等参数进行函数设置，也可以在"编号格式"下拉列表中选择一种格式。

（3）将鼠标指针定位在张英的实发工资单元格处，单击"布局"选项卡→"数据"组→"公式"按钮，弹出如图 3-52 所示的"公式"对话框，更改公式内容为"=E2-F2"。

图 3-51　"公式"对话框

图 3-52　"公式"对话框

这种方法创建的公式不能通过前面更新域的方法复制到其他单元格，需要分别更改公式内容为"=E3-F3""=E4-F4""=E5-F5"。

（4）单击"布局"选项卡→"数据"组→"排序"按钮，弹出如图 3-53 所示的"排序"对话框，在"主要关键字"下拉列表中选择"实发工资"，选中"降序"单选按钮后单击"确定"按钮，结果如图 3-54 所示。

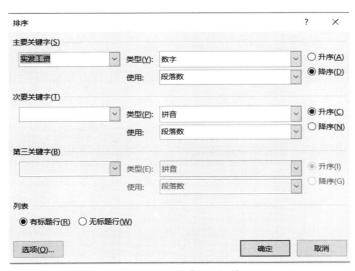

图 3-53　"排序"对话框

×××公司员工工资表

姓名	岗位工资	工龄津贴	交通费	应发工资	税费	实发工资
何永	5000	600	300	5900	90	5810
张勇	4800	550	300	5650	80	5570
李文	4200	450	300	4950	50	4900
陈丽	4000	400	300	4700	40	4660
张英	3500	400	300	4200	30	4170

图 3-54　计算后的员工工资表

9. 绘制表格

Word 有绘制表格功能，用户可以根据需要手工绘制横线、竖线、对角线来搭建表格框架。以绘制如图 3-55 所示的课程表为例，其操作步骤如下：

课程表

星期 时间	星期一	星期二	星期三	星期四	星期五
上午	数学	数学	音乐	语文	数学
	体育	美术	英语	语文	语文
	英语	体育	语文	体育	体育
下午	语文	语文	语文	数学	美术
	写字	数学	思品	音乐	语文

图 3-55　课程表效果图

（1）在"表格工具"的"设计"选项卡→"边框"组中单击相应按钮选择需要的"笔样式"为双实线、"笔划粗细"为 0.5 磅、"笔颜色"为红色。

（2）单击"布局"选项卡→"绘图"组→"绘制表格"按钮，此时鼠标指针变成笔状。

（3）在编辑区拖动鼠标拉出方形外框。

（4）用步骤（3）的方法绘制内部框线，先绘制 5 条水平线和 5 条竖线。

（5）再次单击"绘制表格"按钮，使其处于非启用状态。

（6）选取表格的下方 6 行，单击"布局"选项卡→"单元格大小"组→"分布行"按钮。选取右方 4 列，单击"分布列"按钮。

（7）单击"设计"选项卡→"绘图边框"组→"擦除"按钮。鼠标指针变成橡皮状，擦除相应内框线，表格如图 3-56 所示，再次单击"擦除"按钮，鼠标指针恢复正常形状，绘制表格完毕。

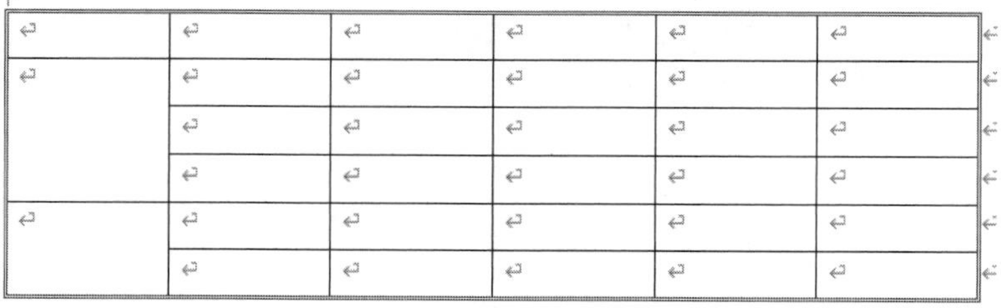

图 3-56　表格框架

（8）完成输入文本、设置行高、添加底纹等操作。

10. 文本与表格的相互转换

表格是由一行或多行单元格组成的，用于显示数字和其他项以便快速引用和分析。表格中的项被组织为行和列。将表格转换为文本时，用分隔符标识文字分隔的位置，或在将文本转换为表格时，用其标识新行或新列的起始位置。

（1）将文本转换为表格。将文本转换成表格时，使用逗号、制表符或其他分隔符标记新列开始的位置，如图 3-57 所示。

1）在要划分列的位置插入所需的分隔符。

例如，在一行有多个词的列表中，在两个词中间插入逗号，那么逗号就是文字分隔符了。

2）选择要转换的文本。单击"插入"选项卡→"表格"组→"表格"按钮→"文本转换成表格"命令，弹出如图 3-58 所示的对话框。

职称计算机课程辅导方案,主讲名师,精讲班,报名地点
中文 Windows XP 操作系统,王　悦,20 节 150 元,科技楼 503
Word 2003 中文文字处理,杨海虹,20 节 150 元,科技楼 503
Excel 2003 中文电子表格,陈羽凡,20 节 150 元,科技楼 503
PowerPoint 2003 演示文稿,杨海虹,20 节 150 元,科技楼 503
Internet 应用,杨海虹,20 节 150 元,科技楼 503

图 3-57　"将文本转换成表格"前的文本　　　　图 3-58　"将文字转换成表格"对话框

3）在"文字分隔位置"区中选择逗号为分隔符。也可以选择其他所需的选项。

4）单击"确定"按钮。效果如图 3-59 所示。

职称计算机课程辅导方案	主讲名师	精讲班	报名地点
中文 Windows XP 操作系统	王　悦	20 节 150 元	科技楼 503
Word 2003 中文字处理	杨海虹	20 节 150 元	科技楼 503
Excel 2003 中文电子表格	陈羽凡	20 节 150 元	科技楼 503
PowerPoint 2003 演示文稿	杨海虹	20 节 150 元	科技楼 503
Internet 应用	杨海虹	20 节 150 元	科技楼 503

图 3-59　"将文本转换成表格"后的表格

（2）将表格转换为文本。

1）选择要转换为段落的行或表格。单击"布局"选项卡→"数据"组→"转换为文本"按钮。

2）选择一种文字分隔符，作为替代列边框的分隔符。

3）单击"确定"按钮。

注意：文字分隔符应为英文符号，不能为中文符号。

11. 利用已有模板新建表格

单击"文件"选项卡→"新建"选项→"搜索联机模板"，搜索"日程表"，即可根据 office.com 上的已有模板新建如图 3-60 所示的每周约会表格。在 Office 的模板中还有日历、报表、发票、日程表等模板可供使用。

图 3-60　"每周约会表"效果图

二、知识点巩固练习

按以下操作要求制作如图 3-61 所示的表格，保存为"D:\Word 练习\课程表.docx"。

课程表

	星期一	星期二	星期三	星期四	星期五
上午	数学	数学	音乐	语文	数学
	体育	美术	英语	语文	语文
	英语	体育	语文	体育	体育
下午	语文	语文	语文	数学	美术
	写字	数学	思品	音乐	语文

图 3-61　"课程表.docx"文档效果图

（1）标题文字居中，黑体、小二；其他文字楷体，小四；表格中文本内容全部"水平居中"。

（2）第一行行高 2 厘米。

（3）绘制斜线表头。

（4）外部框线采用 0.5 磅红色双实线，内部框线采用 0.75 磅黑线单实线。

（5）"星期一"至"星期五"5 个单元格底纹为"茶色，背景 2，深色 10%"，"上午""下午"单元格底纹为"深蓝，文字 2，淡色 80%"。

三、操作过程

1. 插入表格

新建一个空白文档后，输入表格标题，将鼠标指针定位在文档的第二行，单击"插入"选项卡→"表格"组→"表格"按钮，打开如图 3-62 所示的界面，拖动鼠标至 6 列 6 行，松开鼠标，即在鼠标指针位置处插入了一个 6 列 6 行的表格。

输入表格中的文本内容。单击定位在表格各个单元格，输入除 A1 外其他单元格的内容。

设置字符格式。按住鼠标左键拖动鼠标选择标题行，按要求设置字符格式。单击表格的移动控点，可以将整个表格选中，再设置表格文字的字符格式。

设置对齐方式。选中整个表格，从"布局"选项卡"对齐方式"组选择"水平居中"。

2. 设置行高和列宽

拖动选择第一行的单元格，右击，从快捷菜单中选择"表格属性"命令，弹出"表格属性"对话框，选择"行"选项卡，如图 3-63 所示，勾选"指定高度"复选框，在"指定高度"输入框中输入 2 厘米，单击"确定"按钮。

图 3-62　"表格"菜单

图 3-63　"行"选项卡

将所有列调整为列宽相等，方法是选取所有列，单击"布局"选项卡→"单元格大小"组→"分布列"按钮。

3. 添加斜线表头

选择单元格 A1，单击"设计"选项卡→"边框"组→"边框"下拉按钮，在弹出的框线样式中选择"斜下框线"，输入斜线表头的文字内容。

4. 表格框线设置

外部框线设置 0.5 磅红色双实线的方法是选取整个表格，单击"设计"选项卡→"边框"组→"笔样式"下拉按钮，从样式中选择双实线，单击"笔划粗细"下拉按钮，从列表中选择 0.5 磅，单击"笔颜色"按钮，从"标准色"中选择"红色"，最后单击"边框"下拉按钮，从中选择"外侧框线"。用同样的方法设置内部框线为 0.75 磅黑线单实线。

5. 底纹设置

选取"星期一"至"星期五"5 个单元格后，单击"表格样式"组→"底纹"下拉按钮，从"主题颜色"中选择选择"茶色，背景 2，深色 10%"，用同样的方法设置"上午""下午"单元格底纹为"深蓝，文字 2，淡色 80%"。

6. 另存

单击"文件"→"另存为"→"浏览"→"此电脑:D 盘"，找到相应的文件夹位置，保存为"D:\Word 练习\课程表.docx"。

3.6　制作宣传单

主要学习内容：

- 插入图片
- 插入艺术字
- 插入文本框
- 插入 SmartArt 图形
- 设置首字下沉
- 添加脚注和尾注

Word 2016 不但具有丰富的文字处理功能，还可在文档中插入图片、艺术字、文本框等，甚至还提供了一个绘图工具让用户绘制自己喜欢的图形，使文档图文并茂、美观有趣。

一、宣传单制作基本操作

1. 插入图片

图片的来源可以是本机存放的图片或联机图片，类型可以是 bmp、gif、jpg 等。

（1）插入图片。插入图片的一般操作方法如下：

- 将光标移至需插入图片的位置。
- 单击"插入"选项卡→"插图"组→"图片"命令，弹出"插入图片"对话框，如图 3-64 所示。找到要插入图片的位置和文件名，选取图片文件后单击"插入"按钮或直接双击图片图标完成插入。

图 3-64　"插入图片"对话框

也可以单击"插入"选项卡→"插图"组→"联机图片"命令，在打开的"插入图片"对话框的必应图像搜索栏中，输入搜索关键字"企鹅"，如图 3-65 所示，在检索结果中选取图片即可。

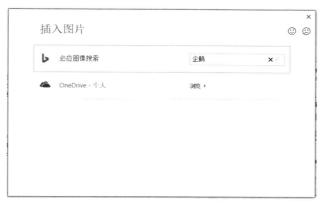

图 3-65　"联机图片"命令界面

（2）编辑图片。选中图片，在菜单栏中出现"图片工具-格式"选项卡，如图 3-66 所示，通过该选项卡可修改图片的显示效果，比如图片大小、位置、环绕方式、图片样式、图片显示效果等。

图 3-66　"图片工具-格式"选项卡

1）改变图片的大小。改变图片大小的方式有两种：一种是随意调整大小，另一种是精确调整大小。

第一种：随意调整大小。

操作步骤如下：

● 单击需修改的图片，图片的周围会出现 8 个控点。

● 将鼠标指针移至控点上，当指针形状变成双向箭头↔、↕等时拖动鼠标来改变图片的大小。通过拖动对角线上的控点可将图片按比例缩放，拖动上、下、左、右控点可改变图片的高度或宽度。

第二种：精确调整大小。

操作步骤如下：

● 右击图片，从弹出的快捷菜单中选择"大小和位置"命令，弹出"布局"对话框，如图 3-67 所示。

● 选择"大小"选项卡。在勾选"锁定纵横比"复选框的前提下，输入"缩放"区域的"高度"缩放百分比或单击小箭头按钮对图片进行等比缩放。取消勾选"锁定纵横比"复选框时，可以在"缩放"区域的"高度"和"宽度"中输入各自的缩放百分比，宽度和高度的缩放比例可以一致也可以不一致。

● 单击"确定"按钮。

2）设置版式。即设置图片与周围文字的环绕方式，有 3 种方法：

方法一：右击图片，从快捷菜单中选择"大小和位置"命令，弹出"布局"对话框，选择"文字环绕"选项卡，在"环绕方式"区中选择所需要的版式。

方法二：右击图片，从快捷菜单中选择"环绕文字"命令，从其级联菜单中选择所需环绕方式，如图 3-68 所示。

图 3-67　"布局"对话框

图 3-68　"环绕文字"命令

方法三：选择图片，单击"格式"选项卡→"排列"组→"环绕文字"按钮，从列表中选择一种环绕方式。

3）设置图片边框。单击"格式"选项卡→"图片样式"组→"图片边框"按钮，可以设置图片边框的粗细、颜色、轮廓效果，如图 3-69 所示。

4）设置图片效果。单击"格式"选项卡→"图片样式"组→"图片效果"按钮，可以设置图片的阴影、映像、发光、三维旋转等效果，如图 3-70 所示。

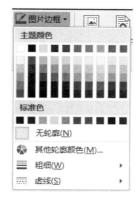

图 3-69 "图片边框"命令

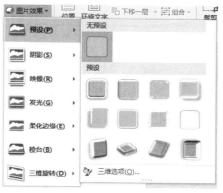

图 3-70 "图片效果"命令

5）设置图片样式。单击"格式"选项卡，选择"图片样式"组提供的对应图片样式即可，例如选择"金属椭圆"样式，效果如图 3-71 所示。

图 3-71 "金属椭圆"图片样式效果

6）图片的裁剪。当只需要图片的部分区域时，可以将不需要的部分裁剪掉，方法如下：

a．单击需裁剪的图片，图片周围会出现 8 个控点。

b．单击"格式"选项卡→"大小"组→"裁剪"按钮，将鼠标指针移至某个控点上。

c．按住鼠标左键向图片内部拖动，可以裁剪掉部分区域。

被裁剪掉的区域还可恢复，按上述方法，只是在用方法 c 时按住鼠标左键向图片外部拖动即可。

单击"裁剪"下拉按钮，从菜单中选择"裁减为形状"命令，如图 3-72 所示。在弹出的各种形状中选择一种即可将当前图片裁减为各种形状，如图 3-73 所示为裁剪为椭圆形状。从菜单中还可进行"纵横比""填充""调整"等操作。

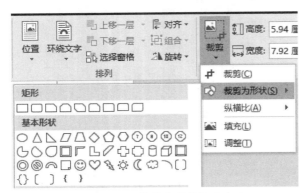

图 3-72　"裁剪为形状"命令

图 3-73　裁剪为椭圆形状效果

7）调整图片效果，包括图片颜色、更正、艺术效果等。

单击"格式"选项卡→"调整"组→"更正"按钮，可以设置图片的锐化/柔化、亮度/对比度。单击"格式"选项卡→"调整"组→"颜色"按钮，可以设置图片的饱和度、色调、重新着色等，如图 3-74 所示。还可以单击图 3-74 中的"图片颜色选项"，右侧弹出"图片颜色"选项框，如图 3-75 所示，进行具体颜色参数的修改。除此之外，还可以单击"艺术效果""压缩图片""更改图片""重设图片"等进行对应的设置。例如选择"影印"艺术效果可让图片显示打印后的效果，如图 3-76 所示。

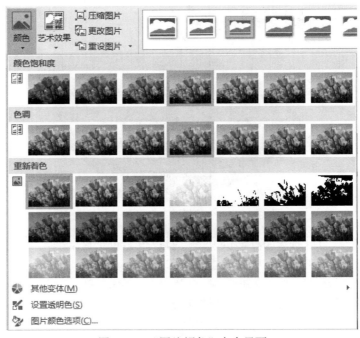

图 3-74　"图片颜色"命令界面

图 3-75 "图片颜色"选项框

图 3-76 "影印"艺术效果

2. 插入艺术字

（1）插入艺术字。首先将光标移至需要插入艺术字的位置，然后单击"插入"选项卡→"文本"组→"艺术字"按钮，系统显示艺术字样式列表库，如图 3-77 所示，从中选择一种。系统弹出艺术字编辑框，如图 3-78 所示，输入文字即可。

图 3-77 艺术字样式列表库

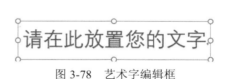

图 3-78 艺术字编辑框

（2）编辑艺术字。由于在 Word 中把艺术字处理成图形对象，它可以类似图片一样进行复制、移动、删除、改变大小、添加边框、设置版式等操作。在"绘图工具-格式"选项卡中可以对艺术字的形状样式、艺术字样式、文本、排列、大小等进行操作，"艺术字"工具栏如图 3-79 所示。

图 3-79 "艺术字"工具栏

1）"形状样式"组：可以改变艺术字形状样式、形状填充、形状轮廓、形状的阴影、映像、发光、柔化边缘、棱台、三维旋转等效果。

2）"艺术字样式"组：可以改变艺术字样式、文本填充、文本轮廓、文本的阴影、映像、发光、棱台、三维旋转、转换等效果。

3）"文本"组：

● 单击"文字方向"按钮 可以将文本进行水平、垂直、角度旋转等效果设置，如图 3-80 所示。

● 单击"对齐文本"按钮 可以将艺术字中的文本进行右对齐、居中、左对齐。

● 单击"创建链接"按钮 可以将艺术字的文本框链接到另一文本框。

4）"排列"组：可以改变艺术字的位置、环绕方式、叠放次序、组合、对齐、旋转等。

5）修改字符间距。艺术字的字符间距和普通文字的字符间距修改方式一致。拖动选择艺术字后，单击"开始"选项卡→"字体"对话框启动器 ，在弹出的"字体"对话框的"高级"选项卡中可以修改字符间距，如图 3-81 所示。

图 3-80 "文字方向"选项框

图 3-81 "高级"选项卡

3．插入文本框

文本框是一个可以容纳文本的容器，其中可放置各种文字、图形和表格等。由于它可以在文档中自由定位，因此它是实现复杂版面的一种常用方法。

操作方法如下：

选择"插入"选项卡→"文本"组→"文本框"按钮，弹出如图 3-82 所示的界面，从弹出的列表中单击选择一种"内置"类型的文本框直接在插入点插入文本框，如果选择"绘制文本框"或"绘制竖排文本框"命令，可按住鼠标左键不放，拖动鼠标绘制文本框，绘制完成放开鼠标左键。横排文本框中的文字在框中水平排列，而竖排文本框中的文字在框中呈现竖排效果。

在文本框中单击即可以开始在文本框中输入文字，在输入过程中要根据需要随时调整文本框的大小和位置。文本框文字编辑与 Word 中文字编辑方法大致相同，位置的移动和边框的设置与图片设置方法类似。

图 3-82　"文本框"命令界面

4．插入 SmartArt 图形

SmartArt 图形是信息和观点的视觉表现形式。可以通过从多种不同布局中选择来创建 SmartArt 图形，从而快速、轻松、有效地传达信息。通过 SmartArt 图形可以非常直观地说明层级关系、附属关系、并列关系及循环关系等各种常见关系，而且制作出来的图形漂亮精美，具有很强的立体感和画面感。

SmartArt 图形类型包括列表、流程、循环、层次结构、关系、矩阵、棱锥图和图片等，不同类型的 SmartArt 图形表示了不同的关系。

（1）插入 SmartArt 图形。操作步骤如下：

● 选择"插入"选项卡→"插图"组→"SmartArt"选项，打开"选择 SmartArt 图形"对话框，如图 3-83 所示。

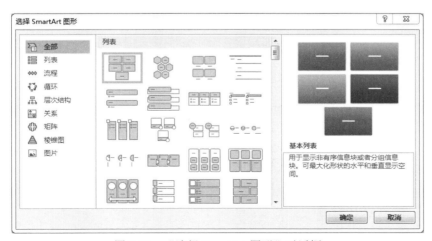

图 3-83　"选择 SmartArt 图形"对话框

- 在弹出的"选择 SmartArt 图形"对话框左侧选择大类，再在中间选择具体样式，右侧显示了选中样式的预览效果。例如，选择"层次结构"中"组织结构图"样式插入，在文本位置输入对应文字，效果如图 3-84 所示。

图 3-84　组织结构图

（2）编辑 SmartArt 图形。选中添加的"SmartArt 图形"，菜单栏出现"SmartArt 工具"，包括"设计"和"格式"选项，如图 3-85 所示，可对 SmartArt 图形进行相应的修改。

图 3-85　SmartArt 工具栏

- 单击"设计"选项卡→"创建图形"组→"添加形状"按钮，从级联菜单中选择形状需要添加的位置，即可增加相同的图形，如图 3-86 所示。单击"文本窗格"按钮，会弹出如图 3-87 所示的界面，可修改 SmartArt 图形中的所有文本文字，也可单击每个形状直接添加文字。选中"SmartArt 图形"中的某个形状，单击"升级/降级/上移/下移"等即可改变图形结构。在"布局"中可以改变层次结构的布局。

图 3-86　添加形状

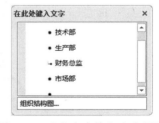

图 3-87　"文本窗格"命令界面

- 单击"设计"选项卡→"SmartArt 样式"组→"更改颜色"下拉按钮，可以改变 SmartArt 图形颜色，在"SmartArt 样式"中可以选择所需的样式。
- 单击"设计"选项卡→"版式"组，可以选择"层次结构"的其他样式。
- 选中每个形状，单击"格式"选项卡→"形状"组，可将当前形状更改为其他形状，并且可以改变形状的大小。同时还可以修改"形状样式""艺术字样式"等，方法与前面的文本操作类似。

5. 设置首字下沉

在一些宣传单、报刊中，为了引起读者注意，同时也为了美化文档的版面，可能经常会看到段落第一个字符被放大了。在 Word 中利用首字下沉功能可以将段落第一个字符进行放大。操作步骤如下：

选定需要突显首字的段落，然后单击"插入"选项卡→"文本"组→"首字下沉"按钮，如图 3-88 所示，从弹出的列表中选择"下沉"或者"悬挂"即可，如果需要设置首字的字体、字号等属性，则选择"首字下沉选项"，打开"首字下沉"对话框，如图 3-89 所示，然后进行进一步的设置。

图 3-88　"首字下沉"列表

图 3-89　"首字下沉"对话框

6. 添加脚注和尾注

很多学术性的文档在引用别人的叙述时需要给出资料来源，一般都采用脚注或尾注的方式对引用进行补充说明。脚注一般位于页面的底部，可以作为文档某处内容的注释，如术语解释或背景说明等；尾注一般位于文档的末尾，通常用来列出书籍或文章的参考文献等。一般情况下，脚注的标号采用每页单独编号的方式，而尾注采用整个文档统一编号的方式。脚注或尾注由两个互相链接的部分组成，注释引用标记和与其对应的注释文本。在注释中可以使用任意长度的文本，并像处理任意其他文本一样设置注释文本格式。

操作步骤如下：

单击"引用"选项卡→"脚注"组→"插入脚注"按钮 **AB**[1] 或"插入尾注"按钮，光标自动定位到脚注或尾注的文本注释区，即可输入脚注或文本的注释文本。双击注释区的脚注或尾注编号，返回到文档中的引用标记位置处，同样双击文档中的引用标记则返回到注释区。

默认情况下，脚注标记为"1"，尾注标记为"i"。若要自定义标记插入脚注或尾注，方法如下：

单击"引用"选项卡→"脚注"组→"脚注和尾注"对话框启动器，弹出"脚注和尾注"对话框，如图 3-90 所示。在"位置"区域中选中"脚注"或"尾注"单选按钮。用户可根据自己的需要，引用标记可以使用系统提供的"编号格式"，也可使用"自定义标记"，单击"自定义标记"输入框右侧的"符号"按钮，弹出如图 3-91 所示的"符号"对话框，从"字体"下拉列表中选择一种字体，再选择所需的符号后单击"确定"按钮，返回"脚注和尾注"对话框，单击"插入"按钮后，符号插入完毕，光标自动移至注释处，输入脚注或尾注内容，设置脚注内容的字体和字号，和 Word 中一般文本的设置方法相同。

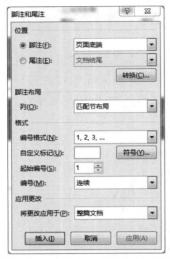

图 3-90　"脚注和尾注"对话框　　　　　　图 3-91　"符号"对话框

删除脚注或尾注只需选择引用标记，按 Delete 键即可，删除了脚注或尾注的引用标记会连同其关联的注释文本一起删除掉。

二、知识点巩固练习

1. 练习 1

题目要求：给定 Word 文档内容和要插入图片，如图 3-92 和图 3-93 所示。完成以下操作：

- 在文本第四段（含文字"玉皇庙殿内祀玉皇大帝铜像"）开头前插入如图 3-93 所示的图片。
- 设置图片对象布局的位置：水平位置相对于页边距、水平对齐方式为居中，垂直位置为绝对于段落下侧 1 厘米；上下型文字环绕方式；图片大小为高度绝对值 5 厘米、宽度绝对值 7 厘米（取消勾选"锁定纵横比"复选框）。
- 保存文件。

图 3-92　文档源文件　　　　　　　　　　

图 3-93　文档插图

操作步骤如下：

（1）插入图片。将光标移至第四段开头前，单击"插入"选项卡→"插图"组→"图片"按钮，弹出"插入图片"对话框，在地址栏中定位放置图片的路径，找到需插入的图片，然后双击文件图标或单击"插入"按钮，完成插入图片。

（2）编辑图片。选中图片，单击"图片工具-格式"选项卡→"大小"组右下角对话框启动器，弹出"布局"对话框，包括"大小""文字环绕""位置"3 个选项卡。

- 默认显示"大小"选项卡，取消勾选"锁定纵横比"复选框，设置"高度"为绝对值 5 厘米，"宽度"为绝对值 7 厘米，如图 3-94 所示。

图 3-94 "大小"选项卡

- 选择"文字环绕"选项卡，"环绕方式"选择"上下型"，如图 3-95 所示。

图 3-95 "文字环绕"选项卡

- 选择"位置"选项卡，"水平"选择"对齐方式"为"居中"→相对于"页边距"，"垂直"选择"绝对位置"为"1 厘米"→下侧"段落"，如图 3-96 所示。

图 3-96 "位置"选项卡

3 项设置完成，单击"确定"按钮。

（3）保存文件。最终效果如图 3-97 所示。

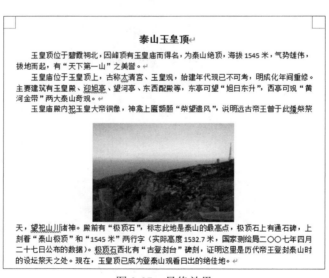

图 3-97 最终效果

2. 练习 2

题目要求：给定 Word 文档内容如图 3-98 所示。完成以下操作：

- 在文档第二段中插入"样式第二行第二列"艺术字：柳宗元。
- 设置艺术字对象位置为嵌入文本行中，字体格式为华文新魏、一号字。
- 保存文件。

操作步骤如下：

（1）插入艺术字。将光标移至第二段，单击“插入”选项卡→“文本”组→“艺术字”按钮，选择“第二行第二列”样式，在“艺术字”编辑框中输入文字“柳宗元”。

（2）编辑艺术字。选中艺术字“柳宗元”，单击“绘图工具-格式”选项卡→“排列”组→“位置”按钮，选择“嵌入文本行中”。拖动鼠标选中“柳宗元”，单击“开始”选项卡→“字体”组，设置字体为“华文新魏”，字号为“一号”。

（3）保存文件。最终效果如图 3-99 所示。

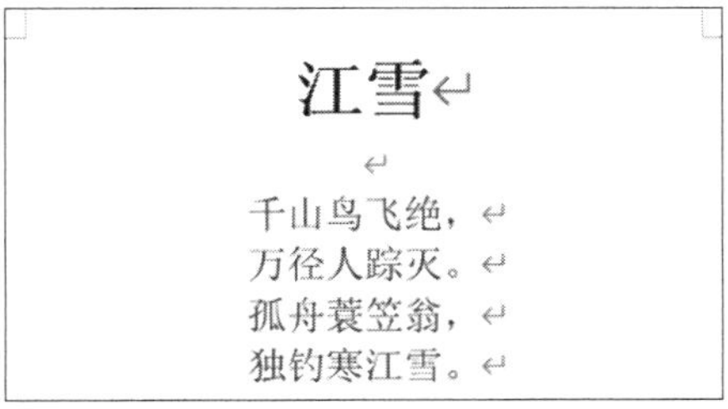
江雪

千山鸟飞绝，
万径人踪灭。
孤舟蓑笠翁，
独钓寒江雪。

图 3-98　文档源文件

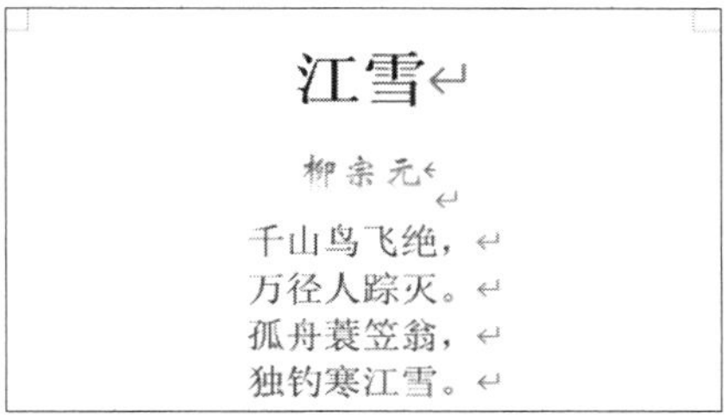
江雪
柳宗元
千山鸟飞绝，
万径人踪灭。
孤舟蓑笠翁，
独钓寒江雪。

图 3-99　最终效果

3．练习 3

题目要求：给定 Word 文档内容如图 3-100 所示。完成以下操作：

- 在文档的任意位置绘制一个竖排文本框，文字内容为“世界丹霞地貌”；文字字体格式为隶书，标准色红色、四号字。
- 保存文件。

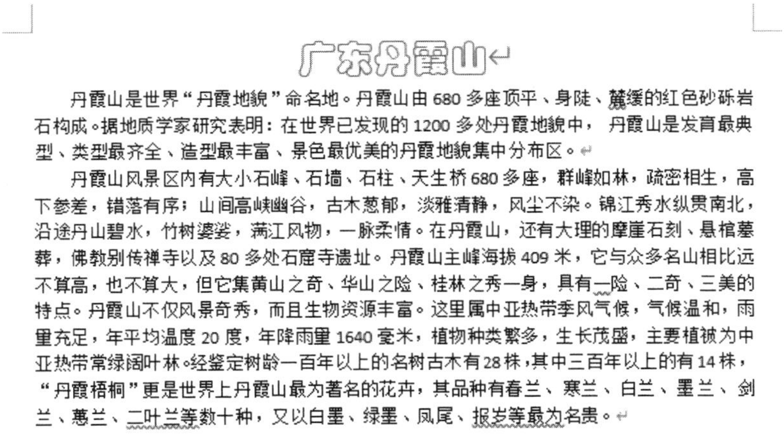
广东丹霞山

丹霞山是世界“丹霞地貌”命名地。丹霞山由 680 多座顶平、身陡、麓缓的红色砂砾岩石构成。据地质学家研究表明：在世界已发现的 1200 多处丹霞地貌中，丹霞山是发育最典型、类型最齐全、造型最丰富、景色最优美的丹霞地貌集中分布区。

丹霞山风景区内有大小石峰、石墙、石柱、天生桥 680 多座，群峰如林，疏密相生，高下参差，错落有序；山间高峡幽谷，古木葱郁，淡雅清静，风尘不染。锦江秀水纵贯南北，沿途丹山碧水，竹树婆娑，满江风物，一脉柔情。在丹霞山，还有大理的摩崖石刻、悬棺墓葬，佛教别传禅寺以及 80 多处石窟寺遗址。丹霞山主峰海拔 409 米，它与众多名山相比远不算高，也不算大，但它集黄山之奇、华山之险、桂林之秀一身，具有一险、二奇、三美的特点。丹霞山不仅风景奇秀，而且生物资源丰富。这里属中亚热带季风气候，气候温和，雨量充足，年平均温度 20 度，年降雨量 1640 毫米，植物种类繁多，生长茂盛，主要植被为中亚热带常绿阔叶林。经鉴定树龄一百年以上的名树古木有 28 株，其中三百年以上的有 14 株，“丹霞梧桐”更是世界上丹霞山最为著名的花卉，其品种有春兰、寒兰、白兰、墨兰、剑兰、蕙兰、二叶兰等数十种，又以白墨、绿墨、凤尾、报岁等最为名贵。

图 3-100　文档源文件

操作步骤如下：

（1）插入文本框。单击“插入”选项卡→“文本”组→“文本框”按钮→“绘制竖排文本框”命令。在文档中需要插入文本框的位置处单击或拖动。在文本框内部单击，输入文本内容“世界丹霞地貌”，适当调整文本框的大小。

（2）编辑文本框。拖动选中文本框文字，单击“开始”选项卡→“字体”组，设置字体为“隶书”，字号为“四号”，颜色为“标准色红色”，字体设置界面如图 3-101 所示。

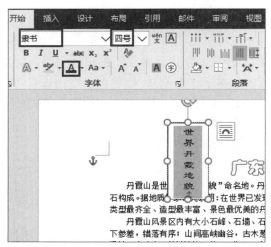

图 3-101　字体设置界面

（3）保存文件。最终效果如图 3-102 所示。

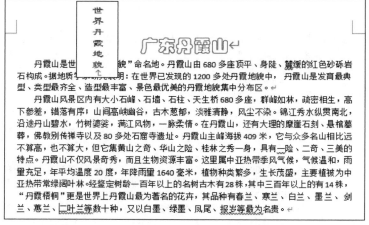

图 3-102　最终效果

4．练习 4

题目要求：给定 Word 文档内容和样图如图 3-103 和图 3-104 所示。完成以下操作：

- 在文档第二段按样图插入一个 SmartArt 图形中的"标记的层次结构"，版式为标记的层次结构，样式为细微效果，并按图输入相应的内容。
- 保存文件。

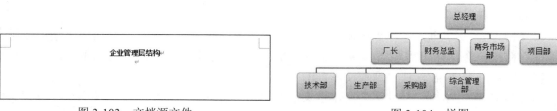

图 3-103　文档源文件　　　　　　　　　　　图 3-104　样图

操作步骤如下：

（1）插入 SmartArt 图形。将光标移至第二段，单击"插入"选项卡→"插图"组→"SmartArt"选项，打开"选择 SmartArt 图形"对话框，选择"层次结构"中"标记的层次结构"，单击"确定"按钮插入图形完成，效果如图 3-105 所示。

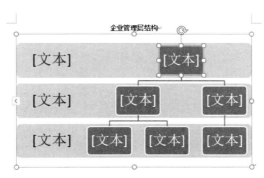

图 3-105　插入 SmartArt 图形

（2）编辑 SmartArt 图形。

● 在 SmartArt 图形中依次选中需要删除的形状，选中形状四周出现 8 个调节点，如图 3-106 所示，按 Delete 键即可删除该图形，其余不需要图形删除方法相同。

图 3-106　删除图形

● 在 SmartArt 图形中添加形状，选中第二层的任一形状，右击，选择"添加形状"→"在后面添加形状"命令，如图 3-107 所示，需要添加几个形状就执行几次操作。第三层添加形状方式相同。

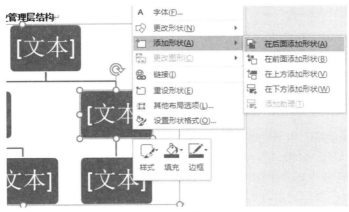

图 3-107　添加形状

● 选中 SmartArt 图形，单击"设计"选项卡→"创建图形"组→"文本窗格"按钮，在弹出的"文本窗格"中输入对应的文字，或直接选中对应形状输入文字。

- 选中 SmartArt 图形，单击"设计"选项卡→"SmartArt 样式"组，在样式下拉列表中选择"细微效果"。

（3）保存文件。最终效果如图 3-108 所示。

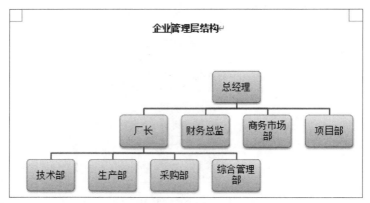

图 3-108 最终效果

5. 练习 5

题目要求：给定 Word 文档内容如图 3-109 所示。完成以下操作：

- 文档第二段设置为首字悬挂，下沉 3 行，字体为隶书，距正文 0.5 厘米。
- 第三段设置首字下沉，下沉 2 行，字体为黑体、加粗、倾斜、标准色红色。
- 保存文件。

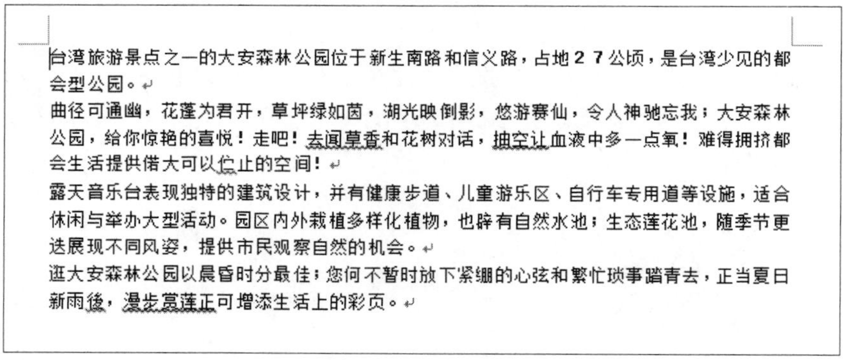

台湾旅游景点之一的大安森林公园位于新生南路和信义路，占地２７公顷，是台湾少见的都会型公园。

曲径可通幽，花蓬为君开，草坪绿如茵，湖光映倒影，悠游赛仙，令人神驰忘我；大安森林公园，给你惊艳的喜悦！走吧！去闻草香和花树对话，抽空让血液中多一点氧！难得拥挤都会生活提供偌大可以伫止的空间！

露天音乐台表现独特的建筑设计，并有健康步道、儿童游乐区、自行车专用道等设施，适合休闲与举办大型活动。园区内外栽植多样化植物，也辟有自然水池；生态莲花池，随季节更迭展现不同风姿，提供市民观察自然的机会。

逛大安森林公园以晨昏时分最佳；您何不暂时放下紧绷的心弦和繁忙琐事踏青去，正当夏日新雨後，漫步赏莲正可增添生活上的彩页。

图 3-109 文档源文件

操作步骤如下：

（1）将光标移至第二段开头，单击"插入"选项卡→"文本"组→"首字下沉"按钮，选择"首字下沉选项"，弹出"首字下沉"对话框，选择"位置"为"悬挂"，设置"字体"为"隶书"，"下沉行数"为"3"，"距正文"为"0.5 厘米"。

（2）将光标移至第三段开头，单击"插入"选项卡→"文本"组→"首字下沉"按钮，选择"首字下沉选项"，弹出"首字下沉"对话框，选择"位置"为"下沉"，设置"字体"为"黑体"，"下沉行数"为"2"。选中下沉首字"露"，单击"开始"选项卡→"字体"组，单击"加粗""倾斜"按钮，设置字体颜色为"标准色红色"。

（3）保存文件。最终效果如图 3-110 所示。

曲露

图 3-110 最终效果

6. 练习6

题目要求：给定 Word 文档内容如图 3-111 所示。完成以下操作：

- 在标题"六榕寺"后插入脚注，内容为"广州佛教五大丛林之一"；脚注位置为页面底端，编号格式为 1,2,3…。
- 在第四段"花塔"后插入尾注，内容为"它是六榕寺的特色标志"；尾注位置为文档结尾，编号格式为 A,B,C…。
- 保存文件。

图 3-111 文档源文件

操作步骤如下：

（1）将光标移至标题"六榕寺"后面，单击"引用"选项卡→"脚注"组→"脚注和尾注"对话框启动器 ，弹出"脚注和尾注"对话框，在"位置"区域中单击"脚注"，选择"页面底端"，"编号格式"选择"1,2,3…"，单击"插入"按钮，光标自动定位到脚注文本注释区，输入文本"广州佛教五大丛林之一"即可。

（2）将光标移至第四段"花塔"后面，单击"引用"选项卡→"脚注"组→"脚注和尾注"对话框启动器 ，弹出"脚注和尾注"对话框，在"位置"区域中单击"尾注"，选择"文档结尾"，"编号格式"选择"A,B,C..."，单击"插入"按钮，光标自动定位到尾注文本注释区，输入文本"它是六榕寺的特色标志"即可。

（3）保存文件。最终效果如图 3-112 所示。

图 3-112　最终效果

3.7　制作信函模板

主要学习内容：

● 模板

● 样式

一、制作信函的基本操作

1．使用系统自带的样式

在 Word 2016 文档中选择需要设置样式的文本，在"开始"选项卡→"样式"组中选择所需的样式，如果显示出来的样式没有所需的则单击"其他"按钮 ，此时展开一个列表框，如图 3-113 所示，单击所需的样式即应用了该样式。

图 3-113 "样式"列表

可以给不同级别的标题应用不同级别的标题样式，效果如图 3-114 所示。

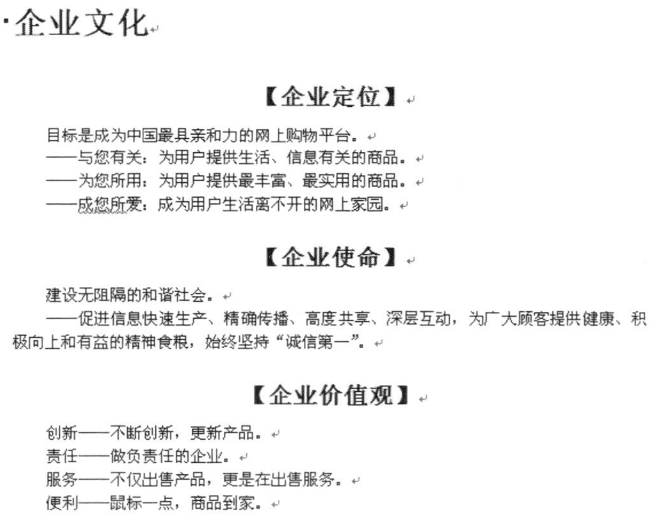

·企业文化·

【企业定位】

目标是成为中国最具亲和力的网上购物平台。
——与您有关：为用户提供生活、信息有关的商品。
——为您所用：为用户提供最丰富、最实用的商品。
——成您所爱：成为用户生活离不开的网上家园。

【企业使命】

建设无阻隔的和谐社会。
——促进信息快速生产、精确传播、高度共享、深层互动，为广大顾客提供健康、积极向上和有益的精神食粮，始终坚持"诚信第一"。

【企业价值观】

创新——不断创新，更新产品。
责任——做负责任的企业。
服务——不仅出售产品，更是在出售服务。
便利——鼠标一点，商品到家。

图 3-114 应用样式效果

2. 快速样式集

用户可以将某种样式应用于全文，单击"开始"选项卡→"样式"组→"更改样式"按钮 AA→"样式集"命令，在展开的列表中选择所需要更改的样式名称，比如选择"独特"，文档效果如图 3-115 所示。

3. 字符、段落和链接样式

单击"开始"选项卡"样式"组的"样式"对话框启动器 ，弹出如图 3-116 所示的"样式"任务窗格。

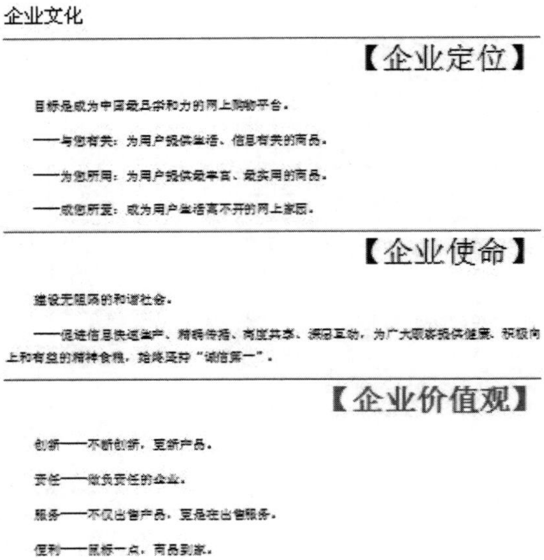

图 3-115　更改样式效果 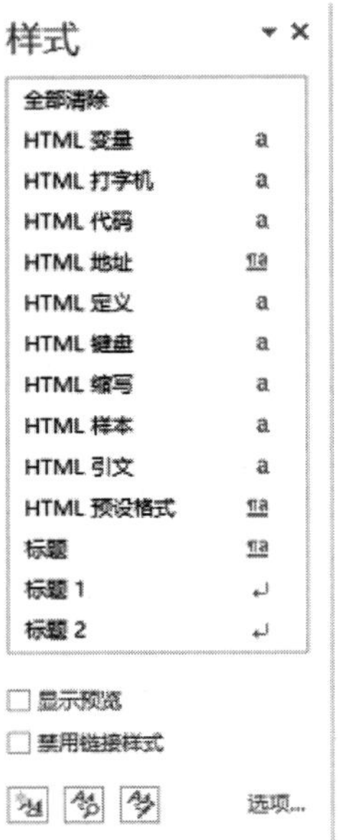　　　　　　　　图 3-116　"样式"任务窗格

（1）字符样式。字符样式包含可应用于文本的格式特征，例如字体名称、字号、颜色、加粗、斜体、下划线、边框和底纹。字符样式都标记有字符符号：**a**。

字符样式不包括会影响段落特征的格式，例如行距、文本对齐方式、缩进和制表位。

Word 2016 包括几个内置的字符样式（如"强调""不明显强调"和"明显强调"）。每个内置样式都结合各种格式，如加粗、斜体和强调文字颜色，以提供一组协调的排版设计。例如，应用强调字符样式可将文本设置为加粗、斜体和强调文字颜色格式。

（2）段落样式。段落样式包括字符样式包含的一切，但它还控制段落外观的所有方面，如文本对齐方式、制表位、行距和边框。段落样式都标记有符号：↵。

默认情况下，Word 2016 会在空白的新文档中自动将"正文"字符样式应用到所有文本中。同样，Word 2016 会自动将"列出段落"段落格式应用到列表中的项目，例如，当使用"项目符号"命令创建项目符号列表时。

要应用段落样式，单击该段落中的任何位置，然后单击所需的段落样式。

（3）链接样式。链接样式可作为字符样式或段落样式，这取决于所选择的内容。链接样式都标记有符号：↵a。

在段落中单击或选择一个段落，然后应用链接样式，则该样式会作为一个段落样式应用。但是，如果选择段落中的单词或短语，然后应用链接样式，该样式将作为字符样式应用，不会影响总体段落。

例如，如果选择整个段落，然后应用"标题 1"样式，则将整个段落的格式设置为与"标题 1"文本和段落特征相同的格式。但是，如果选择部分文本，然后应用"标题 1"，则将所选文本的格式设置为与"标题 1"样式的文本特征相同的格式，但不应用段落特征。

4. 用户自定义样式

（1）在如图 3-116 所示的"样式"任务窗格中，单击"新建样式"按钮，弹出如图 3-117 所示的"根据格式设置创建新样式"对话框。

图 3-117　"根据格式设置创建新样式"对话框

（2）在"名称"文本框中输入样式名称，在"样式类型"中选择"段落""字符"或其他，单击"格式"按钮，从下拉菜单中分别选择字体、段落格式或其他格式，分别设置好。

（3）单击"确定"按钮。

5. 删除样式

Word 2016 中不允许删除标准样式，但对于不再需要的用户自定义样式可以删除。

提示： 对于内容信息量较大的 Word 文档来说往往需要建立"目录"，目录由文档各章节的标题以及页码所构成，从而方便读者了解文档的内容结构，并快速跳转到需要的内容页。在 Word 中创建"目录"，首先需要"样式"的支持。

创建"目录"的方法：先将文档中作为目录内容的章节标题设置为标题样式，如标题 1、标题 2、标题 3 等，操作方法与前面所讲的"使用系统自带的样式"相同，然后将光标移至目录的插入点，接着单击"引用"选项卡→"目录"组→"目录"按钮▤→"插入目录"命令，在弹出的"目录"对话框中单击"确定"即可。

6. Office 主题

Office 主题更改整个文档的总体设计，提供快速样式集的字体和配色方案。

在应用主题时，同时应用字体方案、配色方案和一组图形效果。主题的字体方案和配色方案将继承到快速样式集。

单击"设计"选项卡→"主题"组→"主题"按钮 █，弹出如图 3-118 所示的"主题"列表。如单击选择"活力"主题，效果如图 3-119 所示。

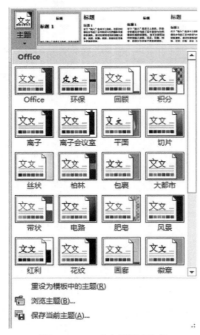

图 3-118　"主题"列表

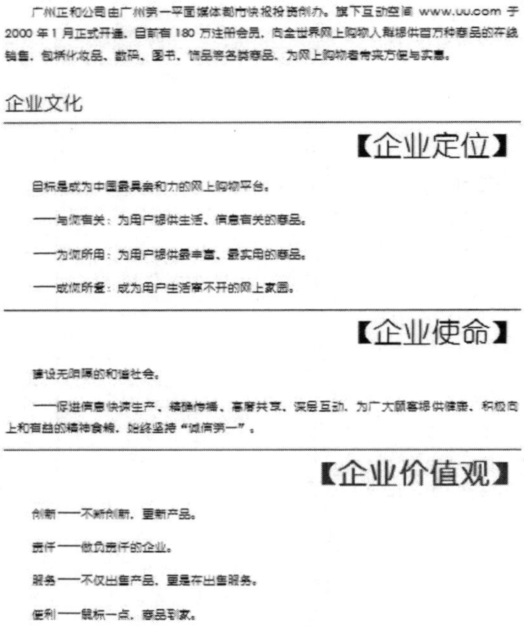

图 3-119　"活力"主题效果

7. 使用 Word 提供的模板新建文档

单击"文件"选项卡→"新建"选项，在"可用模板"区中列出了本机上可用的模板，用户根据需要双击选择所需的模板。在 office.com 区列出了 office.com 网站上的各式模板。

8. 使用用户自定义的模板新建文档

用户直接双击自定义模板的文件图标，打开该模板，即以该模板为效果新建了一个文档。或在 Word 窗口中单击"文件"选项卡→"新建"选项→"可用模板"区→"我的模板"，在如图 3-120 所示的"新建"对话框中，单击选择用户自定义的模板，在"新建"区域选择"文档"，单击"确定"按钮，则以该模板新建了一份文档。

图 3-120　"新建"对话框

9. 用户自定义模板

新建"空白文档"，模板的编辑方法和普通文档的几乎一样，编辑完后，保存的文件扩展名为 dotx。

用户自定义模板的保存路径可以自己随意选择，使用该模板时只需双击其模板文件的图标即使用该模板新建了一份文档。模板文件保存到用户指定的文件夹与保存到 Word 默认的 Templates 文件夹下的不同之处：使用"文件"选项卡→"新建"选项创建新文档时，用户可在"可用模板"区单击"我的模板"，系统弹出"新建"对话框，在对话框中可以看到用户保存到 Templates 文件夹下的自定义的模板，如图 3-120 所示，选择该模板，单击"确定"按钮即用该模板创建了一份文档，而没有保存到 Templates 位置的自定义模板在"新建"对话框是看不到的。

10．修改已有的模板

双击模板文件的图标或单击"文件"选项卡→"打开"按钮📂，在"打开"对话框中同样定位到"…Microsoft\Templates"文件夹，选择所要修改的模板后单击"打开"按钮。在编辑窗口中对模板进行修改，修改后以原名保存或者另存。

二、知识点巩固练习

1．练习 1

题目要求：打开 210129.docx 文档，如图 3-121 所示，将文档的主题格式设置为"切片"的选项效果。

黄山

黄山景区位于安徽省南部黄山市境内（景区由市直辖）。为三山五岳中三山之一，徐霞客曾两次游黄山，赞叹说：薄海内外，无如徽之黄山。登黄山，天下无山，观止矣！后人引申为"五岳归来不看山，黄山归来不看岳"。
黄山集中国各大名山的美景于一身，以奇松、怪石、云海、温泉"四绝"著称于世，现在冬雪则成为了黄山第五绝。黄山不仅自然景观奇特，而且文化底蕴深厚，传轩辕黄帝曾在此炼丹，所以黄山非但以景取胜，还是几千年来道家仙士的常游之所。 李白等诗人也在此留下了壮美诗篇。细细品完黄山的奇妙，你也就离仙境不远了。

图 3-121　文档源文件

操作步骤如下：打开文档后，选择"设计"选项卡，单击"主题"，在弹出的"主题"列表中选中"切片"，单击"保存"按钮即可。最终效果如图 3-122 所示。

黄山

黄山景区位于安徽省南部黄山市境内（景区由市直辖）。为三山五岳中三山之一，徐霞客曾两次游黄山，赞叹说：薄海内外，无如徽之黄山。登黄山，天下无山，观止矣！后人引申为"五岳归来不看山，黄山归来不看岳"。
黄山集中国各大名山的美景于一身，以奇松、怪石、云海、温泉"四绝"著称于世，现在冬雪则成为了黄山第五绝。黄山不仅自然景观奇特，而且文化底蕴深厚，传轩辕黄帝曾在此炼丹，所以黄山非但以景取胜，还是几千年来道家仙士的常游之所。 李白等诗人也在此留下了壮美诗篇。细细品完黄山的奇妙，你也就离仙境不远了。

图 3-122　最终效果

2. 练习 2

题目要求：打开 210129.docx 文档，如图 3-123 所示，建立一个名称为"青春"的新样式。新建的样式类型为段落，样式基于正文，其格式为标准色绿色，隶书，四号字体，段落居中排列。该样式应用到文档第二段。

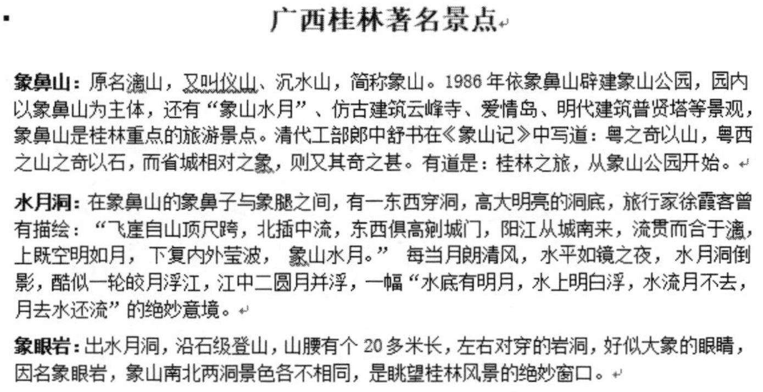

广西桂林著名景点

象鼻山：原名漓山，又叫仪山、沉水山，简称象山。1986 年依象鼻山辟建象山公园，园内以象鼻山为主体，还有"象山水月"、仿古建筑云峰寺、爱情岛、明代建筑普贤塔等景观，象鼻山是桂林重点的旅游景点。清代工部郎中舒书在《象山记》中写道：粤之奇以山，粤西之山之奇以石，而省城相对之象，则又其奇之甚。有道是：桂林之旅，从象山公园开始。

水月洞：在象鼻山的象鼻子与象腿之间，有一东西穿洞，高大明亮的洞底，旅行家徐霞客曾有描绘："飞崖自山顶尺跨，北插中流，东西俱高剃城门，阳江从城南来，流贯而合于漓，上既空明如月，下复内外莹波，象山水月。"每当月朗清风，水平如镜之夜，水月洞倒影，酷似一轮皎月浮江，江中二圆月并浮，一幅"水底有明月，水上明白浮，水流月不去，月去水还流"的绝妙意境。

象眼岩：出水月洞，沿石级登山，山腰有个 20 多米长，左右对穿的岩洞，好似大象的眼睛，因名象眼岩，象山南北两洞景色各不相同，是眺望桂林风景的绝妙窗口。

图 3-123　文档源文件

操作步骤如下：

（1）打开文档后，选择"开始"选项卡，单击"样式"对话框启动器，在展开的"样式"任务窗格中单击"新建样式"按钮。

（2）在弹出的"根据格式设置创建新样式"对话框中，按题目要求设置：样式名称为"青春"，样式类型"段落"，样式基准"正文"，在格式中设置字体为"隶书"，字号"四号"字体，颜色为"标准色绿色"。单击"确定"按钮，如图 3-124 所示。

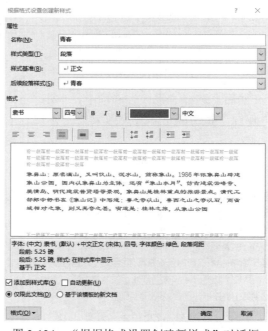

图 3-124　"根据格式设置创建新样式"对话框

（3）创建后的样式会显示在"样式"任务窗格中，选择文档第二段，单击新建的"青春"样式即可应用于该段落。最后保存文档即可。最终效果如图 3-125 所示。

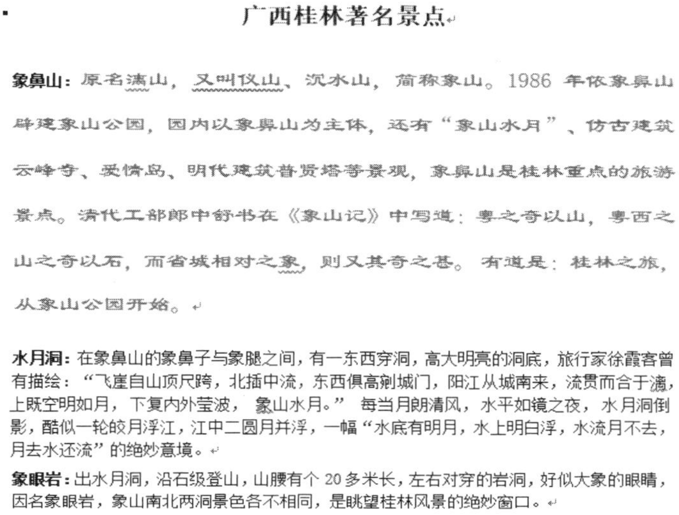

广西桂林著名景点

象鼻山：原名漓山，又叫仪山、沉水山，简称象山。1986 年依象鼻山辟建象山公园，园内以象鼻山为主体，还有"象山水月"、仿古建筑云峰寺、爱情岛、明代建筑普贤塔等景观，象鼻山是桂林重点的旅游景点。清代工部郎中舒书在《象山记》中写道：粤之奇以山，粤西之山之奇以石，而省城相对之象，则又其奇之甚。有道是：桂林之旅，从象山公园开始。

水月洞：在象鼻山的象鼻子与象腿之间，有一东西穿洞，高大明亮的洞底，旅行家徐霞客曾有描绘："飞崖自山顶尺跨，北插中流，东西俱高剃城门，阳江从城南来，流贯而合于漓，上既空明如月，下复内外莹波，象山水月。"每当月朗清风，水平如镜之夜，水月洞倒影，酷似一轮皎月浮江，江中二圆月并浮，一幅"水底有明月，水上明白浮，水流月不去，月去水还流"的绝妙意境。

象眼岩：出水月洞，沿石级登山，山腰有个 20 多米长，左右对穿的岩洞，好似大象的眼睛，因名象眼岩，象山南北两洞景色各不相同，是眺望桂林风景的绝妙窗口。

图 3-125　最终效果

3．练习 3

题目要求：打开 210129.docx 文档，在第三段空白处给文档应用"A 样式"的段落创建 I 级目录，目录中显示页码且页码右对齐，制表符前导符为断截线"------"。

操作步骤如下：

（1）打开文档（图 3-126）后，选择"引用"选项卡，单击"目录"对话框的"目录"，单击"自定义目录"。

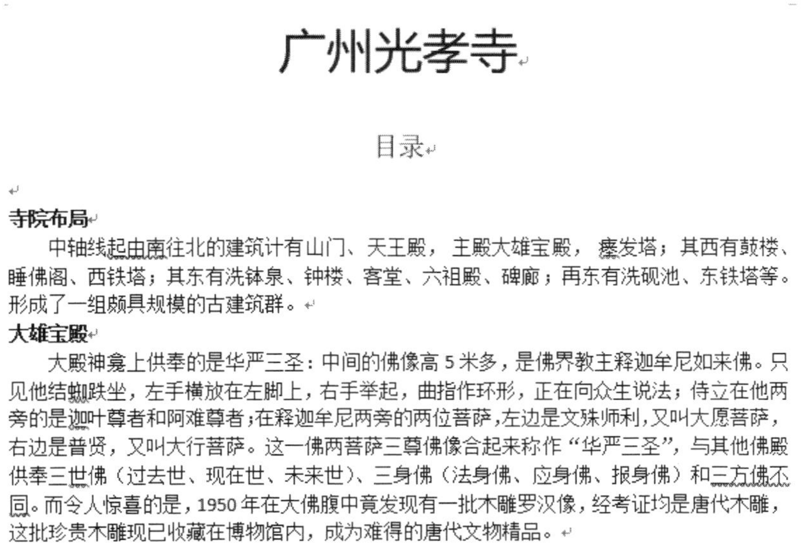

广州光孝寺

目录

寺院布局

中轴线起由南往北的建筑计有山门、天王殿，主殿大雄宝殿，瘗发塔；其西有鼓楼、睡佛阁、西铁塔；其东有洗钵泉、钟楼、客堂、六祖殿、碑廊；再东有洗砚池、东铁塔等。形成了一组颇具规模的古建筑群。

大雄宝殿

大殿神龛上供奉的是华严三圣：中间的佛像高 5 米多，是佛界教主释迦牟尼如来佛。只见他结蜘趺坐，左手横放在左脚上，右手举起，曲指作环形，正在向众生说法；侍立在他两旁的是迦叶尊者和阿难尊者；在释迦牟尼两旁的两位菩萨，左边是文殊师利，又叫大愿菩萨，右边是普贤，又叫大行菩萨。这一佛两菩萨三尊佛像合起来称作"华严三圣"，与其他佛殿供奉三世佛（过去世、现在世、未来世）、三身佛（法身佛、应身佛、报身佛）和三方佛不同。而令人惊喜的是，1950 年在大佛腹中竟发现有一批木雕罗汉像，经考证均是唐代木雕，这批珍贵木雕现已收藏在博物馆内，成为难得的唐代文物精品。

图 3-126　文档源文件

（2）在弹出的"目录"对话框中单击右下角的"选项"按钮，在弹出的"目录选项"中，把自定义的标题1、标题2、标题3后的目录级别删除。"A样式"的目录级别处输入"1"，如图3-127所示，单击"确定"按钮。

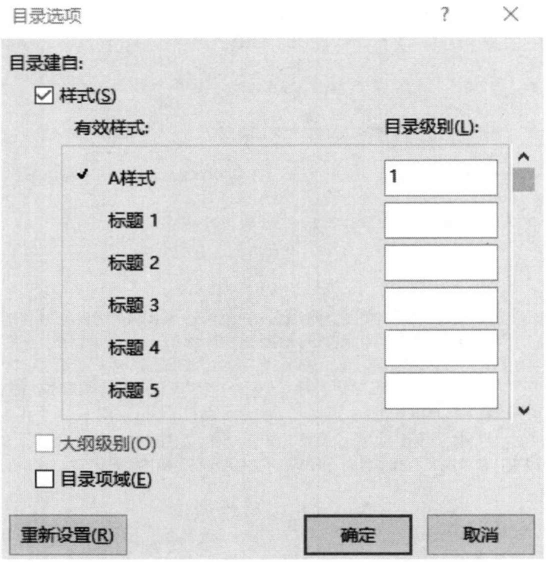

图 3-127　目录选项

（3）在"目录"对话框中的"制表符前导符"中选择断截线"------- "，单击"确定"按钮，如图3-128所示。最终效果如图3-129所示。

图 3-128　"目录"对话框

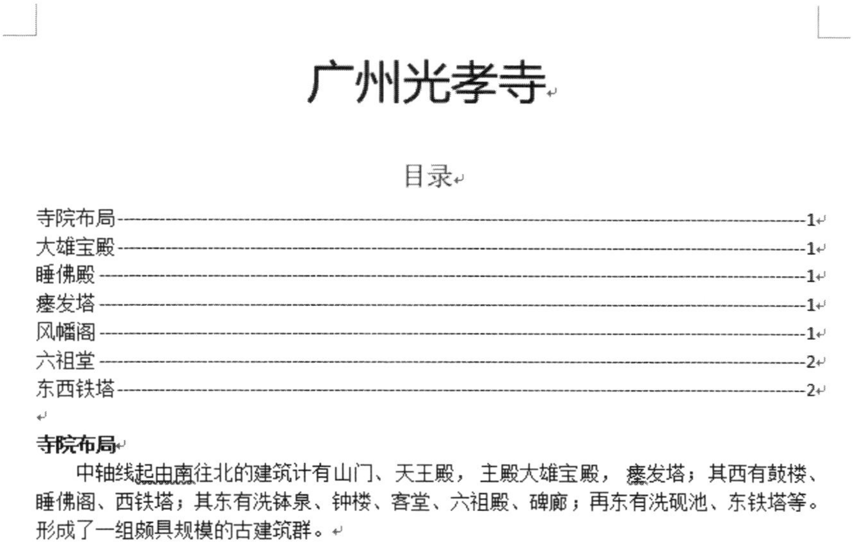

广州光孝寺

目录

寺院布局
中轴线起由南往北的建筑计有山门、天王殿，主殿大雄宝殿，瘗发塔；其西有鼓楼、睡佛阁、西铁塔；其东有洗钵泉、钟楼、客堂、六祖殿、碑廊；再东有洗砚池、东铁塔等。形成了一组颇具规模的古建筑群。

图 3-129　最终效果

3.8　协同编辑文档

主要学习内容：

- 创建共享文档
- 保存文档到云
- 分享编辑文档

一、案例要求

在 D 盘创建一个名为"协同编辑 01"的空白 Word 文档，并将之设置成可以多人协作编辑。

二、操作过程

1. 创建共享文档

打开"文件资源管理器"，定位到 D 盘，在空白处右击，打开快捷菜单，选择"新建"→"新建 Microsoft Word 文档"，重新命名成"协同编辑 01"。

2. 保存文档到 OneDrive

双击打开文档"协同编辑 01"，单击界面右上角"共享"按钮 共享，单击共享界面（图 3-130）中的"保存到云"按钮，出现"另存为"界面，如图 3-131 所示，选择"OneDrive-个人"，双击"OneDrive-个人"文件夹，弹出"另存为"对话框，如图 3-132 所示，选择好保存的位置，单击"保存"按钮，文件就保存在了 OneDrive 上了。

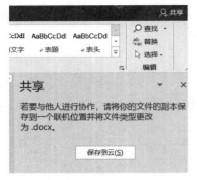

图 3-130 "共享"界面

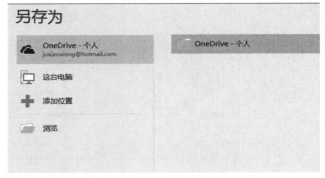

图 3-131 "另存为"界面

图 3-132 "另存为"对话框

3. 共享编辑文档

（1）返回到文档，可以看到共享功能已经可以使用了，如图 3-133 所示，单击"邀请人员"文本框后面的按钮，在弹出的窗口中，添加要共享的联系人，单击"确定"按钮，如图 3-134 所示。

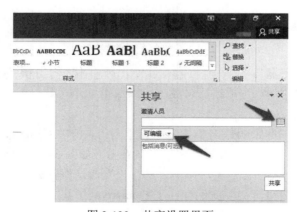

图 3-133 共享设置界面

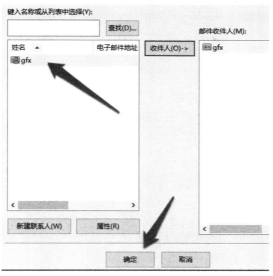

图 3-134　邀请收件人

（2）单击"获取共享链接"，选择"编辑链接"或者"创建仅供查看的链接"，如图 3-135 所示，发送链接到指定的人员，至此可实现多人对"协同编辑 01"文档协同编辑。

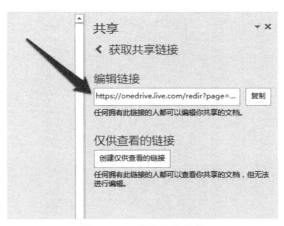

图 3-135　获取共享链接

三、知识技能要点

在日常办公中，对于同一个文档可能需要经过多人编辑，通过登录 OneDrive，设置文档协作共享，可实现多人同时编辑文档，提高工作效率。

1. 保存文档到"云"

可以将文档设置成共享的前提是首先要保存到"云"上——OneDrive。保存到云的方法主要有两种：

方法一：打开文档，单击 Word 右上角的"共享"按钮 ，单击"共享"界面的"保存到云"按钮，选择"OneDrive-个人"，双击"OneDrive-个人"文件夹，弹出"另存为"对话框，选择好保存的位置，单击"保存"按钮。

方法二：打开文档，单击"文件"→"共享"→"与人共享"→"保存到云"，选择"OneDrive-个人"，双击"OneDrive-个人"文件夹，弹出"另存为"对话框，选择好保存的位置，单击"保存"按钮。

2．共享保存的文档

（1）保存到"云"后，再回到文档中，共享功能就可以使用，在"共享"界面单击"邀请人员"文本框后面的按钮，再添加要共享的联系人。

（2）要获取共享链接，首先要选择"编辑链接"或者"创建仅供查看的链接"，复制生成的链接，然后将链接发送给指定人员，对方便可以查看或者编辑该文档了。

练习题

1．简要描述 Word 中边框和页面边框的区别。

2．页码可以放置在页面中的哪几个位置？

3．请简述修订功能的主要应用场景。

4．要在多个位置应用同一种格式，如何操作最简便？

5．Word 中有几种视图效果，请选择你最常用视图表述其特点及原因。

第4章 Excel 2016 的使用

当今社会，信息化对人们的日常生活和工作产生了深刻的影响。人们在日常的学习、工作和生活中会遇到大量的数据，面对可能是杂乱无章的、难以理解的数据，需要对其进行排序、筛选、汇总、统计分析等处理，并通过各种数据展示技术直观展示出来，进而方便使用，发挥数据的最大作用。

Microsoft Excel 电子表格程序是 Microsoft Office 的重要成员之一，有强大的数据处理能力，可以创建复杂的电子表格，还可以进行数据运算、动态分析和 Web 发布等操作。Excel 非常适合处理科研、财务、统计记录的数据。

4.1　Excel 2016 基本操作

主要学习内容：

- 启动和退出 Excel 2016
- 工作簿、工作表、单元格的概念
- 新建/打开、保存和关闭 Excel 工作簿
- 插入、删除、复制/移动、重命名工作表
- 工作表的页面设置

一、Excel 2016 用户界面

1. 启动 Excel 2016

单击"开始"按钮→"所有程序"→Microsoft Office→Microsoft Office Excel 2016 菜单命令，Excel 启动后，系统会创建一个名为"工作簿1"的新文档，界面如图 4-1 所示。

在图 4-1 中，最大的区域为 Excel 的工作区，工作区由行和列组成，行和列交叉构成的一个个小方格称为单元格。Excel 行和列最大分别可达 65536 行、256 列。Excel 使用列标（字母表示）和行号（数字表示）表示单元格，称为单元格的地址，显示在名称框中。如 B5 表示 B 列第 5 行的单元格，D1 表示 D 列的第 1 个单元格。

可以同时选中多个连续的单元格，称为单元格区域。用第一个单元格地址和最后一个单元格地址间加冒号来命名表示，如 A1:C3 表示 A1 至 C3 共 9 个单元格的区域。按 Ctrl 键的同时，可单击选择不连续的多个单元格区域。可以直接在名称框中输入新名称，然后按 Enter 键确认，从而修改活动单元格或单元格区域的名称。

一个工作簿可以包含多张工作表，在工作表标签位置显示了工作表的名称。工作表名称默认为 Sheet1、Sheet2 等。不管工作簿有多少张工作表，只能有一张工作表处于活动状态，称为活动工作表或当前工作表。默认情况下，当前工作表的标签背景为白色，其他工作表标签背景为灰色。单击工作表的标签，可将对应的工作表设定为当前活动工作表。

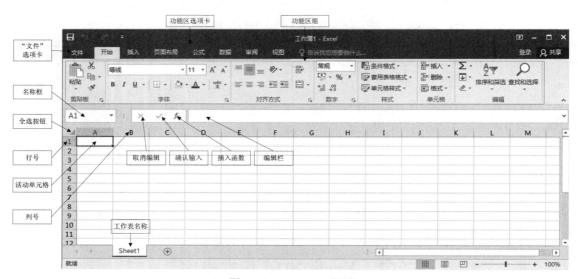

图 4-1　Excel 2016 界面

2．退出 Excel 2016

单击 Excel 窗口右上角"关闭"按钮，关闭当前工作簿。

二、Excel 2016 基本操作

1．新建工作簿

单击"文件"→"新建"命令，如图 4-2 所示，单击"空白工作簿"模板可快速新建一个空白工作簿。在图 4-2 中，拉动右侧滚动条，列表中会显示很多内置的 Excel 模板，可以寻找合适的模板快速完成任务。还可在"搜索联机模板"框中，输入所需的模板名称，单击其右侧的"开始搜索"按钮，寻找自己需要的更多模板。

图 4-2　新建工作簿

2. 保存工作簿

工作簿操作完成时需要保存文件，同时在操作过程中要实时保存文件，防止由于突发原因造成的文件信息丢失。Excel 可自动保存文件，默认的自动保存时间间隔为 10 分钟，用户可根据需要修改这个时间间隔。

对于已保存过的文件，在"文件"菜单中，单击"保存"命令，可以直接保存，否则系统会显示"另存为"选项卡，如图 4-3 所示，与单击"文件"菜单中"另存为"命令所得到的操作界面一致。选择一个保存位置后，会打开"另存为"对话框，在对话框中选择保存位置，输入文件名，单击"保存"按钮即可完成保存操作。

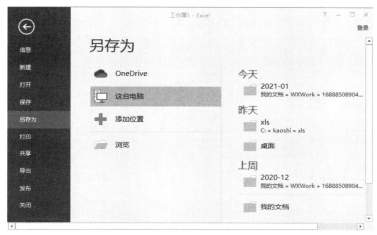

图 4-3 "另存为"选项卡

在"另存为"对话框中可以设置工作簿的权限密码，单击"工具"按钮，在下拉列表中选择"常规选项"命令，打开"常规选项"对话框，输入"打开权限密码""修改权限密码"，单击"确定"按钮，系统弹出打开权限和修改权限的"确认密码"对话框，再次输入相关密码，完成加密工作簿的操作，如图 4-4 所示。

图 4-4 工作簿权限密码的设置

为了保证保存的工作簿能够在高版本软件中打开，在保存工作簿时，可降低保存版本。通过在"另存为"对话框的"保存类型"下拉菜单中选择较低的版本进行保存即可。

3. 打开/关闭工作簿

在"文件"菜单中单击"打开"命令，选择打开位置，然后显示"打开"对话框，选择要打开工作簿的所在位置，选择对应文件，单击"打开"按钮。

在"文件"菜单中单击"关闭"命令，可关闭当前工作簿。或单击 Excel 窗口右上角的"关闭"按钮，关闭当前工作簿。

4. 插入/删除工作表

单击工作表标签，选定所需的工作表，然后右击弹出快捷菜单，如图 4-5 所示。单击"插入"命令，显示"插入"对话框，如图 4-6 所示，在"常用"选项卡中选择"工作表"，然后单击"确定"按钮，即可在当前工作表的前面添加一张新工作表。

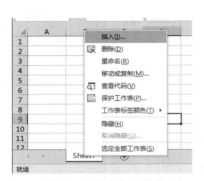

图 4-5　工作表快捷菜单

图 4-6　"插入"对话框

也可通过单击工作表标签列表后面的 ⊕ 按钮，在当前工作表后面添加一张新的工作表。当添加太多工作表，不能完全显示所有的工作表标签时，在工作表标签显示区的最后会显示省略号，可通过工作表标签显示区前面的按钮，滚动显示不同的工作表。

选定工作表后，右击弹出快捷菜单，如图 4-5 所示，单击"删除"命令，可以删除当前工作表。

5. 工作表重命名

选定工作表后，右击弹出快捷菜单（图 4-5），单击"重命名"命令，当前工作表的标签处于可编辑状态，修改工作表名称后按 Enter 键，或在工作表标签之外单击，即可确认修改结果。

6. 移动/复制工作表

Excel 不仅可以在同一工作簿内移动或复制工作表，还可在不同工作簿之间移动或复制工作表。

选定工作表后，右击弹出快捷菜单，单击"移动或复制"命令，显示"移动或复制工作表"对话框（图 4-7）。首先，在"工作簿"下拉列表中选择指定的工作簿；其次，在"下列选定工作表之前"列表框中选择一张工作表，可将当前工作表移动或复制到选定工作表的前面，也可选择"（移至最后）"选项，直接将选定的工作表移动或复制到所有工作表之后。最后，勾选"建立副本"复选框，完成复制操作，否则完成移动操作。

7. 设置工作表标签颜色

选定工作表后，右击弹出快捷菜单，选择"工作表标签颜色"命令，显示颜色列表，单击选中指定颜色，即可修改当前工作表标签的背景颜色，如图 4-8 所示。

图 4-7　"移动或复制工作表"对话框

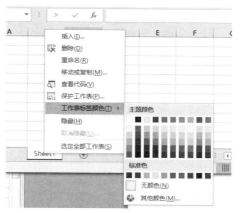

图 4-8　设置工作表标签颜色

8. 工作表页面及打印设置

Excel 的页面设置是以工作表为设置对象，要先选择所需的工作表，然后再进行相应的页面设置。选择"页面布局"选项卡，单击"页面设置"对话框启动器 ，打开"页面设置"对话框，如图 4-9 所示。

（1）选择"页面"选项卡，可以设置纸张大小、方向、缩放等。

（2）选择"页边距"选项卡，可以设置上、下、左、右、页眉、页脚边距，居中对齐方式等。

（3）选择"页眉/页脚"选项卡，可以设置工作表的页眉和页脚，如图 4-10 所示。页眉和页脚均可以自定义设置。下面以"页眉"设置为例进行介绍。

图 4-9　"页面设置"对话框

图 4-10　"页眉/页脚"选项卡

单击"自定义页眉"按钮，打开"页眉"对话框，可分别设置左、中、右位置的页眉，如图4-11所示。

图4-11 "页眉"对话框1

在图4-10中，勾选"奇偶页不同""首页不同"两个复选框，再次单击"自定义页眉"按钮，打开的"页眉"对话框，与图4-11是不同的，如图4-12所示。有3个选项卡：首页页眉、奇数页页眉、偶数页页眉，可分别设置首页、奇数页、偶数页的页眉。

图4-12 "页眉"对话框2

（4）选择"工作表"选项卡，可以设置工作表的打印区域、打印标题、打印特性、打印顺序等，如图4-13所示。打印区域和打印标题可采用拖动方式选择对应单元格区域，或者直接输入单元格地址（绝对地址——单元格地址前加绝对引用符"$"）。单击图4-13的"打印预览"按钮，弹出如图4-14所示的界面，可设置打印范围，打印方向、纸张大小、页边距及缩放等。

图 4-13　"工作表"选项卡

图 4-14　"打印"界面

三、知识点巩固练习

1. 练习 1

题目要求：创建一个包含 4 张工作表的工作簿。各工作表的名称依次为工作表 1、工作表 2、工作表 3 和工作表 4。

操作步骤如下：

（1）单击"开始"按钮→"所有程序"→Microsoft Office→Microsoft Excel 2016 菜单命令，启动 Excel。Excel 2016 打开对默认只有 1 张工作表，名称为 Sheet1。

（2）单击 Sheet1 右侧的 ⊕ 按钮，单击一次增加 1 张工作表，单击 3 次增加 3 张工作表，分别为 Sheet2、Sheet3、Sheet4，如图 4-15 所示。

（3）选中 Sheet1 工作表，双击 Sheet1 工作表标签，工作表标签变为可编辑状态，输入"工作表 1"；Sheet2、Sheet3、Sheet4 采用相同方法重命名，如图 4-16 所示。

或者选定工作表后，右击弹出快捷菜单（图 4-5），单击"重命名"命令，当前工作表的标签处于可编辑状态，修改工作表名称后按 Enter 键。两种方法效果相同。

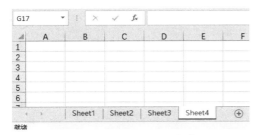

图 4-15　新增 3 张工作表

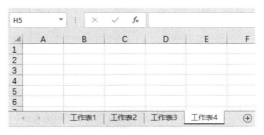

图 4-16　工作表重命名

（4）保存工作簿。单击"文件"，选择"另存为"，如图 4-3 所示，在打开的对话框中选择保存位置，输入文件名，单击"保存"按钮即可完成保存操作。

2．练习 2

题目要求：将工作簿 220002_1.xlsx 中的 Sheet1 工作表复制到工作簿 220002.xlsx 的第 2 张工作表（Sheet2）后，复制后的工作表命名为"成绩表"。两个工作簿界面如图 4-17 所示。

（a）220002.xlsx　　　　　　　　　　　　　（b）220002_1.xlsx

图 4-17　原工作簿界面

操作步骤如下：

（1）选中工作簿 220002_1.xlsx 和 220002.xlsx 并打开，如图 4-17 所示。

（2）选中工作簿 220002_1.xlsx 中的 Sheet1 工作表，右击弹出快捷菜单，单击"移动或复制"命令，显示"移动或复制工作表"对话框：首先，在"工作簿"下拉列表中选择 220002.xlsx，其次，在"下列选定工作表之前"列表框中选择"（移至最后）"，再次，勾选"建立副本"复选框，最后，单击"确定"按钮，如图 4-18 所示。

若当前工作表需执行的是移动操作，则取消勾选"建立副本"复选框，如图 4-19 所示。

图 4-18　复制操作

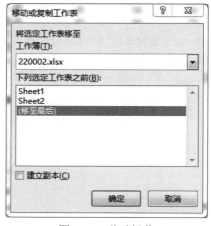

图 4-19　移动操作

（3）选中工作簿 220002.xlsx 中的 Sheet1（2）工作表，双击工作表标签，输入"成绩表"。

（4）保存工作簿 220002_1.xlsx 和 220002.xlsx。最终效果如图 4-20 所示。

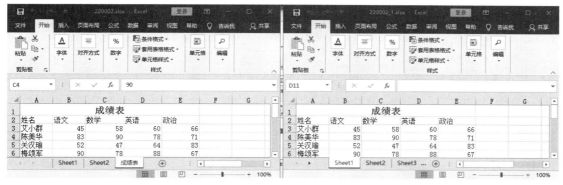

（a）220002.xlsx　　　　（b）220002_1.xlsx

图 4-20　效果图

3. 练习 3

题目要求：在工作表“成绩表”的 C3 单元格位置插入一个单元格，单元格值为 20，原单元格的内容右移。在成绩表中删除 C4 单元格，删除时右侧单元格左移。成绩表如图 4-21 所示。

	A	B	C	D	E	F	G
1	成绩表						
2	姓名	语文	数学	英语	政治		
3	艾小群	45	58	60	66		
4	陈美华	83	90	78	71	85	
5	关汉瑜	52	47	64	83		
6	梅颂军	90	78	88	67		
7	蔡雪敏	68	62	74	90		
8	林淑仪	79	84	65	73		
9	区俊杰	47	53	32	58		
10							

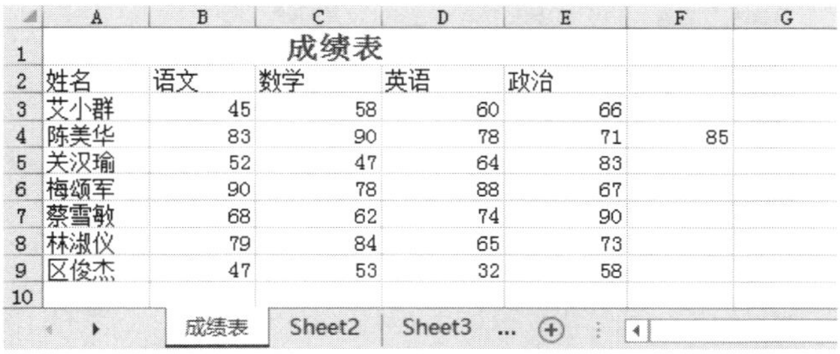

图 4-21　成绩表

操作步骤如下：

（1）打开工作簿，默认显示“成绩表”工作表。

（2）选中 C3 单元格，右击弹出快捷菜单，单击“插入”命令，在“插入”对话框中选择“活动单元格右移”，然后在 C3 单元格输入 20，如图 4-22 所示。

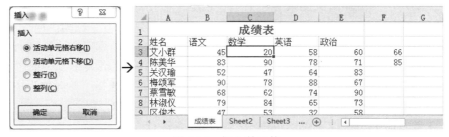

图 4-22　插入单元格

（3）选中 C4 单元格，右击弹出快捷菜单，单击“删除”命令，在“删除”对话框中选择“活动单元格左移”，最终效果如图 4-23 所示。

（4）保存工作簿。

	A	B	C	D	E	F	G
1			成绩表				
2	姓名	语文	数学	英语	政治		
3	艾小群	45	20	58	60	66	
4	陈美华	83	78	71	85		
5	关汉瑜	52	47	64	83		
6	梅颂军	90	78	88	67		
7	蔡雪敏	68	62	74	90		
8	林淑仪	79	84	65	73		
9	区俊杰	47	53	32	58		

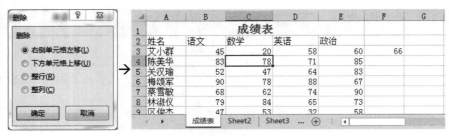

图 4-23 效果图

4. 练习 4

题目要求：删除 Sheet1 工作表的第 9 行（重复行），删除 Sheet1 工作表的 D 列；设置 Sheet1 工作表的第 1 行行高为 40，第 2～14 行为自动调整行高，第 1～4 列的列宽为 15；复制“员工名单”的 A2:A6，转置粘贴 A16 为左上角单元格的区域；保存文件。员工名单如图 4-24 所示。

	A	B	C	D	E	F	G
1		员 工 名 单					
2	员工编号	员工姓名	性别	职位	部门		
3	1001	杨娟	女		采购部		
4	1002	李丹	女		采购部		
5	1003	张嘉	男		采购部		
6	1004	谢晋	男		采购部		
7	1005	曹密	男		采购部		
8	1006	康新如	男		采购部		
9	1007	马涛	女		采购部		
10	1007	马涛	女		采购部		
11	1008	张炜	男		采购部		
12	1009	刘岩	女		采购部		
13	1010	杨逍	女		采购部		
14	1011	刘易杰	男		采购部		
15	1012	何雨	女		采购部		
16							
17							

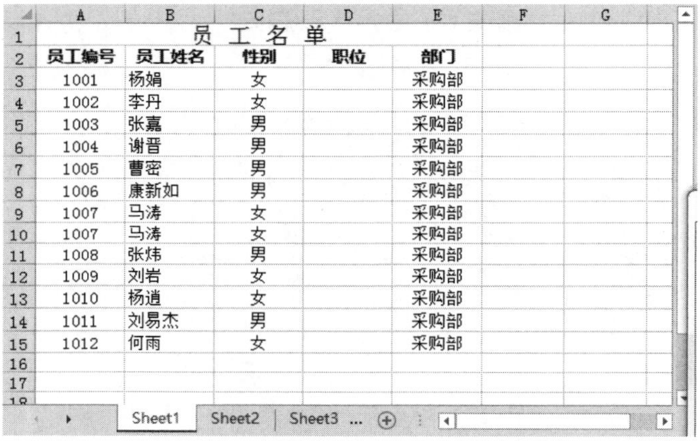

图 4-24 员工名单

操作步骤如下：

（1）打开工作簿，默认显示 Sheet1 工作表。

（2）单击“行号”9，选中第 9 行，右击弹出快捷菜单，单击“删除”命令；单击“列号”D，选中 D 列，右击弹出快捷菜单，单击“删除”命令。

（3）单击“行号”1，选中第 1 行，右击弹出快捷菜单，单击“行高”命令，在“行高”对话框输入“40”，单击“确定”按钮；拖动选择“行号”2～14，选中第 2～14 行，单击“开始”，选择“单元格”中的“格式”，单击下拉按钮，选择“单元格大小”中的“自动调整行高”；拖动选择“列号”A～D，选中第 1～4 列，单击“开始”，选择“单元格”中的“格式”，单击下拉按钮，选择“单元格大小”中的“列宽”，在“列宽”对话框输入“15”，单击“确定”按钮，或者右击弹出快捷菜单，单击“列宽”命令进行设置。

（4）拖动选择 A2:A6 单元格区域，右击弹出快捷菜单，单击“复制”命令，或者使用 Ctrl+C 快捷键进行复制；选中 A16 单元格，右击弹出快捷菜单，单击“粘贴选项”中的“转置”。

（5）保存工作表。最终效果如图 4-25 所示。

	A	B	C	D	E	F
1	员 工 名 单					
2	员工编号	员工姓名	性别	部门		
3	1001	杨娟	女	采购部		
4	1002	李丹	女	采购部		
5	1003	张嘉	男	采购部		
6	1004	谢晋	男	采购部		
7	1005	曹密	男	采购部		
8	1006	康新如	男	采购部		
9	1007	马涛	女	采购部		
10	1008	张炜	男	采购部		
11	1009	刘岩	女	采购部		
12	1010	杨逍	女	采购部		
13	1011	刘易杰	男	采购部		
14	1012	何雨	女	采购部		
15						
16	员工编号	1001	1002	1003	1004	
17						

图 4-25　效果图

5. 练习 5

题目要求：对 Sheet1 工作表进行页面设置：上下左右页边距为 2.5，纸张方向为横向，纸张大小为 B5，缩放 125，页面垂直居中，设置页眉奇偶页不同，首页不同，首页页眉左边内容为“江西”、中间为“支出情况”，奇数页页眉中间内容为“某年”，偶数页页眉右边内容为“江西省”，首页页脚左边插入页码、中间插入总页数。保存文件。消费性支出情况表如图 4-26 所示。

	A	B	C	D
1	某年江西部分区市城镇居民人均 可支配收入和人均消费性支出情况			
2	地区	人均可支配收入	人均消费性支出	
3	南昌市	16472	12406	
4	景德镇市	14996	10560	
5	萍乡市	14825	10576	
6	九江市	14203	9368	
7	新余市	15610	12351	
8	鹰潭市	14140	9839	
9				
10				

Sheet1

图 4-26　消费性支出情况表

操作步骤如下：

（1）打开工作簿，默认显示 Sheet1 工作表。

（2）单击“页面布局”→“页面设置”对话框启动器，弹出“页面设置”对话框。

（3）选择“页面”选项卡，“方向”选择“横向”，“缩放比例”设置为 125，“纸张大小”选择 B5。

（4）选择“页边距”选项卡，上、下、左、右页边距均设置为 2.5，“居中方式”选择“垂直”。

（5）选择“页眉/页脚”选项卡，勾选“奇偶页不同”“首页不同”复选框。单击“自定义页眉”按钮，打开“页眉”对话框。

1）选择“首页页眉”，“左部”输入“江西”，“中部”输入“支出情况”。

2）选择“奇数页页眉”，“中部”输入“某年”。

3）选择“偶数页页眉”，“右部”输入“江西省”。

单击"自定义页脚"按钮，打开"页脚"对话框，选择"首页页脚"，选择"左部"，单击"插入页码"按钮，选择"中部"，单击"插入页数"按钮，如图 4-27 所示。

（6）保存文件。

图 4-27　"页脚"对话框

6. 练习 6

题目要求：新建一个 Excel，并使用"账单（简洁版）"模板；把汇款单客户姓名设为"张三"；保存文件，命名为 220100.xlsx。

操作步骤如下：

（1）单击"开始"按钮→"所有程序"→Microsoft Office→Microsoft Excel 2016 菜单命令，启动 Excel。

（2）单击"文件"选项，单击"新建"命令，在"搜索联机模板"搜索引擎中搜索"账单"，创建"账单"模板，将"客户姓名"设置为"张三"，如图 4-28 所示。

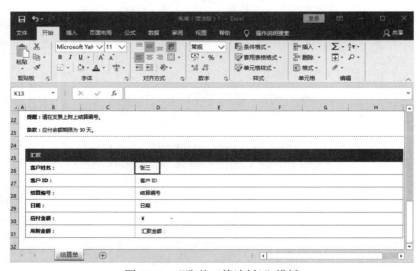

图 4-28　"账单（简洁版）"模板

（3）单击"文件"选项，单击"另存为"命令，弹出"另存为"对话框，在对话框中选择保存位置，输入文件名 220100.xlsx，单击"保存"按钮即可完成保存操作。

4.2　Excel 工作表数据输入

主要学习内容:

- 工作表数据输入基础
- 插入行/列、隐藏/显示行或列
- 文本输入
- 数值型数据的输入
- 函数输入
- 使用序列自动填充单元格
- 单元格引用
- 创建迷你图

一、数据输入基本操作

1. 数据输入基础

数据处理的前提是已有数据,向 Excel 工作表输入数据的方法常用的有利用已有数据、获取外部数据、直接输入等。

(1) 利用已有数据。直接通过复制、剪切、粘贴的命令,将 Excel 数据或其他软件的数据输入到指定的工作表。复制数据后,选中目标位置,右击弹出快捷菜单,选择"粘贴选项"中对应的粘贴方式后粘贴到目标位置。剪切数据后,在指定行/列的行/列标位置右击,在弹出的快捷菜单中选择"插入剪切的单元格"命令,可将剪切的内容插入到指定行/列的前面。

(2) 获取外部数据。单击"数据"选项卡"获取外部数据"组中的命令,如图 4-29 所示,选择一个外部数据来源,如选择"自文本",会打开"导入文本文件"对话框,如图 4-30 所示,选择路径和指定文件,单击"导入"按钮,启动文本导入向导,按向导提示完成相关设置,然后显示"导入数据"对话框,如图 4-31 所示,选择数据导入位置,单击"确定"按钮完成外部数据的获取。

图 4-29　获取外部数据

图 4-30 "导入文本文件"对话框

图 4-31 "导入数据"对话框

（3）直接输入。选中指定工作表，选中指定单元格，双击单元格，使单元格处于编辑状态，然后输入指定内容。也可以选中指定单元格后，直接在编辑栏输入指定内容。

2. 插入行/列、隐藏/显示行或列

（1）插入行/列。当需要在工作表中插入行或列时，首先选择指定单元格，右击弹出快捷菜单，单击"插入"命令，显示"插入"对话框，如图 4-32 所示。选中"整行"单选按钮，单击"确定"按钮，即可在选中单元格的上方插入 1 行；选中"整列"单选按钮，单击"确定"按钮，即可在选中单元格的左侧插入 1 列。

（2）隐藏/显示行或列。选定指定行号或列号，右击弹出快捷菜单，单击"隐藏"命令，即可隐藏指定行或列。

若想让隐藏后的行或列再次显示，可先选择隐藏行的上下行，或隐藏列的左右列，右击弹出快捷菜单，单击"取消隐藏"命令即可，如图 4-33 所示。

图 4-32 "插入"对话框

图 4-33 隐藏/取消隐藏命令

3. 文本输入

文本一般是指字符型数据，可以是英文、中文、符号、数字等。默认情况下，输入的文本是左对齐的。当输入的文本较长时，会延伸显示，即超过当前单元格的范围，当其后的单元格非空时，超出部分会被截断。例如，在 A1 单元格输入"华南师范大学"，A2 单元格输入"华南师范大学"，B2 单元格输入"计算机学院"。若想截断部分显示完整，双击 A、B 列中间的分隔线，可自动调整 A 列宽度，即可使 A 列内容完整显示出来。截断效果及全显效果如图 4-34 所示。

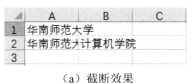

(a) 截断效果   (b) 全显效果

图 4-34 文本截断/全显效果

4. 数值型数据的输入

数值型数据一般包括整数、实数、分数、日期、时间等。默认情况下，输入的数值是右对齐的。

对于整数、实数直接输入即可；对于分数，要先输入前导符"0"，然后再在其后输入分数，注意数字"0"后一定要加空格，如输入"0 1/3"；对于日期数据，年、月、日数据间要有分隔符"/"或"-"，如输入"2021/1/1"或"2021-1-1"，日期数据显示将按软件内置的日期显示格式显示；对于时间数据，时、分、秒间要有分隔符"："，如"19:25:30"。

输入的数值位数比较多时，如输入"13928813667"，系统会自动调整单元格的宽度。如果手动将单元格宽度调小，会用科学计数法来显示数据，但编辑栏会显示原始数据。如果不想用科学计数法来显示数据，可将数值作为文本格式进行输入，在输入时加前导符"'"，如"'13928813667"，此时输入的内容左对齐，如图 4-35 所示。如果数值前面有"0"，如"01"，输入后系统自动会将前面的"0"去掉，如果想保留前面的"0"，输入时也必须在"0"前面加"'"。

在图 4-35 中，将数值作为文本输入时，单元格左上角会显示绿色小三角标志，单击该标志，在其左边会显示感叹号提示符，单击其右边的小三角标志打开下拉列表，如图 4-36 所示，单击"忽略错误"选项，可取消单元格左上角的绿色小三角标志。当继续将单元格宽度调小时，单元格内容显示多个"#"，不再显示数值，但编辑栏依旧可以显示原始数据。

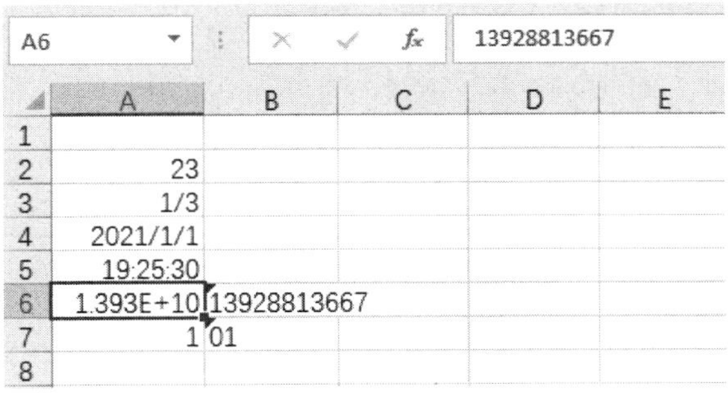

图 4-35 数值型数据输入

图 4-36 数值选项设置

5. 公式输入

Excel 所有的公式均可在编辑栏输入，都以"="开头，输入公式后按 Enter 键确认。公式主要包括两类：单元格公式和函数公式。单元格公式通过调用单元格来编辑公式完成运算；函数公式通过调用函数编辑完成运算。实际中，两种可以混合使用。公式一般由运算符和操作数或函数组成。在指定单元格输入公式后，单元格会显示公式运算的结果，而在编辑栏显示该公式本身。所有公式中输入的符号一律使用西文标点符号。

Excel 提供了多类运算符：有算术运算符（表 4-1）、文本运算符、比较运算符（表 4-2）和引用运算符（表 4-3）。

（1）算术运算符。算术运算符实现基本的数学运算，见表 4-1。

表 4-1　算术运算符

算术运算符	含义	示例
+	加	=100+29
-	减	=20-5
-	负数	-20
*	乘	=20*10
/	除	=20/10
%	百分号	=20%
^	幂运算	=10^2

（2）文本运算符。&为文本运算符，将两个或多个值连接（或串联）起来产生一个连续的文本值。如在单元格 A1 中输入"计算机应用 1 班"，在单元格 A2 中输入"汇总表"，在 B1 单元格中输入"=A1&"成绩"&A2"，然后按 Enter 键，则单元格 B1 中显示"计算机应用 1 班成绩汇总表"，如图 4-37 所示。公式中"成绩"表示文本型常量。

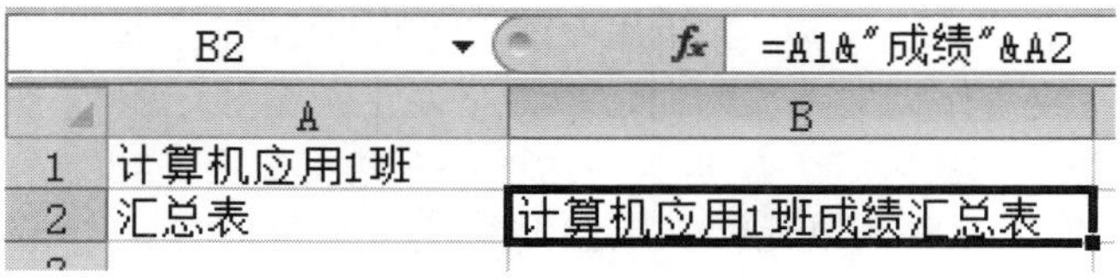

图 4-37　文本的连接

（3）比较运算符。比较运算符可对两个数据进行比较，并产生逻辑结果，TRUE 或 FALSE，见表 4-2。

表 4-2　比较运算符

比较运算符	含义	示例
=	等于	A2=B5
<	小于	A3<100　B2<A1
>	大于	A4>200
<=	小于或等于	A2<=200
>=	大于或等于	A2>=100
<>	不等于	A2<>300

（4）引用运算符。引用运算符见表 4-3。引用位置代表一个单元格或一组单元格。若要引用连续的单元格区域，则使用冒号（:）分隔引用区域中的第一个单元格和最后一个单元格，如 A1:A5，表示引用的单元格为 A1～A5，包括 A1 和 A5。如果要引用不相交的两个区域，可使用联合运算符，即逗号（,），如 SUM(A1,A3,C1:C5)。

表 4-3　引用运算符

引用运算符	含义	示例
：（冒号）	区域运算符，表示引用连续的单元格区域	SUM(A1:B3)
，（逗号）	联合运算符，引用不相交不连续的区域	SUM(A1,B3:B5)
（空格）	交叉运算符，表示几个单元格区域重叠的单元格	SUM(A1:B4　B2:B6)（这两个区域共有的单元格为 B2、B3 和 B4）

注意：这些运算符必须是英文半角符号。

6. 序列填充使用

单元格右下角有一个小方块，称为填充柄。当鼠标光标移到填充柄上时，会显示为实心的十字形，拖动填充柄可快速输入数据，填充柄可向上、下、左、右 4 个方向拖动。

Excel 2016 中可自动填充等差序列、等比序列、日期和常见的一些连续数据序列，例如：第一季度、第二季度、第三季度、第四季度；星期一、星期二、星期三、……、星期日等。用户也可自定义序列。

操作方法是在一个单元格中输入起始值，然后在下一个单元格中再输入一个值，建立一个模式。例如，如果要使用序列 2、4、6、8、10……，可在前两个单元格中输入 2 和 4。然后选择包含两个起始值的单元格，再拖动填充柄，涵盖要填充的整个范围，即能按要求填充所需数字。

注意：要按升序填充，请从上到下或从左到右拖动。要按降序填充，请从下到上或从右到左拖动。

（1）快速填充有规律的数据。输入符号数字组合，拖动填充柄，符号不变，数字会自动加 1，如输入"A1""A1B1""1A"后，向右拖动填充柄的填充效果如图 4-38 前 3 行所示。

输入纯数值，拖动填充柄，数值不变，只是简单复制。如输入"1"，向右拖动填充柄的填充效果如图 4-38 第 4 行所示。

连续输入两个数，拖动填充柄，产生等差数列，差值为两数值之差。注意拖动填充柄时，一定要先选定指定的两个单元格。如在单元格 A5 和 B5 中分别输入"1"和"2"，向右拖动时填充效果如图 4-38 第 5 行所示，如在单元格 A6 和 B6 中分别输入"4"和"8"，向右拖动时填充效果如图 4-38 第 6 行所示。

在单元格 A7 和 A8 中分别输入"甲"和"Mon"，向右拖动时填充效果如图 4-38 第 7 和第 8 行所示。

以上填充为系统默认方式，如果想修改填充方式，当填充柄拖动结束时，系统在填充柄右下方显示"自动填充选项"图标，单击该图标打开下拉列表，选择填充的方式，如图 4-39 所示，注意不同的填充内容，下拉列表框的选项不同。

图 4-38　序列填充应用　　　　　　　　　　图 4-39　选择填充方式

（2）自定义序列。单击"文件"菜单→"选项"命令，打开"Excel 选项"对话框，选择"高级"选项卡，将右侧的滚动条向下拖动，找到"编辑自定义列表"，如图 4-40 所示。单击"编辑自定义列表"按钮，打开"自定义序列"对话框，在"输入序列"框中输入值，然后单击"添加"按钮，如图 4-41 所示，添加成功的自定义序列显示在"自定义序列"列表框中。如果想工作表中已有数据转为自定义序列，可在"导入"按钮的输入框中输入对应地址，然后单击"导入"按钮，导入成功的自定义序列显示在"自定义序列"列表框中。

图 4-40　"Excel 选项"对话框

（3）快速复制公式。拖动填充柄可快速填充公式，当计算好第 1 行的金额后，拖动填充柄，可快速在第 2、3 行填充公式，如图 4-42 所示。

图 4-41　"自定义序列"对话框

图 4-42　填充公式

7. 单元格引用

图 4-42 中采用填充公式方式计算时，C2、C3、C4 单元格内的公式分别为"A2*B2""A3*B3""A4*B4"。说明公式填充时地址会变，这种地址称为相对地址或相对引用。一般情况下，公式中的地址都是相对地址，如果不想在公式填充时地址自动改变，即使用固定地址，称为绝对地址或绝对引用，需要在地址前面加"$"，如"$A$1"。

单元格的地址分为列地址和行地址，行、列地址是相互独立的，可设置部分为绝对引用，部分为相对引用，称为混合地址或混合引用。按 F4 键可切换相对引用、绝对引用、混合引用。

不但可以拖动填充柄复制公式，也可以直接复制公式。一般情况，复制含有公式的单元格是复制其中的公式，而不是单元格的值。如选择图 4-42 中的区域 C2:C4，复制后粘贴到 D 列对应位置，如图 4-43 所示，数据值明显改变，其实是公式发生改变，由原来的长乘宽变为宽乘面积。若只想把含公式的单元格值复制到其他单元格，需要右击目标单元格，在弹出的快捷菜单中选择"粘贴选项"→"值"，填充结果如图 4-44 所示。

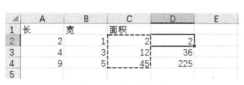

图 4-43　复制公式

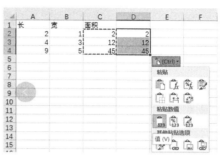

图 4-44　复制数值

8. 创建迷你图

迷你图是 Excel 中加入的一种全新的图表制作工具，它是以单元格为绘图区域绘制的微型图表，迷你图为一行或者一列数据创建的，用来表示一行数据或一列数据的变化趋势。选择"插入"选项卡，找到"迷你图"分组，有"折线""柱形""盈亏"3 种类型，选择其中一种类型，弹出"创建迷你图"对话框，如图 4-45 所示。在"数据范围"选择生成迷你图需要使用的数据区域，在"位置范围"选择放置迷你图的单元格。

迷你图创建完成，可通过"迷你图工具"→"设计"对其参数进行修改。一个单元格生成迷你图，可采用拖动填充柄的方法生成一个迷你图组合。

迷你图只是单元格的填充背景，在该单元格还可以正常输入值。插入的迷你图，按删除键无法删除，选中迷你图，右击弹出快捷菜单，选择迷你图，打开其子菜单，选择"清除所选的迷你图"可删除选定的迷你图，选择"清除所选的迷你图组"可删除选定的迷你图及其所在的组，如图 4-46 所示。

图 4-45　"创建迷你图"对话框

图 4-46　"迷你图"子菜单

二、知识点巩固练习

1. 练习 1

题目要求：在"成绩表"的第 3 行前插入 1 行记录："陈大平，67,51,79,80"；原 B 列前插入一列内容，B2:B10 区域的值分别为"物理，61,62,63,64,65,66,67,68"；隐藏列标题为"英语"的列；保存文件。成绩表如图 4-47 所示。

	A	B	C	D	E
1			**成绩表**		
2	姓名	语文	数学	英语	政治
3	艾小群	45	58	60	66
4	陈美华	83	90	78	71
5	关汉瑜	52	47	64	83
6	梅颂军	90	78	88	67
7	蔡雪敏	68	62	74	90
8	林淑仪	79	84	65	73
9	区俊杰	47	53	32	58

图 4-47 成绩表

操作步骤如下：

（1）打开工作簿，默认显示"成绩表"工作表。

（2）选中行号"3"，右击弹出快捷菜单，单击"插入"命令，新增一空白行，在空白行对应单元格输入"陈大平，67,51,79,80"。

（3）选中列号 B，右击弹出快捷菜单，单击"插入"命令，新增一空白列，在 B2 单元格输入"物理"，B3 单元格输入"61"，拖动 B3 单元格填充柄，填充 B4:B10 区域，填充方式默认选中"复制单元格"，如图 4-48 所示，选择填充方式为"填充序列"，效果如图 4-49 所示。

	A	B	C	D	E	F
1				**成绩表**		
2	姓名	物理	语文	数学	英语	政治
3	陈大平	61	67	51	79	80
4	艾小群	61	45	58	60	66
5	陈美华	61	83	90	78	71
6	关汉瑜	61	52	47	64	83
7	梅颂军	61	90	78	88	67
8	蔡雪敏	61	68	62	74	90
9	林淑仪	61	79	84	65	73
10	区俊杰	61	47	53	32	58

○ 复制单元格(C)
○ 填充序列(S)
○ 仅填充格式(F)
○ 不带格式填充(O)
○ 快速填充(F)

图 4-48 "复制单元格"效果

	A	B	C	D	E	F
1				**成绩表**		
2	姓名	物理	语文	数学	英语	政治
3	陈大平	61	67	51	79	80
4	艾小群	62	45	58	60	66
5	陈美华	63	83	90	78	71
6	关汉瑜	64	52	47	64	83
7	梅颂军	65	90	78	88	67
8	蔡雪敏	66	68	62	74	90
9	林淑仪	67	79	84	65	73
10	区俊杰	68	47	53	32	58

○ 复制单元格(C)
○ 填充序列(S)
○ 仅填充格式(F)
○ 不带格式填充(O)
○ 快速填充(F)

图 4-49 "填充序列"效果

（4）选中列号 E，右击弹出快捷菜单，单击"隐藏"命令，效果如图 4-50 所示。

（5）保存文件。

	A	B	C	D	F
1			**成绩表**		
2	姓名	物理	语文	数学	政治
3	陈大平	61	67	51	80
4	艾小群	62	45	58	66
5	陈美华	63	83	90	71
6	关汉瑜	64	52	47	83
7	梅颂军	65	90	78	67
8	蔡雪敏	66	68	62	90
9	林淑仪	67	79	84	73
10	区俊杰	68	47	53	58

图 4-50 最终效果

2. 练习 2

题目要求：在 Sheet1 中 A3 单元格输入"1 日"，并在 A4:A12 单元格区域内快速录入"2日"至"10 日"；在 F3 单元格输入"财务部"，并在 F4:F12 单元格区域内快速录入"财务部"；保存文件。"7 月上旬利润报表"如图 4-51 所示。

操作步骤如下：

（1）打开工作簿，默认显示 Sheet1 工作表。

（2）选中 A3 单元格，输入"1 日"，拖动 A3 单元格填充柄，填充 A4:A12 区域。

（3）选中 F3 单元格，输入"财务部"，拖动 F3 单元格填充柄，填充 F4:F12 区域，效果如图 4-52 所示。

（4）保存文件。

图 4-51　7 月上旬利润报表　　　　　　图 4-52　效果图

3. 练习 3

题目要求：在 Sheet1 工作表 D3:D8 单元格区域计算其存款，存款=收入-支出（要求使用公式计算），保存文件。家庭存款一览表如图 4-53 所示。

	A	B	C	D
1	家庭存款一览表			
2	时间	收入	支出	存款
3	7月	89,000	47,000	
4	8月	78,000	67,000	
5	9月	45,000	67,000	
6	10月	100,000	67,000	
7	11月	69,000	78,000	
8	12月	92,000	100,000	
9				

图 4-53　家庭存款一览表

操作步骤如下：

（1）打开工作簿，默认显示 Sheet1 工作表。

（2）选中 D3 单元格，将光标移至"编辑栏"，输入"="，单击 B3 单元格，继续输入"-"（即减号），单击 C3 单元格，如图 4-54 所示。单击编辑栏左侧"输入"按钮，或按 Enter 键得出结果。

（3）拖动 D3 单元格填充柄，填充 D4:D8 区域，效果如图 4-55 所示。

（4）保存文件。

图 4-54　单元格公式输入

图 4-55　效果图

4. 练习 4

题目要求：在 Sheet1 工作表中 G3:G10 统计卫生评比情况总分，请引用单元格的值进行加法求和（不能使用 SUM 函数计算），保存文件。宿舍卫生评分表如图 4-56 所示。

图 4-56　宿舍卫生评分表

操作步骤如下：

（1）打开工作簿，默认显示 Sheet1 工作表。

（2）选中 G3 单元格，将光标移至"编辑栏"，输入"="，单击 B3 单元格，继续输入"+"（即加号），单击 C3 单元格，继续输入"+"，单击 D3 单元格，继续输入"+"，单击 E3 单元格，继续输入"+"，单击 F3 单元格，如图 4-57 所示。单击编辑栏左侧"输入"按钮，或按 Enter 键得出结果。

图 4-57　单元格公式输入

（3）拖动 G3 单元格填充柄，填充 G4:G10 区域，效果如图 4-58 所示。

（4）保存文件。

5. 练习 5

题目要求：使用 Sheet1 表中 B3:E7 的区域数据，在 F3:F7 区域创建各风景区夏季 4 个月旅游人数的折线迷你图，选择显示标记；保存文件。风景区旅游人数统计表如图 4-59 所示。

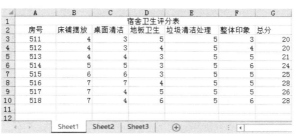

图 4-58　效果图

图 4-59　风景区旅游人数统计表

操作步骤如下：

（1）打开工作簿，默认显示 Sheet1 工作表。

（2）选中 F3 单元格，单击"插入"选项卡→"迷你图"组→"折线"，弹出"创建迷你图"对话框，在"数据范围"框输入 B3:E3，在"位置范围"框输入$F$3（默认生成$F$3，不需要输入），如图 4-60 所示。单击"确定"按钮，生成折线图。

（3）选中折线图，单击"迷你图工具"→"设计"→"显示"组→"标记"，如图 4-61 所示。

图 4-60　"创建迷你图"对话框

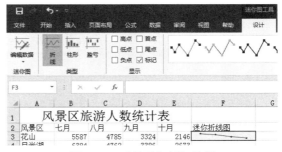

图 4-61　"显示"标记选择

（4）拖动 F3 单元格填充柄，填充 F4:F7 区域，效果如图 4-62 所示。

（5）保存文件。

图 4-62　效果图

4.3 Excel 工作表的格式化

主要学习内容：

● 单元格格式设置
● 条件格式设置
● 套用表格格式设置
● 单元格样式设置

一、工作表格式化基本操作

1. 单元格格式设置

单元格格式可在输入数据之前或之后设置。单元格格式包括"数字""对齐""字体""边框""填充"和"保护"六大项。

设置单元格格式，可通过"开始"选项卡中的"字体"组、"对齐方式"组和"数字"组中的各项来完成，如图 4-63 所示。或右击选择的单元格，在弹出的如图 4-64 所示的快捷菜单中选择"设置单元格格式"命令（或直接按组合键 Ctrl+1），弹出"设置单元格格式"对话框，如图 4-65 所示，在此对话框设置单元格格式；也可以单击"开始"选项卡中"字体"组、"对齐方式"组或"数字"组右下角的对话框启动器，打开"设置单元格格式"对话框。

图 4-63 "字体""对齐方式"和"数字"组

图 4-64 快捷菜单

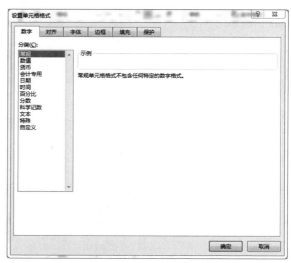

图 4-65 "设置单元格格式"对话框

（1）数字格式设置。Excel 中使用的数据多为数值。这些数值包括日期、分数、百分数、财务数据等。若要应用数字格式，先选择要设置数字格式的单元格，然后在"开始"选项卡"数字"组中单击"常规"下拉菜单，然后单击要使用的格式；或使用"设置单元格格式"对话框的"数字"选项卡完成，如图 4-65 所示。"数字"选项卡"分类"列表中的各项含义见表 4-4。

表 4-4 "数字"选项卡"分类"列表中的各项含义

类别	显示效果
常规	按照输入显示数据
数值	默认情况下显示两位小数
货币	适用世界不同地区的货币和其他符号，如人民币符号￥、美元符号＄等
会计专用	显示货币符号，并对齐一列中数据的小数点
日期	以不同格式显示年、月、日，如"2010 年 9 月 20 日""9 月 20 日"或"9/20"
时间	以不同的格式显示时、分和秒，如"10:20PM""22:20"或"22:20:05"
百分比	将单元格中的值乘以 100，然后变成百分号显示结果
分数	以不同单位和不同精度的分数显示
科学记数	以科学记数符号或指数符号显示项目
文本	按照输入显示
特殊	显示并设置列表和数据库值的格式，如邮政编码、电话号码
自定义	用户根据需要创建上述类别中没有的格式

（2）对齐方式设置。Excel 中，文本型数据默认左对齐，数值型数据默认右对齐。设置数据的对齐方式，可单击"开始"选项卡"对齐"组中的相应项。也可通过"设置单元格格式"对话框中的"对齐"选项卡设置文本对齐方式、文本控制等，"对齐"选项卡如图 4-66 所示。

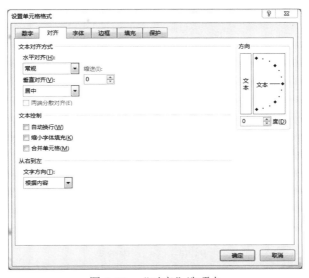

图 4-66 "对齐"选项卡

在 Excel 中，有一个比较特殊的对齐方式，即合并后居中，其中有 4 个子选项：合并后居中、跨列合并、合并单元格、取消单元格合并。合并后居中，将选择的多个单元格合并成一个较大的单元格，并将新单元格的内容居中，可对多行单元格进行合并；跨列合并，将相同行所选单元格合并到一个较大单元格中；合并单元格，将所选的单元格合并为一个单元格，对多行的单元格进行合并；取消单元格合并，将当前单元格拆分为多个单元格。

选定某一行的多个单元格区域，而且只有第一个单元格有值，单击"合并后居中"命令，效果如图 4-67 所示。

图 4-67　单行合并后居中

如果选择多行单元格区域进行操作，如选择 B3:C4 区域，单击"合并后居中"命令，会显示如图 4-68 所示的对话框，单击"确定"按钮，操作效果如图 4-69 所示。

课程表					
节次/星期	星期一	星期二	星期三	星期四	星期五
1-2	语文	数学	英语	科学	语文
3-4	数学	美术	体育	语文	英语
5-6	英语	语文	数学	英语	数学

Microsoft Excel

⚠ 合并单元格时，仅保留左上角的值，而放弃其他值。

确定　　取消

图 4-68　多行合并提示对话框

课程表					
节次/星期	星期一	星期二	星期三	星期四	星期五
1-2	语文		英语	科学	语文
3-4			体育	语文	英语
5-6	英语	语文	数学	英语	数学

图 4-69　多行合并后居中

在图 4-66 所示的"水平对齐"下拉列表中，有一个特殊的对齐，即跨列居中，在所选的单元格区域中，如果某行只有第一个单元格中有内容，其他所选单元格为空，则先将该行的所选单元格合并，然后居中对齐。如果某行所有单元格全部有内容，则该行所有单元格居中对齐。如果某行有部分单元格有内容，则有内容的单元格与其后的空值单元格合并，然后居中对齐。跨列居中效果如图 4-70 所示。

原始数据						跨列居中效果					
课程表						课程表					
节次/星期	星期一	星期二	星期三	星期四	星期五	节次/星期	星期一	星期二	星期三	星期四	星期五
1-2	语文		英语	数学		1-2	语文		英语	数学	
3-4	数学	数学		语文	英语	3-4	数学	数学		语文	英语
5-6	英语	语文		数学		5-6	英语	语文		数学	

图 4-70　跨列居中效果

特别注意，跨列居中对齐方式与合并后居中对齐，不是同一种对齐方式，一定要按要求选择对应的对齐方式。

（3）字体格式设置。选择相应的单元格，可对单元格的所有内容进行字体格式设置，如果只想对单元格内部分内容进行字体设置，需双击单元格，使该单元格处于编辑状态，再选择指定的部分内容进行字体设置。设置方法为：①单击"开始"选项卡→"字体"组，直接在分组中单击或选择相应的字体属性，快速完成字体设置；②单击"字体"组右侧的对话框启动器，打开"设置单元格格式"对话框，默认选中"字体"选项卡，然后完成相应的字体设置；③选中单元格并右击，在弹出的快捷菜单中单击"设置单元格格式"命令，打开"设置单元格格式"对话框，选择"字体"选项卡，然后完成相应的字体设置。"字体"选项卡如图 4-71 所示。

图 4-71 "字体"选项卡

（4）单元格边框设置。工作表默认情况下是没有任何边框线的，我们所看到的是编辑状态下的网格线，在打印工作表时，这些网格线默认不打印，如要打印边框线，则需要为单元格设置边框线。

边框线的设置方法：①单击"开始"选项卡→"字体"组→"边框"按钮，如图 4-72 所示，可快速给选定单元格添加边框线或删除边框线；②选中单元格，使用"设置单元格格式"对话框中的"边框"选项卡可设置"样式""颜色"以及具体要添加的边框线。"边框"选项卡如图 4-73 所示。

删除边框线的设置方法：在"样式"列表中选择"无"，然后在边框设置区单击各边框按钮，即可取消边框线。

（5）单元格填充设置。选定指定单元格区域后，打开"设置单元格格式"对话框，选择"填充"选项卡，如图 4-74 所示，可设置背景颜色、图案和图案颜色。单击"无颜色"可取消背景设置。单击"填充效果"按钮，显示"填充效果"对话框，如图 4-75 所示，可设置填充效果。单击"其他颜色"按钮，显示"颜色"对话框，如图 4-76 所示，可设置更多颜色，包括"标准"和"自定义"两种选项。

图 4-72　"边框"按钮

图 4-73　"边框"选项卡

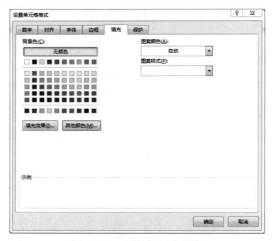

图 4-74　"填充"选项卡

图 4-75　"填充效果"对话框

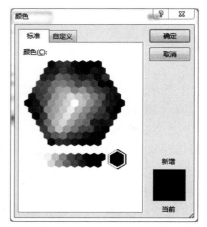

图 4-76　"颜色"对话框

（6）单元格内容保护。对于重要数据，为了防止别人修改，可对其进行保护。如图 4-77 所示，需要锁定长和体积数据，而宽和高数据可自由输入，选择单元格区域 B2:C6，右击弹出快捷菜单，选择"设置单元格格式"命令，打开"设置单元格格式"对话框，选择"保护"选项卡，取消勾选"锁定"复选框，如图 4-78 所示，单击"确定"按钮。

	A	B	C	D
1	长	宽	高	体积
2	3			3
3	3			6
4	3			9
5	3			12
6	3			15

图 4-77　保护工作表　　　　　　　　　　　图 4-78　"保护"选项卡

单击"审阅"选项卡→"保护工作表"命令，打开"保护工作表"对话框，设置密码，并设置相关操作权限，如图 4-79 所示。单击"确定"按钮，显示密码确认对话框，再次输入密码，然后单击"确定"按钮。

图 4-79　"保护工作表"对话框

此时，单元格区域 B2:C6 可自由输入内容，而在其他单元格输入值时，系统提示工作表处于保护之中，如图 4-80 所示。保护工作表后，很多操作会受到限制。若要取消工作表的保护，单击"审阅"选项卡→"撤销工作表保护"命令，显示"撤销工作表保护"对话框，输入密码后单击"确定"按钮。

图 4-80　保护提示

2. 条件格式设置

条件格式可突出显示所关注的单元格或单元格区域，强调异常值。使用数据条、色阶和图标集来直观地显示数据，有助于直观地解答有关数据的特定问题，如学生中谁的成绩最好，谁的成绩最差，哪些成绩低于班级平均分，哪些成绩高于班级平均分，这个月哪个销售人员业绩最好等。

条件格式基于条件更改单元格区域的显示效果。如果条件为 True，则基于该条件设置单元格区域的格式；如果条件为 False，则不基于该条件设置单元格区域的格式。通过对数据应用条件格式，只需快速浏览即可立即识别一系列数值中存在的差异。

Excel 提供了丰富的条件格式，如图 4-81 所示。

（1）突出显示单元格规则。可以使符合某种条件的单元格（如大于 60、小于 90 等）以某种不同于其他单元格的格式来突出显示。例如，将 A2:D6 区域中值小于 2 的单

图 4-81　"条件格式"工具菜单

元格设置字体颜色为标准色红色，加粗倾斜，背景填充为标准色黄色。值大于或等于 3 的单元格设置为字体颜色为标准色蓝色，加粗倾斜。操作方法：选择 A2:D6 区域，单击"开始"选项卡→"样式"组→"条件格式"，在选择列表中选择"突出显示单元格规则"→"小于"，如图 4-82 所示，弹出"小于"对话框，在文本框中输入"2"，在"设置为"下拉列表中选择"自定义格式"，如图 4-83 所示。显示"设置单元格格式"对话框，分别选择"字体""填充"选项卡进行字体和背景设置，设置完成后单击"确定"按钮即可。

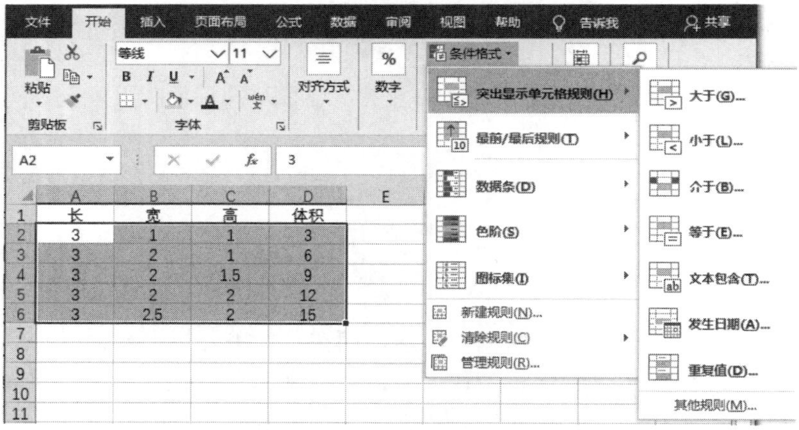

图 4-82　"突出显示单元格规则"选项

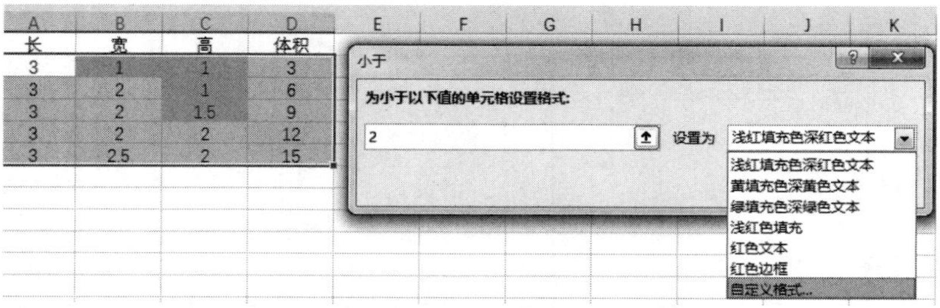

图 4-83　设置"小于"规则

再次选择 A2:D6 区域，选择"突出显示单元格规则"→"其他规则"选项，弹出"新建格式规则"对话框，如图 4-84 所示，选择"单元格值""大于或等于"，值输入"3"，单击"格式"按钮，设置"字体"选项卡中对应的参数，设置完成后单击"确定"按钮。

图 4-84　"新建格式规则"对话框

　　（2）最前/最后规则。按一定的规则选取一些单元格，以区别于其他单元格的格式来突出显示。常见的规则如图 4-85 所示。例如，将 D2:D6 区域，值最大的 3 项设置为标准色绿色填充。操作方法：单击"最前/最后规则"，选择"前 10 项"，弹出"前 10 项"对话框，输入值 3，在"设置为"下拉列表中选择"自定义格式"，如图 4-86 所示，弹出"设置单元格格式"对话框，选择"填充"选项卡进行背景设置，设置完成后单击"确定"按钮即可。

图 4-85　"最前/最后规则"选项

图 4-86　"前 10 项"设置

　　（3）数据条设置。数据条便于用户查看某个单元格相对于其他单元格的值。数据条的长度代表单元格中的值。数据条越长，表示值越高，数据条越短，表示值越低。设置方法如图 4-87 所示。

　　（4）色阶设置。色阶是一种直观的指示，便于了解数据分布和数据变化。颜色的深浅表示值的高、中、低。例如，在绿色、黄色和红色的三色刻度中，可以指定较高值单元格的颜色为绿色，中间值单元格的颜色为黄色，而较低值单元格的颜色为红色，呈现一个渐变的效果。设置方法如图 4-88 所示。

图 4-87　数据条设置

图 4-88　色阶设置

（5）图标集。图标集是根据用户确定的阈值用于对不同类别的数据显示图标。例如，可以使用绿色向上箭头表示较高值，使用黄色横向箭头表示中间值，使用红色向下箭头表示较低值。设置方法如图 4-89 所示。Excel 2016 提供了丰富的图标集，包括三角形、星形和方框等。

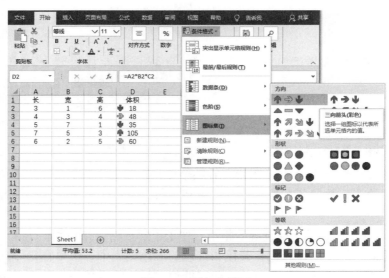

图 4-89　图标集设置

清除条件规则：如对设置的条件规则显示效果不满意，可选择相应的单元格，然后单击"条件格式"下拉列表中的"清除规则"命令，即清除已设置的条件规则。

3．套用表格格式设置

套用表格格式可将单元格区域快速转换为具有自己样式的表格。选择指定单元格区域后，单击"开始"选项卡→"样式"组→"套用表格格式"命令，显示系统内置的表格样式列表，如图 4-90 所示，选择所需的表格样式，弹出"套用表格式"对话框，确定"表数据的来源"，再单击"确定"按钮，如图 4-91 所示。

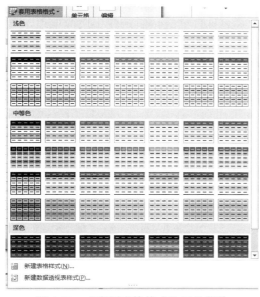

图 4-90 "套用表格格式"工具菜单

图 4-91 "套用表格式"对话框

4．单元格样式设置

通过样式可快速设置单元格格式。Excel 内置了很多样式，用户还可以自定义样式，选择要设置格式的单元格区域，单击"开始"选项卡→"样式"组→"单元格样式"，然后选定所需的样式，如图 4-92 所示。

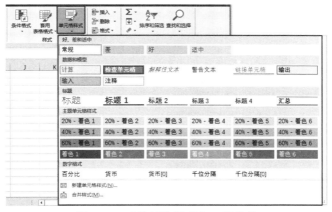

图 4-92 "单元格样式"工具菜单

若没有所需要的样式，可单击"新建单元格样式"，弹出"样式"对话框，输入新样式名称，单击"格式"按钮，打开"设置单元格格式"对话框，可分别在数字、对齐、字体、边框、填充、保护选项卡中进行格式设置，最后单击"确定"按钮，完成格式设置。设置格式后，在"样式"对话框会显示已设置的格式属性，可检查格式设置是否有误。对于不需要的格式，可取消勾选对应的复选框，如图 4-93 所示，单击"确定"按钮，完成新建样式。新建样式后，样式列表自动增加一项"自定义"，然后显示自定义的样式，包括新建的样式，选择指定的单元格区域，单击新建的样式，可应用新样式。

样式可应用于工作簿内的各个工作表，如果样式设置不符合要求，可修改样式。在"样式"列表中选中要修改的样式，如"自定义样式名称"样式，右击弹出快捷菜单，选择"修改"命令，如图 4-94 所示，显示"样式"对话框，可修改样式名称、格式等。

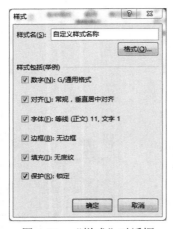

图 4-93　"样式"对话框

图 4-94　修改"样式"命令

二、知识点巩固练习

1. 练习 1

题目要求：在 Sheet1 工作表中，将 F3:F10 单元格区域的数字格式设置为货币（$）并设置不保留小数位，将 G3:G10 单元格区域的数字格式设置为科学计数并保留一位小数，将 H3:H10 单元格区域的数字格式设置为文本格式；保存文件。"各销售员销售情况统计表"如图 4-95 所示。

	A	B	C	D	E	F	G	H
1	各销售员销售情况统计表							
2	销售地区	销售人员	产品代码	品名	数量	单价	销售金额	销售季度
3	杭州	毕春艳	T-3017E	液晶电视	92	5000	460000	2
4	南京	高伟	T-3017E	液晶电视	68	5000	340000	1
5	山东	杨光	T-3017E	液晶电视	60	5000	300000	3
6	北京	赵琦	T-3017E	液晶电视	54	5000	270000	1
7	北京	苏珊	T-3017E	液晶电视	53	5000	265000	3
8	北京	苏珊	T-3017E	液晶电视	47	5000	235000	4
9	杭州	毕春艳	T-3017E	液晶电视	45	5000	225000	4
10	北京	白露	T-3017E	液晶电视	43	5000	215000	2
11								

图 4-95　各销售员销售情况统计表

操作步骤如下：

（1）打开工作簿，默认显示 Sheet1 工作表。

（2）选中 F3:F10 区域，右击弹出快捷菜单，单击"设置单元格格式"命令，弹出"设置单元格格式"对话框，在"数字"选项卡"分类"列表中选择"货币"，设置"小数位数"为"0"，"货币符号"为"$"，如图 4-96 所示，单击"确定"按钮。

（3）选中 G3:G10 区域，再次打开"设置单元格格式"对话框，在"数字"选项卡"分类"列表中选择"科学计数"，设置"小数位数"为"1"，如图 4-97 所示，单击"确定"按钮。

图 4-96　"货币"设置界面

图 4-97　"科学记数"设置界面

（4）选中 H3:H10 区域，再次打开"设置单元格格式"对话框，在"数字"选项卡"分类"列表中选择"文本"，单击"确定"按钮。最终效果如图 4-98 所示。

（5）保存文件。

	A	B	C	D	E	F	G	H
1	各销售员销售情况统计表							
2	销售地区	销售人员	产品代码	品名	数量	单价	销售金额	销售季度
3	杭州	毕春艳	T-3017E	液晶电视	92	$5,000	4.6E+05	2
4	南京	高伟	T-3017E	液晶电视	68	$5,000	3.4E+05	1
5	山东	杨光	T-3017E	液晶电视	60	$5,000	3.0E+05	3
6	北京	赵琦	T-3017E	液晶电视	54	$5,000	2.7E+05	1
7	北京	苏珊	T-3017E	液晶电视	53	$5,000	2.7E+05	3
8	北京	苏珊	T-3017E	液晶电视	47	$5,000	2.4E+05	4
9	杭州	毕春艳	T-3017E	液晶电视	45	$5,000	2.3E+05	4
10	北京	白露	T-3017E	液晶电视	43	$5,000	2.2E+05	2
11								

图 4-98　效果图

2．练习 2

题目要求：在 Sheet1 工作表中，将 A1:E1 区域的文字格式设置为加粗，12 号，E2:E6 区域的格式设为 Arial，加双下划线；保存文件。Sheet1 工作表如图 4-99 示。

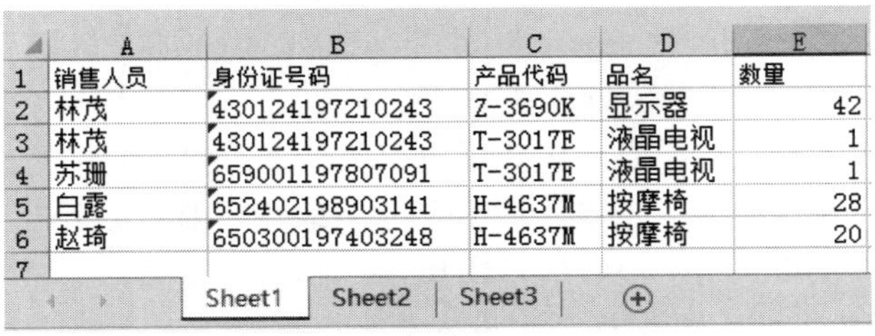

图 4-99　Sheet1 工作表

操作步骤如下：

（1）打开工作簿，默认显示 Sheet1 工作表。

（2）选中 A1:E1 区域，右击弹出快捷菜单，单击"设置单元格格式"命令，弹出"设置单元格格式"对话框，选择"字体"选项卡，设置"字形"为"加粗"，"字号"为"12"，单击"确定"按钮。

（3）选中 E2:E6 区域，选择"开始"选项卡→"字体"组，在"字体"输入框中输入Arial，单击添加下划线按钮，选择"双下划线"，如图 4-100 所示，单击"确定"按钮。最终效果如图 4-101 所示。

图 4-100　字体格式设置

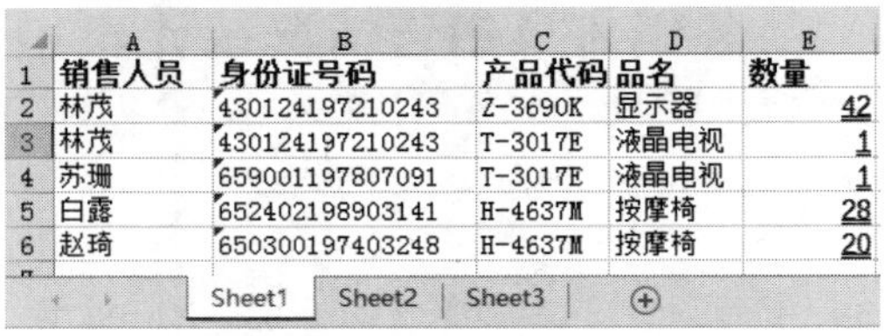

图 4-101　效果图

（4）保存文件。

3．练习 3

题目要求：对名称为成绩表的工作表进行设置：设置单元格区域 A1:F1 合并后居中，垂直对齐为顶端对齐；设置单元格区域 A2:F2 垂直对齐为居中，方向为 45 度，文字方向为从右至左；设置单元格区域 A3:A10 靠左缩进，垂直对齐为两端对齐，缩进量为 1；设置单元格区域 B3:E10 套用表格格式为表样式浅色 17，表包含标题；新建一个单元格样式，样式名称为bbb，水平对齐设置为填充，应用到 F3:F10；保存文件。成绩表如图 4-102 所示。

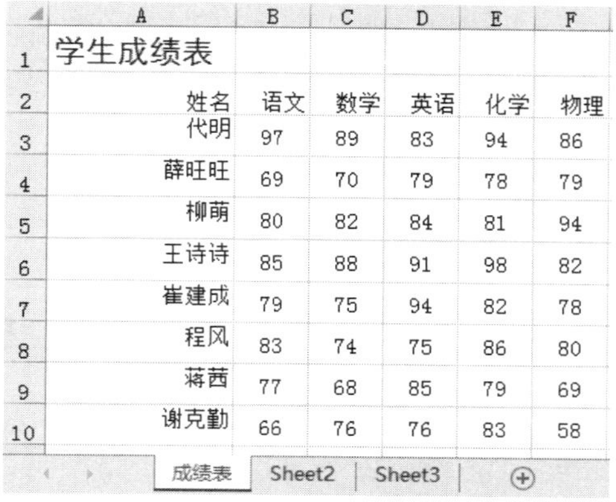

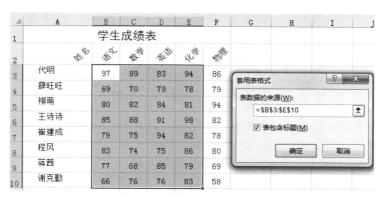

图 4-102 成绩表

操作步骤如下：

（1）打开工作簿，默认显示成绩表。

（2）选中 A1:F1 区域，右击弹出快捷菜单，单击"设置单元格格式"命令，弹出"设置单元格格式"对话框，选择"对齐"选项卡，设置"水平对齐"为"居中"，"文本控制"选择"合并单元格"，单击"确定"按钮。

（3）选中 A2:F2 区域，再次打开"设置单元格格式"对话框，选择"对齐"选项卡，设置"垂直对齐"为"居中"，"方向"输入框中输入"45"，"文字方向"选择"总是从右至左"，单击"确定"按钮。

（4）选中 A3:A10 区域，再次打开"设置单元格格式"对话框，选择"对齐"选项卡，设置"水平对齐"为"靠左（缩进）"，"垂直对齐"为"两端对齐"，"缩进"输入框输入"1"，单击"确定"按钮。

（5）选中 B3:E10 区域，单击"开始"选项卡→"样式"组→"套用表格格式"下拉列表按钮→"表样式浅色 17"，弹出"套用表格式"对话框，在"表数据的来源"中输入"=$B$3:$E$10"，勾选"表包含标题"复选框，如图 4-103 所示，单击"确定"按钮。

图 4-103 套用表格格式设置

（6）单击"开始"选项卡→"样式"组→"单元格样式"下拉列表按钮→"新建单元格样式"，弹出"样式"对话框，在"样式名称"输入框中输入 bbb，单击"格式"按钮，选择"对齐"选项卡，设置"水平对齐"为"填充"，单击"确定"按钮，"样式"对话框显示效果如图 4-104 所示，单击"确定"按钮。选中 F3:F10 区域，单击"开始"选项卡→"样式"
组→"单元格样式"下拉列表按钮，选择"自定义"中的 bbb。最终效果如图 4-105 所示。

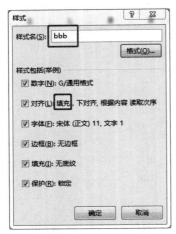

图 4-104　"样式"对话框

学生成绩表					
姓名	语文	数学	英语	化学	物理
代明	97	89	83	94	8686
薛旺旺	69	70	79	78	7979
柳萌	80	82	84	81	9494
王诗诗	85	88	91	98	8282
崔建成	79	75	94	82	7878
程风	83	74	75	86	8080
蒋茜	77	68	85	79	6969
谢克勤	66	76	76	83	5858

图 4-105　效果图

（7）保存文件。

4. 练习 4

题目要求：对名称为 Sheet1 的工作表进行设置。请为单元格 A1 添加标准色橙色的双实线
外边框；设置单元格区域 C2:C11 套用表格格式，名称为表样式浅色 17 样式；新建一个名为
斜上方细单实线的单元格样式，设置边框线为斜上方，线型为单细实线，应用到 D2:D11；保
存文件。雇员表如图 4-106 所示。

	雇员表		
雇员号	基本工资	津贴	姓名
2524	1150	300	李力
3401	850	150	萧芳
3521	600	200	杨静文
4747	1580	650	陈京
5155	1200	350	张灵
6574	450	400	刘晓晓
6741	1200	450	赵青
7889	800	150	刘灵红
8201	950	200	赵文

Sheet1

图 4-106　雇员表

操作步骤如下：

（1）打开工作簿，默认显示 Sheet1 工作表。

（2）选中 A1 单元格，右击弹出快捷菜单，单击"设置单元格格式"命令，弹出"设置
单元格格式"对话框，选择"边框"选项卡→"样式"→"右列第七个"，即"双实线"，"颜
色"选择"标准色橙色"，"预置"选择"外边框"，单击"确定"按钮。

（3）选中 C2:C11 区域，单击"开始"选项卡→"样式"组→"套用表格格式"下拉列表按钮→"表样式浅色 17"，弹出"套用表格式"对话框，在"表数据的来源"中输入"=$C$2:$C$11"，单击"确定"按钮。

（4）单击"开始"选项卡→"样式"组→"单元格样式"下拉列表按钮→"新建单元格样式"，弹出"样式"对话框，在"样式名"输入框中输入"斜上方细单实线"，单击"格式"按钮，选择"边框"选项卡→"样式"→"左列第七个"，即"单细实线"，"边框"选择"斜上方"图标，"样式"对话框显示效果如图 4-107 所示，单击"确定"按钮。选中 D2:D11 区域，单击"开始"选项卡→"样式"组→"单元格样式"下拉列表按钮，选择"自定义"中的"斜上方细单实线"。最终效果如图 4-108 所示。

图 4-107 "样式"对话框

	A	B	C	D
1			雇员表	
2	雇员号	基本工资	津贴	姓名
3	2524	1150	300	李力
4	3401	850	150	董芳
5	3521	600	200	杨静文
6	4747	1580	650	陈京
7	5155	1200	350	张灵
8	6574	450	400	刘晓晓
9	6741	1200	450	赵青
10	7889	800	150	刘灵红
11	8201	950	200	赵文

图 4-108 效果图

（5）保存文件。

5. 练习 5

题目要求：对名称为 Sheet1 的工作表进行设置。请为单元格 A1 添加图案填充，其颜色为主题颜色"橙色，个性色 6，淡色 60%"，样式为细对角线剖面线；设置单元格区域 A3:A9 的填充效果为双色，颜色 1 为标准色蓝色（RGB 值分别为(0,112,192)），颜色 2 为粉色（RGB 值分别为(250,100,220)），底纹样式为斜下；设置单元格区域 C2:C9 套用表格格式为浅色 6；新建一个名为 SC 的单元格样式，填充图案颜色为标准色浅绿色，图案样式为 6.25%灰色，应用到 D5 以及 D9 单元格；保存文件。购物单如图 4-109 所示。

	A	B	C	D
1			购物单	
2	序号	产品名称	数量	生产厂家
3	A1	感康	1	天津第一制药厂
4	A2	皮炎平	1	哈药五厂
5	A3	安神宁	1	北京同仁堂制药厂
6	A4	洛神花	2	台湾台东佳兴食品厂
7	A5	和田玉枣	6	和田昆仑山枣业股份有限公司
8	A6	好时之吻	500g	乐天（上海）食品有限公司
9	A7	出前一丁	2	日清食品
10				

Sheet1 | Sheet2 | Sheet3 | ⊕

图 4-109 购物单

操作步骤如下：

（1）打开工作簿，默认显示 Sheet1 工作表。

（2）选中 A1 单元格，右击弹出快捷菜单，单击"设置单元格格式"命令，弹出"设置单元格格式"对话框，选择"填充"选项卡→"图案颜色"→"最后一列第三个"，即"橙色，个性色 6，淡色 60%"，"图案样式"选择"最后一列最后一个"，即"细对角线剖面线"，单击"确定"按钮。

（3）选中 A3:A9 区域，再次打开"设置单元格格式"对话框，单击"填充"选项卡→"填充效果"按钮，打开"填充效果"对话框，

- "颜色"选择"双色"，分别设置"颜色 1"和"颜色 2"，单击"颜色 1"右侧下拉按钮，打开"颜色"对话框，选择"自定义"选项卡，"颜色模式"选择 RGB，"红色"设置为"0"，"绿色"设置为"112"，"蓝色"设置为"192"；"颜色 2"采用同样的操作方法设置。
- "底纹样式"选择"斜下"，单击"确定"按钮。

（4）选中 C2:C9 区域，单击"开始"选项卡→"样式"组→"套用表格格式"下拉列表按钮→"表样式浅色 6"，弹出"套用表格式"对话框，在"表数据的来源"中输入"=$C$2:$C$9"，单击"确定"按钮。

（5）单击"开始"选项卡→"样式"组→"单元格样式"下拉列表按钮→"新建单元格样式"，弹出"样式"对话框，在"样式名"输入框中输入 SC，单击"格式"按钮，选择"填充"选项卡，"图案颜色"选择"标准色浅绿色"，"图案样式"选择"6.25%灰色"，单击"确定"按钮，"样式"对话框显示效果如图 4-110 所示，单击"确定"按钮。选中 D5 单元格，按住 Ctrl 键，选择 D9 单元格，两个单元格均选中，单击"开始"选项卡→"样式"组→"单元格样式"下拉列表按钮，选择"自定义"中的 SC。最终效果如图 4-111 所示。

（6）保存文件。

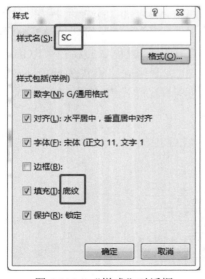

图 4-110　"样式"对话框

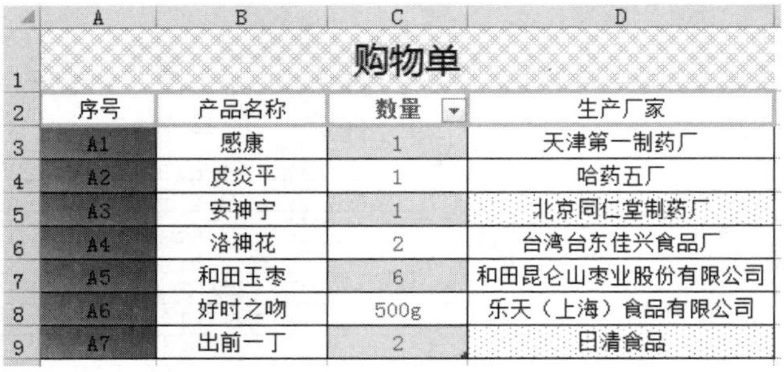

图 4-111　效果图

6. 练习 6

题目要求：设置"成绩表"工作表中成绩数据区域为 B3:F10 的条件格式。条件 1：大于或等于 90 的值的字体颜色显示标准色红色。条件 2：介于 80 到 89 之间的值的字体颜色显示标准色蓝色（必须使用描述中的条件数值作为判断条件）。保存文件。成绩表如图 4-112 所示。

	A	B	C	D	E	F
1	学生成绩表					
2	姓名	语文	数学	英语	化学	物理
3	代明	97	89	83	94	86
4	薛旺旺	69	70	79	78	79
5	柳萌	80	82	84	81	94
6	王诗诗	85	88	91	98	82
7	崔建成	79	75	94	82	78
8	程风	83	74	75	86	80
9	蒋茜	77	68	85	79	69
10	谢克勤	66	76	76	83	58

成绩表

图 4-112　成绩表

操作步骤如下：

（1）打开工作簿，默认显示"成绩表"工作表。

（2）选中 B3:F10 区域，单击"开始"选项卡→"样式"组→"条件格式"右侧下拉列表按钮→"突出显示单元格规则"右侧展开列表按钮→"其他规则"选项，弹出"新建格式规则"对话框，如图 4-113 所示。"单元格值"选择"大于或等于"，值输入"90"，单击"格式"按钮，选择"字体"选项卡，设置字体"颜色"为"标准色红色"，设置完成后单击"确定"按钮，如图 4-113 所示，单击"确定"按钮，条件 1 生效。

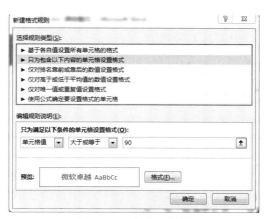

图 4-113　条件 1 设置

（3）选中 B3:F10 区域，单击"开始"选项卡→"样式"组→"条件格式"右侧下拉列表按钮→"突出显示单元格规则"右侧展开列表按钮→"介于"选项，打开"介于"对话框，输入最小值"80"，最大值"89"，"设置为"选择"自定义格式"，选择"字体"选项卡，设置字体"颜色"为"标准色蓝色"，设置完成后单击"确定"按钮，如图 4-114 所示，单击"确定"按钮，条件 2 生效。最终效果如图 4-115 所示。

（4）保存文件。

	A	B	C	D	E	F
1			学生成绩表			
2	姓名	语文	数学	英语	化学	物理
3	代明	97	89	83	94	86
4	薛旺旺	69	70	79	78	79
5	柳萌	80	82	84	81	94
6	王诗诗	85	88	91	98	82
7	崔建成	79	75	94	82	78
8	程风	83	74	75	86	80
9	蒋茜	77	68	85	79	69
10	谢克勤	66	76	76	83	58

图 4-114　条件 2 设置　　　　　　　　　　　图 4-115　效果图

4.4　Excel 函数应用

主要学习内容:

- 函数概念(输入/插入/选择函数)
- 最大/最小值函数 MAX( )/MIN( )
- 求和函数 SUM( )
- 平均值函数 AVERAGE( )
- 逻辑条件函数 IF( )
- 日期时间函数 YEAR( )、NOW( )
- 统计函数 COUNT( )
- 条件统计函数 COUNTIF( )
- 排名函数 RANK( )
- 搜索元素函数 VLOOKUP( )
- 条件求和函数 SUMIF( )
- 财务函数 FV( )、PMT( )

一、函数应用基本操作

1. 函数概念(输入/插入/选择函数)

Excel 中提供了很多函数,这些函数有明确的功能,有唯一的函数名称,需要输入参数来计算函数值。参数需要放在函数名称后面的一对圆括号中。在 Excel 中使用函数,要在编辑栏输入函数名称、圆括号和对应的参数,并且以"="作为开头值。若函数没有参数,也可在函数名称后输入一对圆括号,如"=NOW()"。

(1)输入函数。可以直接在"编辑栏"输入函数名称及参数。在输入函数时,输入函数名称前几个字母时,系统会自动提示以此开头的函数,供用户选择。

(2)插入函数。单击"编辑栏"前面的"插入函数"按钮,显示"插入函数"对话框,如图 4-116 所示。在"搜索函数"框中输入函数名称,单击"转到"按钮,即可在"选择函数"列表框中选中指定函数;在"或选择类别"下拉列表框中选择函数类型,在"选择函数"列表框中选择指定函数;在"选择函数"列表框中输入某个字母,可快速找到以对应字母开头的函数；在"选择函数"列表框下面，显示所选函数语法格式和函数功能。选择函数后，单击"确定"按钮，显示对应函数的"函数参数"对话框。

图 4-116 "插入函数"对话框

（3）选择函数。选择"公式"选项卡，在"函数库"组中显示各类常用函数下拉列表框，若对函数分类比较熟悉，可快速从对应的下拉列表框中选择对应函数。

（4）函数帮助。在"函数参数"对话框中，不仅在对话框下方显示了函数的功能，单击各个参数后面的输入框，还会在对话框下方显示该参数的说明，如图 4-117 所示。单击对话框最下方的"有关该函数的帮助"超链接，可打开 Office 在线帮助，获得更加详细的帮助和示例。

图 4-117 "函数参数"对话框

2. 最大/最小值函数 MAX( )/MIN( )

MAX( )函数的功能是返回一组数值中的最大值，忽略逻辑值和文本。MAX( )函数可设置多个参数，表示从多个区域中选择最大值。如图 4-118 所示，在 D13 单元格中显示英语成绩的最高分。

MIN( )函数的功能是返回一组数值中的最小值，忽略逻辑值和文本。MIN( )函数可设置多个参数，表示从多个区域中选择最小值。如图 4-119 所示，在 D14 单元格中显示英语成绩的最低分。注意：要将默认的区域 D3:D13 改为 D3:D12。

图 4-118　MAX( )函数应用

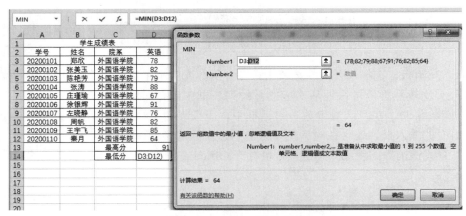

图 4-119　MIN( )函数应用

3．求和函数 SUM( )

SUM( )函数的功能是计算单元格区域内所有数值之和。SUM( )函数可设置多个参数，即可以计算多个不连续区域内所有数值之和。如图 4-120 所示，在 D13 单元格计算所有英语成绩之和。

图 4-120　SUM( )函数应用

也可利用"自动求和"按钮来实现。在"开始"选项卡的"编辑"组中，单击"自动求和"→"求和"，如图 4-121 所示，在 D13 单元格计算所有英语成绩之和。

图 4-121　"自动求和→求和"应用

4. 平均值函数 AVERAGE( )

AVERAGE( )函数的功能是返回其参数的算术平均值，参数可以是数值或包含数值的名称、数组或引用。AVERAGE( )函数可设置多个参数，即可以计算多个不连续区域内所有参数的算术平均值。如图 4-122 所示，在 D13 单元格计算所有英语成绩的平均值。

图 4-122　AVERAGE( )函数应用

也可利用"平均值"来实现。在"开始"选项卡的"编辑"组中，单击"自动求和"→"平均值"，如图 4-123 所示，在 D13 单元格计算所有英语成绩的平均值。

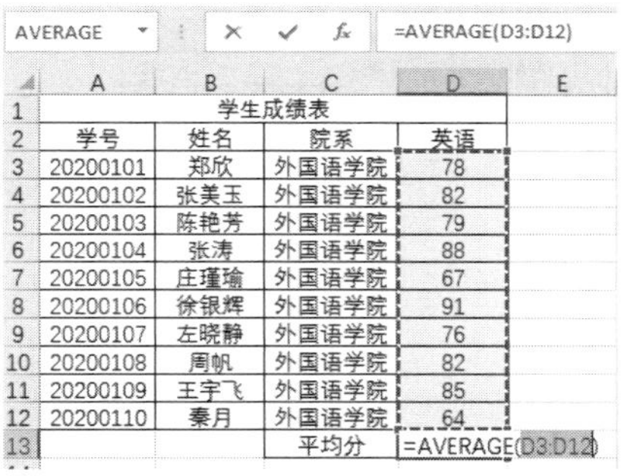

图 4-123　"自动求和→平均值"应用

5. 逻辑条件函数 IF( )

IF( )函数的功能是判断是否满足某个条件，如果满足返回一个值，如果不满足返回另一个值。IF( )函数有 3 个参数。Logical_test：判断条件，可以是任何可能被计算为 TRUE 或 FALSE 的数值或表达式。Value_if_true：判断条件 Logical_test 为 TRUE 时的返回值，如果忽略，则返回 TRUE。Value_if_false：判断条件 Logical_test 为 FALSE 时的返回值，如果忽略，则返回 FALSE。

在 E3:E12 单元格，根据各学生英语成绩判断并显示对应的等级。等级判断规则：小于 60 分为不及格；大于或等于 60 分为及格。以第一个学生成绩等级判断为例，选中 E3 单元格，插入"IF( )函数"，函数表达式为"=IF(D3<60,"不及格","及格")"，如图 4-124 所示。

图 4-124　IF( )函数简单应用

很多时候两个等级不能满足实际需要，需要将等级细分，现将 2 个等级改为 3 个等级。成绩等级评定规则：小于 60 分为不及格；大于等于 60 分且小于 80 分为及格；大于等于 80 分为优秀。一个 IF( )函数只有真和假两种情况，而题目中有 3 个等级，因此需要使用嵌套 IF( )函数，函数表达式为"=IF(D3<60,"不及格",IF(D3<80,"及格","优秀"))"，嵌套的 IF( )函数作为外层 IF( )函数的一个参数值。当需要嵌套使用 IF( )函数时，建议直接输入函数，如图 4-125 所示。如果等级还要细分，继续在内层 IF( )函数一层一层嵌套即可，IF( )函数最多可嵌套 7 层。

图 4-125　IF( )函数嵌套应用

6. 日期时间函数 YEAR( )、NOW( )

YEAR( )函数的功能是返回日期的年份值，YEAR( )函数参数只有一个，是一个 1900～9999

之间的数字。

NOW( )函数的功能是返回日期时间格式的当前日期和时间，不需要参数。

例如，使用 YEAR( )函数计算每个员工的工龄，以 E2 单元格显示的日期为计算的截止时间。使用 YRAE( )函数可获得进入公司时间和截止时间的年份值，两个年份值相减即为工龄。如图 4-126 所示，因为指定日期单元格固定，要按 F4 键将 E2 转为绝对引用。

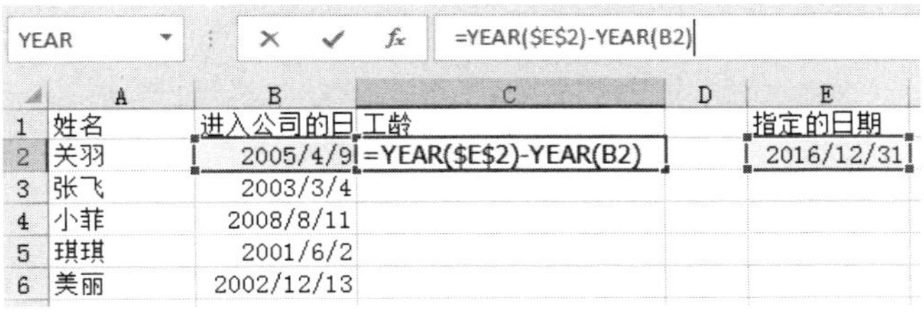

图 4-126　用 YEAR( )函数计算工龄

截止时间可以不使用指定日期，先使用 NOW( )函数获得当前日期，再利用 YEAR( )函数获取两个年份值后进行减法运算，函数表达式为"=YEAR(NOW())-YEAR(B2)"，这样计算的工龄还会自动根据当前日期进行动态调整。

7. 统计函数 COUNT( )

COUNT( )函数的功能是计算区域中包含数字的单元格的个数。COUNT( )函数在选择参数时，一定要包含数字的单元格区域，否则不能统计。COUNT( )函数可设置多个参数，即可以统计多个不连续区域内包含数字的单元格的个数。如图 4-127 所示，在 D13 单元格统计 D3:D12 区域包含数字的单元格个数。

图 4-127　COUNT( )函数应用

8. 条件统计函数 COUNTIF( )

COUNTIF( )函数的功能是计算某个区域中满足给定条件的单元格数目。COUNTIF( )函数的参数有 2 个。Range：需要进行统计的单元格区域。Criteria：统计时使用的判断条件，其形式可以为数字、表达式或文本。例如，条件可以表示为 "85"、">100"、"apples" 或"女"等。如图 4-128 所示，在 D13 单元格统计英语成绩大于等于 80 的人数。

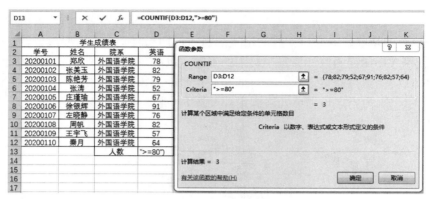

图 4-128　COUNTIF( )函数应用

9. 排名函数 RANK( )

RANK( )函数的功能是返回某数字在一列数字中相对于其他数字的大小排名。RANK( )函数的参数有 3 个。Number：要查找排名的数字。Ref：一组数或对一个数据列表的引用，非数字值将被忽略。Order：设置排名的方式，"0"或忽略代表降序，非零值代表升序。如图 4-129 所示，在 E3:E12 单元格按英语成绩计算排名，按降序排名（以第一个英语成绩排名计算为例）。因为所有英语成绩排名计算时使用的 Ref 参数是固定的，为了保证填充柄拖动时 Ref 参数不变，需要在其参数前加上绝对引用符"$"，可通过按 F4 键将 D3:D12 转为绝对引用。

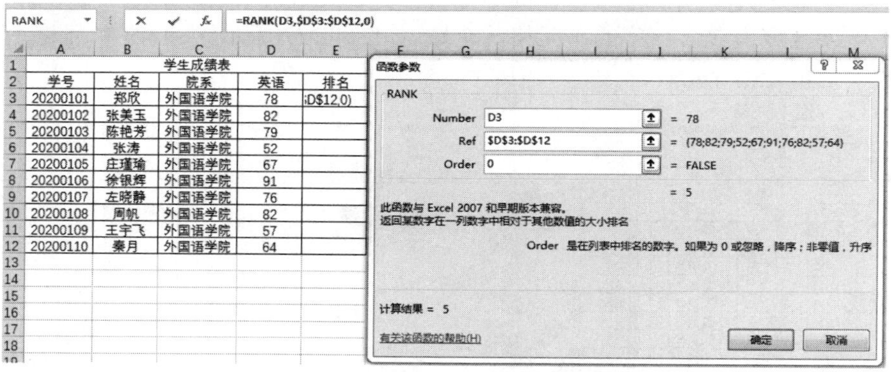

图 4-129　RANK( )函数应用

10. 搜索元素函数 VLOOKUP( )

VLOOKUP( )函数的功能是搜索表区域首列满足条件的元素，确定待检索单元格在区域中的列序号，再进一步返回选定单元格的值。默认情况下，表是以升序排列的。VLOOKUP( )函数有 4 个参数。Lookup_value：表示需要在数据表首列进行搜索的值，可以是数值、引用或字符串。Table_array：表示要在其中搜索数据的文字、数字或逻辑表，Table_array 可以是对区域的区域名称的引用。Col_index_num：表示应返回的匹配值在 Table_array 中的列序号，首列序号为 1。Range_lookup：是一个逻辑值，若要在第一列中查找大致匹配，使用 TRUE 或忽略，若要查找精确匹配，使用 FALSE。

如图 4-130 所示，根据 F3:F5 的学号，在 A1:D12 区域的学生成绩表中通过 VLOOKUP 函数查找对应的英语成绩，并存放在 G3:G5 区域内（以第一个学号搜索为例）。因为所有学号搜索时使用的 Table_array 参数是固定的，为了保证填充柄拖动时 Table_array 参数不变，需要在其参数前加上绝对引用符 "$"，可通过按 F4 键将 A1:D12 转为绝对引用。

图 4-130　VLOOKUP( )函数应用

11．条件求和函数 SUMIF( )

SUMIF( )函数的功能是对满足条件的单元格求和。SUMIF( )函数的参数有 3 个。Range：要进行条件判断的单元格区域。Criteria：判断条件，条件形式可以是数字、表达式或文本。Sum_range：要进行求和计算的单元格区域。如图 4-131 所示，在 E14 单元格计算所有女生英语成绩的总和。

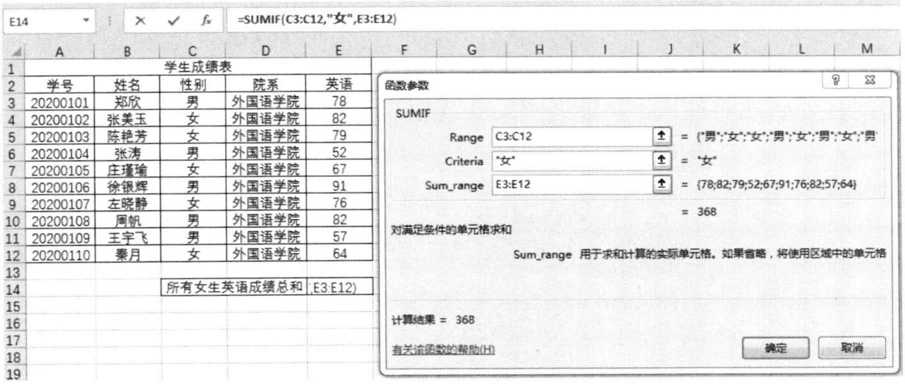

图 4-131　SUMIF( )函数应用

12．财务函数 FV( )、PMT( )

FV( )函数的功能是基于固定利率和等额分期付款方式，返回某项投资的未来值。FV( )函数有 5 个参数。Rate：各期利率。例如，当给定年利率为 6% 时，计算月还款额需转换为月利率，即 6%/12。Nper：总投资期，即该项投资总的付款期。例如，给定总投资期为 5 年，如果按月付款，则投资总期数应转换为总月数，即 5×12。Pmt：各期支出金额，在整个投资期内不变（函数计算时输入的是负值）。Pv：从该项投资开始计算时已经入账的款项，或一系列未来付款当前值的累计和，如果忽略，Pv=0。Type：数值 0 或 1，指定付款时间是期初还是期末，1=期初，0 或忽略=期末。

如图 4-132 所示，利用 FV( )函数在 E2 计算投资的到期额。

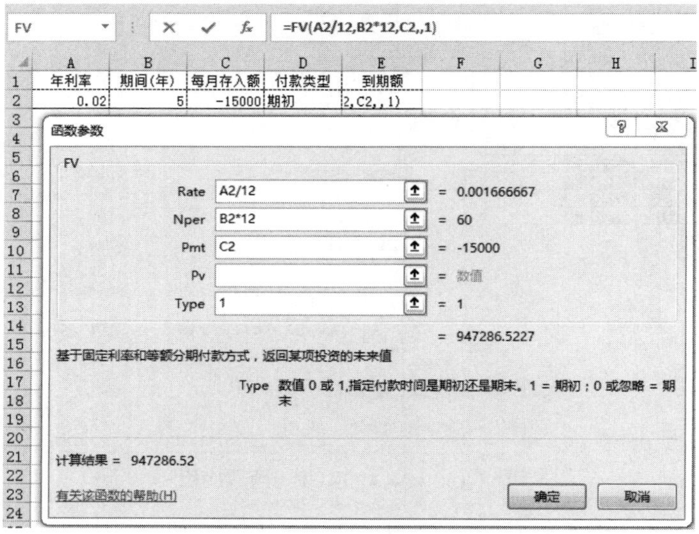

图 4-132 FV( )函数应用

PMT( )函数的功能是计算在固定利率下，贷款的等额分期偿还额。PMT( )函数有 5 个参数。Rate：各期利率。例如，当给定年利率为 6%时，计算月偿还额需转换为月利率，即 6%/12。Nper：总投资期或贷款期，即该项投资或贷款的付款期总数。例如，给定总投资或贷款期为 5 年，如果按月付款，则投资或贷款总期数应转换为总月数，即 5×12。Pv：从该项投资（或贷款）开始计算时已经入账的款项，或一系列未来付款当前值的累计和。Fv：未来值，或在最后一次付款后可以获得的现金金额。如果忽略，则认为此值为 0。Type：逻辑值 0 或 1，用以指定付款时间在期初还是在期末，1=期初，0 或忽略=期末。

如图 4-133 所示，利用 PMT( )函数在 B4 单元格输出每月应存数额。

图 4-133 PMT( )函数应用

二、知识点巩固练习

1. 练习 1

题目要求：在 Sheet1 工作表中，分别利用 SUM( )函数、AVERAGE( )函数、MAX( )函数、MIN( )函数计算出某公司 1 月份的销售总量、平均销量、销量最大值、销量最小值，结果放置在 E16:E19 区域；保存文件。"某公司员工 1 月销售情况一览表"如图 4-134 所示。

	A	B	C	D	E
1	某公司员工1月销售情况一览表				
2	职工编号	姓名	分部门	1月销售量	
3	9010	陈胜	一部	4.5	
4	9001	陈依然	一部	4.5	
5	9011	王静	二部	3.1	
6	9012	李菲菲	二部	5.2	
7	9013	杨建军	一部	9.6	
8	9014	高思	三部	6.2	
9	9002	王成	二部	3.1	
10	9003	赵丽	三部	5.2	
11	9004	曲玉华	一部	8.8	
12	9005	付晋芳	三部	6.2	
13	9006	王海珍	二部	4.5	
14	9059	王洋	一部	6.9	
15	9060	张立	三部	5.2	
16				销售总量	
17				平均销量	
18				销量最大值	
19				销量最小值	

图 4-134　某公司员工 1 月销售情况一览表

操作步骤如下：

（1）打开工作簿，默认显示 Sheet1 工作表。

（2）选中 E16 单元格，单击"插入函数"按钮，弹出"插入函数"对话框，在"搜索函数"框中输入 SUM，单击"转到"按钮，在"选择函数"列表框中找到 SUM，双击打开，在弹出的"函数参数"对话框中设置参数为 D3:D15，如图 4-135 所示。单击"确定"按钮。

（3）选中 E17 单元格，再次打开"插入函数"对话框，在"搜索函数"框中输入 AVERAGE，单击"转到"按钮，在"选择函数"列表框中找到 AVERAGE，双击打开，在弹出的"函数参数"对话框中设置参数为 D3:D15，如图 4-136 所示。单击"确定"按钮。

图 4-135　SUM( )函数参数设置　　　　图 4-136　AVERAGE( )函数参数设置

（4）选中 E18 单元格，再次打开"插入函数"对话框，在"搜索函数"框中输入 MAX，单击"转到"按钮，在"选择函数"列表框中找到 MAX，双击打开，在弹出的"函数参数"

对话框中设置参数为 D3:D15，如图 4-137 所示。单击"确定"按钮。

（5）选中 E19 单元格，再次打开"插入函数"对话框，在"搜索函数"框中输入 MIN，单击"转到"按钮，在"选择函数"列表框中找到 MIN，双击打开，在弹出的"函数参数"对话框中设置参数为 D3:D15，如图 4-138 所示。单击"确定"按钮。

图 4-137　MAX( )函数参数设置

图 4-138　MIN( )函数参数设置

（6）最终效果如图 4-139 所示，保存文件。

	A	B	C	D	E
1	某公司员工1月销售情况一览表				
2	职工编号	姓名	分部门	1月销售量	
3	9010	陈胜	一部	4.5	
4	9001	陈依然	一部	4.5	
5	9011	王静	二部	3.1	
6	9012	李菲菲	二部	5.2	
7	9013	杨建军	一部	9.6	
8	9014	高思	三部	6.2	
9	9002	王成	二部	3.1	
10	9003	赵丽	三部	5.2	
11	9004	曲玉华	一部	8.8	
12	9005	付晋芳	三部	6.2	
13	9006	王海珍	二部	4.5	
14	9059	王洋	一部	6.9	
15	9060	张立	三部	5.2	
16				销售总量	73
17				平均销量	5.615385
18				销量最大值	9.6
19				销量最小值	3.1

图 4-139　效果图

2．练习 2

题目要求：在 C3:C12 单元格区域中使用 IF( )函数对考生成绩评定等级，其中（0,425）为"没通过考试"，[425,520）为"通过考试"，[520,720]为"可报名参加口语考试"；保存文件。"六级成绩表"如图 4-140 所示。

操作步骤如下：

（1）打开工作簿，默认显示 Sheet1 工作表。

（2）选中 C3 单元格，由于题目中等级分为 3 段，因此需要使用嵌套 IF( )函数，直接在"编辑栏"输入函数，函数表达式为"=IF(B3<425,"没通过考试",IF(B3<520,"通过考试","可报名参加口语考试"))"，如图 4-141 所示。单击"输入"按钮或按 Enter 键。

图 4-140　六级成绩表

| C3 | | f_x | =IF(B3<425,"没通过考试",IF(B3<520,"通过考试","可报名参加口语考试")) |

图 4-141　IF( )函数应用

（3）选中 C3 单元格，拖动右下角填充柄图标，快速填充 C4:C12 单元格区域，最终效果如图 4-142 所示。

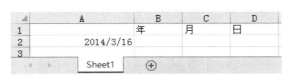

图 4-142　效果图

（4）保存文件。

3．练习 3

题目要求：在 B2:D2 区域中使用日期时间函数对应计算 A2 单元格中相应的年月日值；保存文件。"Sheet1 工作表"如图 4-143 所示。

	A	B	C	D
1		年	月	日
2	2014/3/16			
3				

图 4-143　Sheet1 工作表

操作步骤如下：

（1）打开工作簿，默认显示 Sheet1 工作表。

（2）选中 B2 单元格，单击"插入函数"按钮，弹出"插入函数"对话框，在"搜索函数"框中输入 YEAR，单击"转到"按钮，在"选择函数"列表框中找到 YEAR，双击打开，在弹出的"函数参数"对话框中设置参数为 A2，如图 4-144 所示。单击"确定"按钮。

（3）选中 C2 单元格，再次打开"插入函数"对话框，在"搜索函数"框中输入 MONTH，单击"转到"按钮，在"选择函数"列表框中找到 MONTH，双击打开，在弹出的"函数参数"对话框中设置参数为 A2，如图 4-145 所示。单击"确定"按钮。

图 4-144　YEAR( )函数参数设置

图 4-145　MONTH( )函数参数设置

（4）选中 D2 单元格，再次打开"插入函数"对话框，在"搜索函数"框中输入 DAY，单击"转到"按钮，在"选择函数"列表框中找到 DAY，双击打开，在弹出的"函数参数"对话框中设置参数为 A2，如图 4-146 所示。单击"确定"按钮。

（5）最终效果如图 4-147 所示，保存文件。

图 4-146　DAY( )函数参数设置

图 4-147　效果图

4．练习 4

题目要求：在 Sheet1 工作表中，用统计函数 COUNT( )利用员工号统计体检总人数，结果放在 C14 单元格，用条件统计函数 COUNTIF( )统计性别为"女"的人数，结果放在 C15 单元格；保存文件。"Sheet1 工作表"如图 4-148 所示。

操作步骤如下：

（1）打开工作簿，默认显示 Sheet1 工作表。

（2）选中 C14 单元格，单击"插入函数"按钮，弹出"插入函数"对话框，在"搜索函数"框中输入 COUNT，单击"转到"按钮，在"选择函数"列表框中找到 COUNT，双击打开，在弹出的"函数参数"对话框中设置参数为 A3:A12，如图 4-149 所示，或者拖动选中 A3:A12 区域，对话框参数显示效果如图 4-150 所示（因为工作表套用了表格格式）。单击"确定"按钮，效果相同。

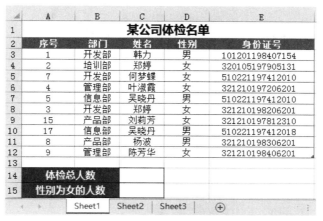

图 4-148 Sheet1 工作表

图 4-149 COUNT( )函数参数设置 1

图 4-150 COUNT( )函数参数设置 2

（3）选中 C15 单元格，单击"插入函数"按钮，弹出"插入函数"对话框，在"搜索函数"框中输入 COUNTIF，单击"转到"按钮，在"选择函数"列表框中找到 COUNTIF，双击打开，在弹出的"函数参数"对话框中设置参数，Range 拖动选中 D3:D12 区域，Criteria 输入"女"或者任选包含性别"女"的单元格，如 D5 单元格，Criteria 参数设置两种效果如图 4-151 和 4-152 所示。单击"确定"按钮，效果相同。

图 4-151 COUNTIF( )函数参数设置 1

图 4-152 COUNTIF( )函数参数设置 2

（4）最终效果如图 4-153 所示，保存文件。

某公司体检名单				
序号	部门	姓名	性别	身份证号
1	开发部	韩力	男	101201198407154
2	培训部	郑婷	女	320105197905131
7	开发部	何梦蝶	女	510221197412010
4	管理部	叶淑霞	女	321210197206201
5	信息部	吴晓丹	男	510221197412010
3	开发部	郑婷	女	321210198206201
15	产品部	刘莉芳	女	321210197812310
17	信息部	吴晓丹	男	510221197412018
8	产品部	杨波	男	321210198306201
9	管理部	陈芳华	女	321210198406201
体检总人数		10		
性别为女的人数		6		

Sheet1 Sheet2 Sheet3

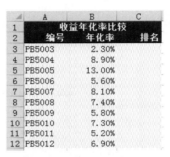

图 4-153 效果图

5. 练习 5

题目要求：在 C3:C12 中计算 B3:B12 年利率排名，按降序排名；保存文件。“Sheet1 工作表”如图 4-154 所示。

收益年化率比较		
编号	年化率	排名
PB5003	2.30%	
PB5004	8.90%	
PB5005	13.00%	
PB5006	5.60%	
PB5007	8.10%	
PB5008	7.40%	
PB5009	5.80%	
PB5010	7.30%	
PB5011	5.20%	
PB5012	6.90%	

图 4-154 Sheet1 工作表

操作步骤如下：

（1）打开工作簿，默认显示 Sheet1 工作表。

（2）选中 C3 单元格，单击“插入函数”按钮，弹出“插入函数”对话框，在“搜索函数”框中输入 RANK，单击“转到”按钮，在“选择函数”列表框中找到 RANK，双击打开，在弹出的“函数参数”对话框中设置参数，如图 4-155 所示。单击“确定”按钮。

（3）选中 C3 单元格，拖动右下角填充柄图标，快速填充 C4:C12 单元格区域，最终效果如图 4-156 所示。

（4）保存文件。

图 4-155 RANK( )函数参数设置

收益年化率比较		
编号	年化率	排名
PB5003	2.30%	10
PB5004	8.90%	2
PB5005	13.00%	1
PB5006	5.60%	8
PB5007	8.10%	3
PB5008	7.40%	4
PB5009	5.80%	7
PB5010	7.30%	5
PB5011	5.20%	9
PB5012	6.90%	6

图 4-156 效果图

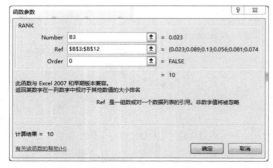

6. 练习 6

题目要求：在 Sheet2 工作表 B2:B10 单元格区域填入正确的姓名，即根据雇员号在雇员表中查找雇员姓名（提示：必须使用 VLOOKUP 函数）；保存文件。"雇员表"如图 4-157 所示，"Sheet2 工作表"如图 4-158 所示。

图 4-157　雇员表　　　　　　　　　　　　图 4-158　Sheet2 工作表

操作步骤如下：

（1）打开工作簿，默认显示 Sheet2 工作表。

（2）选中 B2 单元格，单击"插入函数"按钮，弹出"插入函数"对话框，在"搜索函数"框中输入 VLOOKUP，单击"转到"按钮，在"选择函数"列表框中找到 VLOOKUP，双击打开，在弹出的"函数参数"对话框中设置参数，如图 4-159 所示。单击"确定"按钮。

（3）选中 B2 单元格，拖动右下角填充柄图标，快速填充 B3:B10 单元格区域，最终效果如图 4-160 所示。

（4）保存文件。

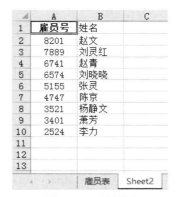

图 4-159　VLOOKUP ( )函数参数设置　　　　　　图 4-160　效果图

7. 练习 7

题目要求：现在每年年初存入 1000 元，利用 FV( )函数在 Sheet1 表中 D2 单元格计算 10 年后的存款及利息收益（银行年利率为 5%）；保存文件。"Sheet1 工作表"如图 4-161 所示。

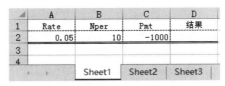

图 4-161　Sheet1 工作表

操作步骤如下：

（1）打开工作簿，默认显示 Sheet1 工作表。

（2）选中 D2 单元格，单击"插入函数"按钮，弹出"插入函数"对话框，在"搜索函数"框中输入 FV，单击"转到"按钮，在"选择函数"列表框中找到 FV，双击打开，在弹出的"函数参数"对话框中设置参数，因为存款以年为单位存入，因此 Rate 和 Nper 两个参数均应以年为单位，如图 4-162 所示。单击"确定"按钮。最终效果如图 4-163 所示。

（3）保存文件。

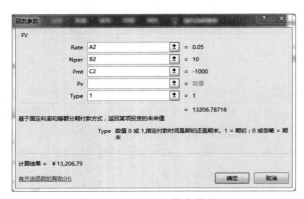

图 4-162　FV( )函数参数设置

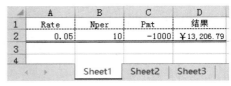

图 4-163　效果图

4.5　Excel 图表应用

主要学习内容：

- 建立图表
- 图表编辑和格式化

图表是 Excel 很重要的一部分，利用图表，可以更直观地表现工作表的数据。Excel 提供了多种类型的图表，如柱形图、折线图、饼图、条形图、面积图、X/Y 散点图、股价图、曲面图、雷达图、树状图、旭日图、直方图、箱形图、瀑布图、组合图等，很多类型都包括较多的子类。

一、图表应用基本操作

1．建立图表

图表和工作表中的数据是动态关联的，改变了工作表中的数据，图表会自动随之改变。

创建图表，首先选择指定的单元格区域，然后在"插入"选项卡"图表"组中显示常用的图表大类，打开子类选择，选择所要求的子类，也可单击右下角的"查看所有图表"按钮，打开"插入图表"对话框，默认选中"簇状柱形图"，如图 4-164 所示。

图 4-164 "插入图表"对话框

例如，选择"学生成绩表"中 B2:B12 和 E2:E12 两个区域（先选择 B2:B12 区域，按住 Ctrl键，再选择 E2:E12），两个区域都变成灰色代表都选中，然后单击"插入"选项卡"图表"组右下角的"查看所有图表"按钮，打开"插入图表"对话框，选择图表类型"簇状柱形图"，选择"单色"类型，如图 4-165 所示。单击"确定"按钮，生成如图 4-166 所示的效果。

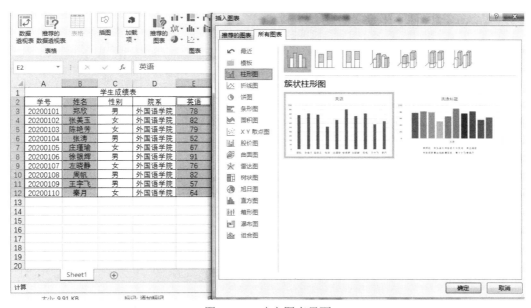

图 4-165 建立图表界面

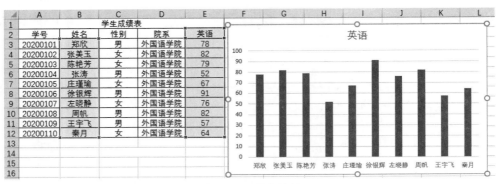

图 4-166 图表效果

2. 图表编辑和格式化

在图表中，单击选中图表标题，然后双击进入编辑状态，可修改图表标题，如将图表标题改为"英语成绩统计图"，同时还可对标题格式进行设置。

在图表右边显示一个 ![+] 图形按钮，即"图表元素"按钮。该按钮可添加、删除、更改图表元素，例如标题、图例、网格线和数据标签等。单击该按钮，显示图形元素列表，各个图形元素以复选框形式展示。勾选即可添加该元素，取消勾选会删除该元素。每个图表元素都有子选项，可以进一步细化设置。将图 4-166 中的图表添加坐标轴标题、数据标签、图例等元素后的效果如图 4-167 所示。

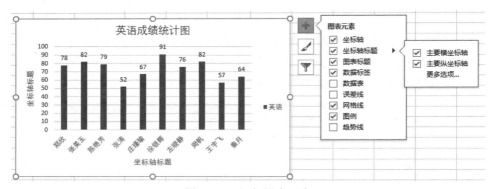

图 4-167 添加图表元素

还可对坐标轴标题进行进一步设置，单击图 4-167 中的"更多选项"按钮，打开"设置坐标轴标题格式"窗格，如图 4-168 所示。

图 4-168 "设置坐标轴标题格式"窗格

在图表右边显示一个 图形按钮，即"图表样式"按钮，是用来设置图表的样式和配色方案的，如图 4-169 所示。

在图表右边显示一个 图形按钮，即"图表筛选器"按钮，是用来编辑要在图表上显示的数据点和名称的，如图 4-170 所示。

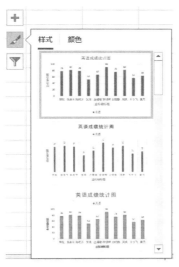

图 4-169　"图表样式"界面

图 4-170　"图表筛选器"界面

对图表的编辑和格式化，也可以先选中图标，在"图表工具"工具栏进行操作，如图 4-171（a）和（b）所示。

（a）"图表工具"设计工具栏

（b）"图表工具"格式工具栏

图 4-171　"图表工具"工具栏

二、知识点巩固练习

1．练习 1

题目要求：在 Sheet1 表中根据 A2:D5 单元格区域内的数据插入二维簇状柱形图，图表标题为"深圳、广州、佛山小学入学人数比较"，效果如图 4-172 所示；保存文件。"Sheet1 工作表"如图 4-173 所示。

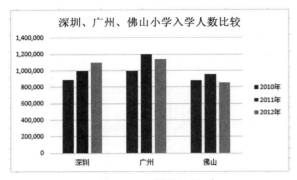

图 4-172　图表效果

	A	B	C	D
1	深圳、广州、佛山小学入学人数比较			
2	年份	深圳	广州	佛山
3	2010年	890,000	1,000,000	880,000
4	2011年	1,000,000	1,200,000	955,000
5	2012年	1,100,000	1,140,000	855,000

图 4-173　Sheet1 工作表

操作步骤如下：

（1）打开工作簿，默认显示 Sheet1 工作表。

（2）选择 A2:D5 单元格区域，单击"插入"选项卡"图表"组右下角的"查看所有图表"按钮，打开"插入图表"对话框，选择图表类型"簇状柱形图"，选择"图例"为"年份"类型，单击"确定"按钮，生成如图 4-174 所示的效果。

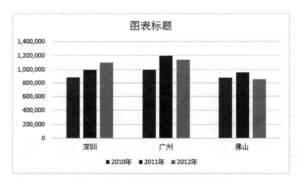

图 4-174　插入图表初始效果

（3）选中图表，单击"图表元素"按钮→"图例"右侧展开按钮→"右"，如图 4-175 所示。

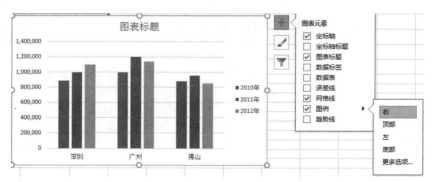

图 4-175　图例设置效果

（4）双击"图表标题"，使其变成可编辑状态，输入"广东各市小学入学人数比较"，单击工作表区域任意位置确定输入。

（5）最终效果如图 4-172 所示，保存文件。

2．练习 2

题目要求：将 Sheet1 表中利用 A2:D5 区域数据生成的二维簇状柱形图（图 4-172）更改为带数据标记的折线图；保存文件。最终效果如图 4-176 所示。

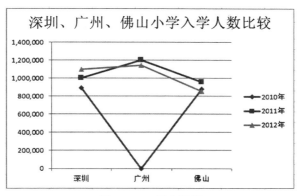

图 4-176　图表效果

操作步骤如下：

（1）打开工作簿，默认显示 Sheet1 工作表。

（2）选中图表，单击"图表工具"→"设计"→"类型"组→"更改图表类型"按钮，弹出"更改图表类型"对话框，在"所有图表"选项卡中选择"折线图"→"带数据标记的折线图"，选择"图例"为"年份"类型，如图 4-177 所示。单击"确定"按钮，效果如图 4-176 所示。

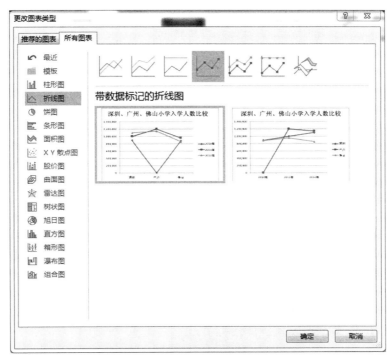

图 4-177　"更改图表类型"对话框

4.6　Excel 数据处理

主要学习内容：

● 　数据排序
● 　数据分类汇总
● 　数据筛选
● 　数据透视表/图
● 　数据有效性
● 　数据合并计算
● 　数据模拟运算分析

一、数据处理基本操作

1. 数据排序

可以对一列或多列中的数据按文本、数字以及日期和时间按升序或降序进行排序。还可以按自定义序列（如大、中和小）或格式（如颜色、图标集等）进行排序。Excel 默认是列排序，也可以按行进行排序。

排序可以依据数据中某一列（或行）或多列（或行）值进行排序，最多可以依据 64 列（或行）进行排序，即可有 64 个关键字。首先是"主要关键字"排序，当"主要关键字"相同时，依据第一个"次要关键字"排序。若第一个"次要关键字"值相同，则依据第二个"次要关键字"排序，以此类推。排序有利于管理、查找数据。

如果排序的关键字只有一个，可以直接使用"升序"/"降序"按钮来实现。如图 4-178 所示，按"性别"降序排列，首先选中 C3:C12 区域，单击"开始"选项卡→"编辑"组→"排序和筛选"下拉列表按钮→"降序"命令；或者单击"数据"选项卡→"排序和筛选"组→"降序"按钮，如图 4-179 所示。弹出"排序提醒"对话框，如图 4-180 所示，选择"扩展选定区域"选项，单击"排序"按钮，效果如图 4-181 所示。

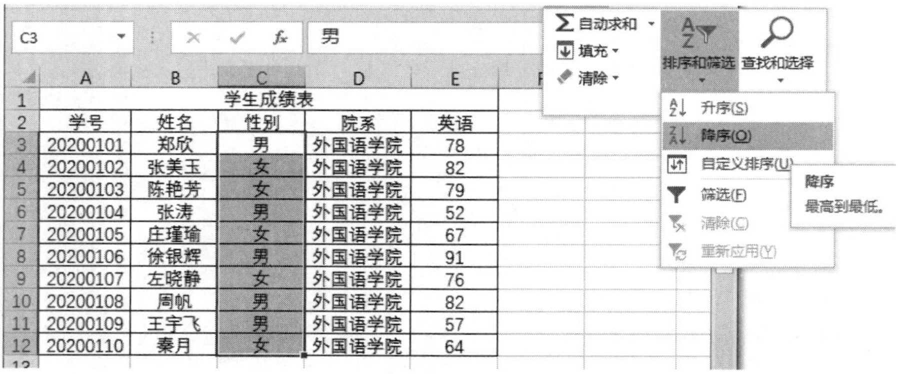

图 4-178　"开始"选项卡简单排序命令

图 4-179 "数据"选项卡简单排序命令

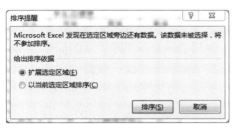

图 4-180 "排序提醒"对话框

	A	B	C	D	E
1			学生成绩表		
2	学号	姓名	性别	院系	英语
3	20200102	张美玉	女	外国语学院	82
4	20200103	陈艳芳	女	外国语学院	79
5	20200105	庄瑾瑜	女	外国语学院	67
6	20200107	左晓静	女	外国语学院	76
7	20200110	秦月	女	外国语学院	64
8	20200101	郑欣	男	外国语学院	78
9	20200104	张涛	男	外国语学院	52
10	20200106	徐银辉	男	外国语学院	91
11	20200108	周帆	男	外国语学院	82
12	20200109	王宇飞	男	外国语学院	57

图 4-181 排序效果

如果排序的关键字多于 1 个，需要使用"自定义排序"。例如，将"学生成绩表"按"英语"升序排列，如果"英语"相同，则按"学号"升序排列。选择需要排序区域的任一单元格，单击"开始"选项卡→"编辑"组→"排序和筛选"下拉列表按钮→"自定义排序"命令；或者单击"数据"选项卡→"排序和筛选"组→"排序"按钮，弹出"排序"对话框，单击"添加条件"按钮，增加"次要关键字"，设置相应参数，如图 4-182 所示。其中，"排序"对话框中"选项"设置如图 4-183 所示，可设置排序方向和方法等。注意一般情况要勾选"数据包含标题"复选框，但排序内容不包括标题行。

图 4-182 "排序"对话框

图 4-183 "排序选项"对话框

2. 数据分类汇总

分类汇总是对工作表中数据按照某列内容进行分类，再对每类的某列数据进行求和、求平均值或记数等操作。例如，在学生成绩表中，按性别进行分类，然后求出男、女英语成绩的平均分。在分类汇总前，必须要按分类字段"性别"对数据进行排序，升序降序均可，这里采用降序排列。如图 4-184 所示，选择 A2:E12 区域，单击"数据"选项卡→"分级显示"组→"分类汇总"按钮，弹出"分类汇总"对话框，设置"分类字段"为"性别"，"汇总方式"为"平均值"，"选定汇总项"为"英语"，如图 4-185 所示，然后单击"确定"按钮。如果单击"全部删除"按钮，可删除已设置的分类汇总。分类汇总结果如图 4-186 所示。默认情况显示 3 级，可单击左上角的数字改变显示级别，1 级只显示总汇总值，2 级显示各分类汇总结果，3 级最详细，包括分类数据和各个记录数据。"-"表示展开显示数据，单击该按钮会变成"+"，同时数据折叠显示，"+"表示折叠显示，单击该按钮其变为"-"，同时数据展开显示。

图 4-184　"分类汇总"命令查找界面

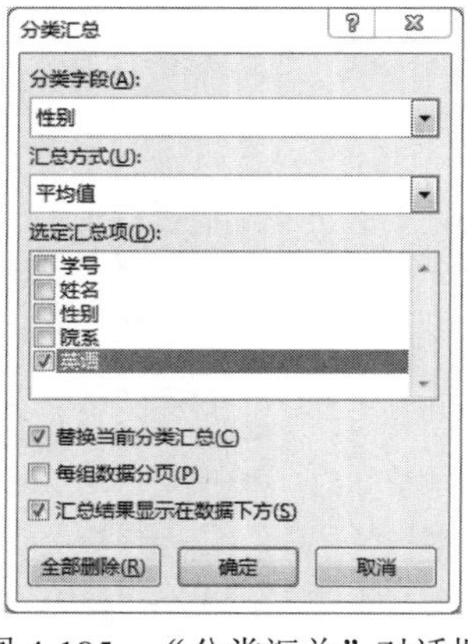

图 4-185　"分类汇总"对话框 　　　　图 4-186　分类汇总结果

3. 数据筛选

数据筛选就是根据用户设置的条件，在工作表中选出符合条件的数据。Excel 筛选功能包括自动筛选和高级筛选两种方式。

（1）自动筛选。自动筛选适用于简单条件，将在原数据区显示符合条件的数据行，不符合条件的数据行将被隐藏。

自动筛选的工作表一般要包含描述列内容的列标题。执行"自动筛选"命令后，数据区的列标题右边会出现自动筛选箭头。单击自动筛选箭头，打开旁边筛选列表，可以从列表中选择系统提供的筛选条件，可以按颜色进行筛选，也可以按数字或文本筛选，还可以直接在罗列的选项复选框中进行勾选。

例如，利用自动筛选功能，筛选出"英语"成绩大于 70 且小于 80 的数据。在数据区域任何位置单击，选定一个单元格，单击"数据"选项卡→"排序和筛选"组→"筛选"命令，数据区域第一行即标题行，每列都在单元格右侧显示一个下拉列表框标志，单击该标志打开下拉列表，可直接在罗列选项通过复选框选择所需的数据，也可单击"数字筛选"→"自定义筛选"条件设置列表，如图 4-187 所示。在"自定义自动筛选方式"对话框中，设置英语"大于 70""与""小于 80"，如图 4-188 所示。自动筛选结果如图 4-189 所示。

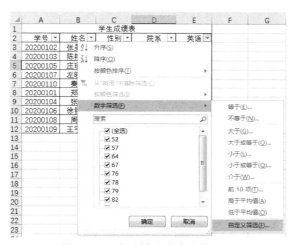

图 4-187　自动筛选命令查找界面

图 4-188　"自定义自动筛选方式"对话框　　　　图 4-189　自动筛选结果

自动筛选时，可在多个自动筛选下拉箭头中选择条件，这些条件为"与"关系，即只有满足所有这些条件的数据行才显示出来。若要取消筛选状态，可再次单击"数据"选项卡→"排序和筛选"组→"筛选"按钮即可。

（2）高级筛选。高级筛选适用于复杂条件。要执行高级筛选的数据区域必须有列标题，也要有条件区，即放置筛选条件的单元格区域，筛选出来的数据可显示在原数据区也可复制到其他单元格区域。

为了便于区分条件区和数据区，条件区和数据区间至少有一行（或一列）以上的空白行

（或空白列）。条件区的字段名要显示在同一行不同单元格中，字段要满足的条件输在相应字段名的下方，如条件是“与”关系，则输在同一行，如是“或”关系，则输在不同行。

注：条件区字段名最好从数据区直接复制。

高级筛选的关键是设置正常的筛选条件。如，筛选条件为“英语”成绩大于 70 且小于 80，并且“性别”为女，条件区的输入如图 4-190 所示；筛选条件为“英语”成绩大于 70 且小于 80，或“性别”为女，条件区的输入如图 4-191 所示。

英语	英语	性别
>70	<80	女

图 4-190 “与”关系的筛选条件

英语	英语	性别
>70	<80	
		女

图 4-191 “或”关系的筛选条件

例如，在图 4-192 所示的数据区域中利用高级筛选，筛选出“英语”成绩大于 70 且小于 80，并且“性别”为女的数据，条件区域从 G2 单元格为左上角开始，筛选结果放置在以 A14 单元格为左上角的区域。操作步骤如下：

1）建立筛选条件区。因为三个条件为“与”关系，因此以 G2 单元格为左上角，输入条件如图 4-190 所示。字段名从数据区域直接复制，具体条件输入时“符号”必须是英文状态下输入。

2）选中 A14 单元格，单击“数据”选项卡→“排序和筛选”组→“高级”按钮，弹出“高级筛选”对话框，如图 4-192 所示。若要通过隐藏不符合条件的数据行来筛选区域，则选中“在原有区域显示筛选结果”单选按钮；若要通过将符合条件的数据行复制到工作表的其他位置来筛选区域，则选中“将筛选结果复制到其他位置”单选按钮，本例选中“将筛选结果复制到其他位置”单选按钮。

3）三个参数设置。“列表区域”即供筛选的数据区，系统已读取正确，不必再设置，如不正确，在工作表上拖动选择数据区，或直接输入列表区域的引用地址。“条件区域”即设置筛选条件区域。单击此编辑框，可直接输入条件区域的引用地址，也可在工作区拖动鼠标选择条件区。“复制到”编辑框是设置结果所放置的位置。将插入点定位在此框中，然后直接在工作表中单击放置结果的左上角单元格。

4）单击“确定”按钮，筛选结果如图 4-193 所示。

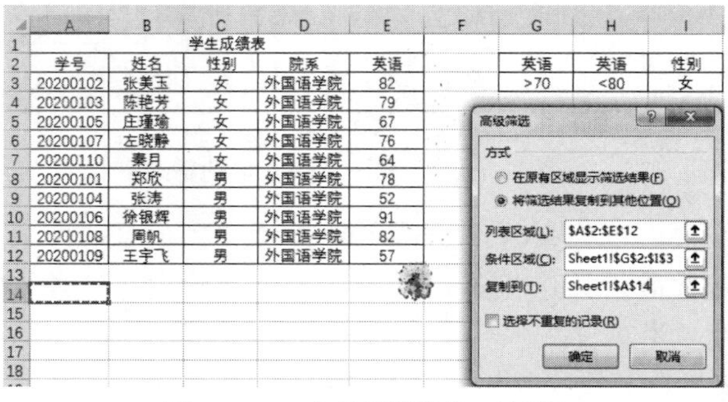

图 4-192 “高级筛选”对话框

	A	B	C	D	E
14	学号	姓名	性别	院系	英语
15	20200103	陈艳芳	女	外国语学院	79
16	20200107	左晓静	女	外国语学院	76

图 4-193 高级筛选结果

4. 数据透视表/图

数据透视表是 Excel 中强大的工具之一。它是一种交互式的表，可以进行某些计算，如求和与计数等。所进行的计算与数据在数据透视表中的排列有关。数据透视表可以动态地改变它们的版面布置，以便按照不同方式分析数据，也可以通过选择行字段和列字段，对多种来源（包括 Excel 的外部数据）的数据（如数据库记录）进行汇总、分析或交叉排列。每一次改变版面布置时，数据透视表都会立即按照新的布置重新计算数据。另外，如果原始数据发生更改，则可以更新数据透视表。

数据透视图是另一种数据展现形式，与数据透视表不同的地方在于它可以选择适合的图形、多种色彩来描述数据特性。

例如，以"火车售票情况表"的 A2:E7 区域为数据源创建数据透视表，反映硬座、硬卧从"2 月 11 日"到"2 月 15 日"的平均销售额，将日期设置为行字段，并将所创建的透视表存放在 G1 开始的区域内。设置不显示行总计和列总计选项，数据透视表改名为"火车票透视表"。

操作方法如下：

（1）选择区域 A2:E7，单击"插入"选项卡→"创建数据透视表"按钮，弹出"创建数据透视表"对话框，按要求设置好区域（先选中 A2:E7 区域后操作，系统已读取正确，不必再设置，如不正确，在工作表上拖动选择数据区进行设置）和位置（单击 G1 单元格），如图 4-194 所示，单击"确定"按钮。

图 4-194 "创建数据透视表"对话框

（2）在单元格 G1 开始的位置显示数据透视表，此时是一个空白的数据透视表，在其右侧显示"数据透视表字段"窗格，在报表字段列表框中，选中"日期"，右击，在弹出的菜单中选择"添加到行标签"，如图 4-195 所示，然后分别单击"硬座""硬卧"两个字段，右击，选择"添加到数值"，添加完成后如图 4-196 所示。

（3）题目要求统计平均销售额，因此，要将统计方式由求和改为求平均值。在"数据透视表字段"窗格的值区域内，单击"求和项:硬座"右侧的下三角按钮，如图 4-197 所示，单击"值字段设置"命令，弹出"值字段设置"对话框，将"计算类型"改为"平均值"，如图 4-198 所示。然后再将硬卧的计算类型也改为平均值。

（4）单击"数据透视表"，右击，在快捷菜单中选择"数据透视表选项"命令，弹出"数据透视表选项"对话框，设置"数据透视表名称"为"火车票透视表"，选择"汇总和筛选"选项卡，取消选中行总计和列总计选项，如图 4-199 所示。

图 4-195　报表字段添加方法　　　　　　　　图 4-196　设置数据透视表字段

图 4-197　值字段设置　　　图 4-198　"值字段设置"对话框　　　图 4-199　"数据透视表选项"对话框

（5）如果想通过数据透视图描述数据特性，则单击"数据透视表"，在窗口标题栏显示"数据透视表工具"，如图 4-200 所示，单击"分析"选项卡→"工具"组→"数据透视图"命令，弹出"插入图表"对话框，选择图表类型（这里选择簇状柱形图）后，单击"确定"按钮，效果如图 4-201 所示。

图 4-200　数据透视表工具栏　　　　　　　图 4-201　数据透视图效果

5. 数据验证

数据验证是指从规则列表中进行选择以限制可以在单元格中输入的数据类型。可设置单元格输入值的范围，也可提示输入范围是否合适（当超过范围时，会提示用户）。例如，可以提供一个值列表（例如，1、2 和 3 等），或者仅允许输入大于 1000 的有效数字。

例如，利用数据验证功能完成下列操作：

（1）在工作表选中"间隔"列的第 3～8 行中的某一行时，在其右侧显示一个下拉列表框箭头，并引用区域 G3:G5 的选择项供用户选择。

（2）当用户选中"租价"列的第 3～8 行中的某一行时，在其右侧显示一个输入信息"介于 500 与 2000 之间的整数"，标题为"请输入租价"，如果输入的值不是介于 500 与 2000 之间的整数，会有样式为"警告"的出错警告，错误信息为"不是介于 500 与 2000 之间的整数"，标题为"请重新输入"。工作表如图 4-202 所示。

	A	B	C	D	E	F	G
1		开富房产中介二手房项目					
2	物业名称/地址	推荐标题	间隔	面积	租价		
3	荔湾区-东风西路	嘉和苑二期//三房豪华装修		84m²			2房1厅
4	荔湾区-周门	园中园&大房大厅&周边配套完善		60m²			3房1厅
5	荔湾区-周门北路(电梯)	周门北电梯楼笋租再现&三房二厅&家电全齐		100m²			3房2厅
6	荔湾区-富力广场	富力广场※高层3房带主套※家电齐		110m²			
7	荔湾区-富力广场	富力广场小区低层3房精选笋盘		78m²			
8	荔湾区-司法大楼	龙津西路*司法大厦*家电齐		60m²			

图 4-202 工作表

操作方法如下：

（1）选中单元格 C3:C8 区域，单击"数据"选项卡→"数据工具"组→"数据验证"选项，单击右侧下拉按钮，选择"数据验证"命令，打开"数据验证"对话框，选择"设置"选项卡，在"允许"下拉列表中选择"序列"，在"来源"框中选择或输入"=$G$3:$G$5"，如图 4-203 所示，"来源"框中不但可引用单元格的值，也可以直接输入所有选项值。各个选项值间用英文的逗号隔开。单击"确定"按钮，显示效果如图 4-204 所示。单击"全部清除"按钮，可清除已有的数据验证设置。

图 4-203 "数据验证"对话框

图 4-204 "数据验证—序列"设置效果

（2）选中单元格 E3:E8 区域，再次打开"数据验证"对话框，选择"设置"选项卡，在"允许"下拉列表中选择"整数"，数据介于 500～2000 之间，如图 4-205 所示。选择"输入信息"选项卡，设置标题内容和输入信息内容，如图 4-206 所示。选择"出错警告"选项卡，设置样式、标题和错误信息，如图 4-207 所示。单击"确定"按钮，显示效果如图 4-208 所示。

图 4-205　"数据验证"设置条件（整数）

图 4-206　设置输入信息

图 4-207　设置出错警告

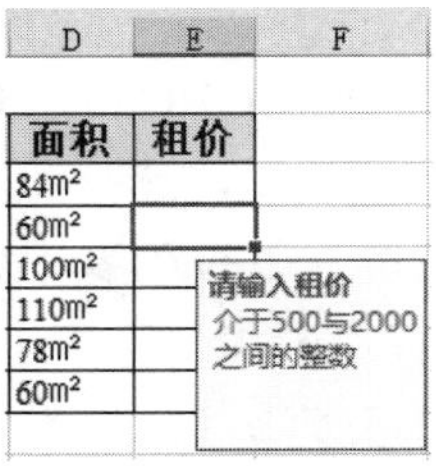

图 4-208　"数据验证—整数"效果

当在指定单元格中输入错误数据时，系统提示出错，如图 4-209 所示。单击"取消"按钮关闭提示对话框，单击"是"按钮，接受超过范围的值，单击"否"按钮，单元格重新回到编辑状态，方便用户修改。

如果在"出错警告"选项卡中选择停止样式，当用户输入错误数据时，系统提示错误，如图 4-210 所示。此时，不能接受超出范围的输入值。

图 4-209　"警告"样式错误提示

图 4-210　"停止"样式错误提示

6. 数据合并计算

数据合并计算是指利用多个数据源区域提供的数据通过合并计算的方法来得出结果。合并计算可以是求和、求平均值、求乘积等操作。

例如，利用合并计算功能，根据"月考""中段考""期末考"三个工作表提供的数据，如图 4-211～图 4-213 所示，在"平均分"工作表统计三次考试的平均分。

图 4-211 "月考"成绩单　　　　图 4-212 "中段考"成绩单　　　　图 4-213 "期末考"成绩单

操作方法如下：

（1）单击"平均分"表标签，切换至"平均分"工作表，单击 B3 单元格，如图 4-214 所示，即将活动单元格设置为放置合并结果的第一个单元格。

（2）单击"数据"选项卡→"数据工具"组→"合并计算"选项→"合并计算"按钮，打开"合并计算"对话框，如图 4-215 所示。

图 4-214 "平均分"成绩单　　　　　　图 4-215 "合并计算"对话框

（3）在"合并计算"对话框设置参数：在"函数"下拉列表框中选择"平均值"；合并计算的第一个数据源，单击"引用位置"编辑框，然后单击"月考"工作表标签，选择其数据区 B3:D11，单击"添加"按钮，将选择的数据区引用添加到"所有引用位置"列表框中；合并计算的第二个数据源、第三个数据源采用和第一个数据源相同的方法添加；"标签位置"根据题目要求决定是否设置，本例题不设置。完成设置的"合并计算"对话框如图 4-216 所示。

（4）单击"确定"按钮，完成合并计算，结果如图 4-217 所示。数据结果可进行数字格式设置。

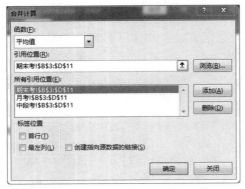

图 4-216 “合并计算”参数设置界面

	A	B	C	D
1	成绩单			
2	姓名	语文	数学	英语
3	李新	75.66667	71.66667	84.66667
4	王文辉	76	75.33333	80.33333
5	孙英	78	73	77
6	张在旭	74	73.66667	81.33333
7	金翔	74.33333	68.66667	68
8	郝心怡	78.33333	83.66667	78.66667
9	扬帆	89.66667	79.33333	87.66667
10	黄开芳	94.66667	71	68
11	张磊	86	72	80
12				

月考 | 中段考 | 期末考 | 平均分

图 4-217 合并计算结果

二、知识点巩固练习

1. 练习 1

题目要求：先把 Sheet1 表的运动项目记录表按项目进行升序排列，再分别统计不同项目运动时间的平均值；保存文件。Sheet1 工作表如图 4-218 所示。

	A	B	C	D
1	日期	项目	运动时间/min	消耗卡路里/卡
2	星期一	跑步	60	287
3	星期二	游泳	80	482
4	星期三	快走	90	299
5	星期四	跑步	50	300
6	星期五	跑步	50	241
7	星期六	游泳	90	300
8	星期日	快走	30	125
9				

Sheet1 | Sheet2 | Sheet3

图 4-218 Sheet1 工作表

操作步骤如下：

（1）打开工作簿，默认显示 Sheet1 工作表。

（2）选中列号 B，单击“开始”选项卡→“编辑”组→“排序和筛选”下拉列表按钮→“升序”命令，弹出“排序提醒”对话框，选择“扩展选定区域”选项，单击“排序”按钮，效果如图 4-219 所示。

	A	B	C	D
1	日期	项目	运动时间/min	消耗卡路里/卡
2	星期三	快走	90	299
3	星期日	快走	30	125
4	星期一	跑步	60	287
5	星期四	跑步	50	300
6	星期五	跑步	50	241
7	星期二	游泳	80	482
8	星期六	游泳	90	300
9				

Sheet1 | Sheet2 | Sheet3

图 4-219 “升序”排列效果

（3）选中 A1:D8 区域，单击"数据"选项卡→"分级显示"组→"分类汇总"按钮，弹出"分类汇总"对话框，设置"分类字段"为"项目"，"汇总方式"为"平均值"，"选定汇总项"为"运动时间/min"，如图 4-220 所示。单击"确定"按钮，最终效果如图 4-221 所示。

（4）保存文件。

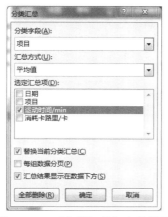

图 4-220 "分类汇总"参数设置

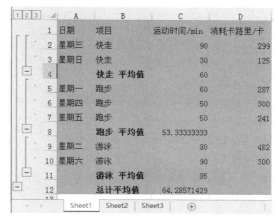

图 4-221 效果图

2．练习 2

题目要求：在 Sheet1 工作表中使用高级筛选的方法，筛选出阅读大于等于 19 分的记录，条件区域从 H2 开始，目标区域左上角单元格为 H5；保存文件。Sheet1 工作表如图 4-222 所示。

操作步骤如下：

（1）打开工作簿，默认显示 Sheet1 工作表。

（2）选中 C2 单元格，右击，选择"复制"，选中 H2 单元格，右击，选择"粘贴"，双击 H3 单元格，使 H3 单元格处于编辑状态，输入">=19"。

（3）选中 H5 单元格，单击"数据"选项卡→"排序和筛选"组→"高级"按钮，弹出"高级筛选"对话框，设置参数，如图 4-223 所示。单击"确定"按钮，最终效果如图 4-224 所示。

（4）保存文件。

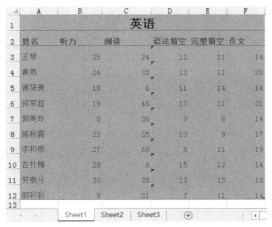

图 4-222 Sheet1 工作表

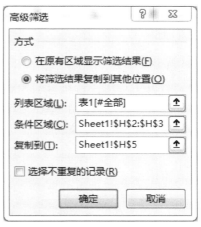

图 4-233 "高级筛选"对话框

	A	B	C	D	E	F	G	H
1	英语							
2	姓名	听力	阅读	语法填空	完型填空	作文		阅读
3	王琴	25	24	12	11	14		>=19
4	黄燕	24	35	13	11	20		
5	谢筱美	18	6	11	14	14		
6	何军超	19	45	13	11	21		
7	郭美玲	5	36	9	6	14		
8	陈秋霞	23	35	13	9	17		
9	李和燕	27	68	8	11	19		
10	古朴梅	28	6	15	12	14		
11	劳燕分	30	35	13	15	18		
12	郭彩彩	8	31	7	11	14		
13								

姓名	听力	阅读	语法填空	完型填空	作文
王琴	25	24	12	11	14
黄燕	24	35	13	11	20
何军超	19	45	13	11	21
郭美玲	5	36	9	6	14
陈秋霞	23	35	13	9	17
李和燕	27	68	8	11	19
劳燕分	30	35	13	15	18
郭彩彩	8	31	7	11	14

图 4-224　效果图

3. 练习 3

题目要求：以 Sheet1 工作表单元格区域 A2:J16 为数据源创建数据透视表，以反映不同性别、不同职务的平均基本工资情况。性别与年龄按顺序作为列标签，职务作为行标签，姓名为报表筛选；不显示行总计和列总计选项；把所创建的透视表放在 Sheet1 工作表的 A20 开始的区域中，并将透视表命名为基本工资透视表；保存文件。工资表如图 4-225 所示。

	A	B	C	D	E	F	G	H	I	J
1	工资表									
2	编号	姓名	职务	年龄	性别	基本工资	补贴	津贴	扣款	应发工资
3	36001	艾小群	科员	25	女	1450	4580	266	320	5976
4	36002	陈美华	副科长	32	女	1700	5920	378	460	7538
5	36003	关汉瑜	科员	27	女	1520	4620	268	280	6128
6	36004	梅颂军	副处长	45	男	1900	7020	582	600	8902
7	36005	蔡雪敏	科员	30	女	1680	4640	270	500	6090
8	36006	林淑仪	副处长	36	男	1790	5840	580	400	7810
9	36007	区俊杰	科员	24	男	1470	4600	258	350	5978
10	36008	王玉强	科长	32	男	1700	6760	478	200	8738
11	36009	黄在左	处长	52	男	2200	8400	690	300	10990
12	36010	朋小林	科长	28	男	1680	6780	482	400	8542
13	36011	李静	科员	27	女	1600	4630	260	300	6190
14	36012	莒寺白	副科长	31	男	1740	5700	375	200	7615
15	36013	白城发	科员	26	男	1520	4560	260	180	6160
16	36014	昌吉五	副处长	50	男	2000	7200	588	600	9188
17										

Sheet1　Sheet2　Sheet3

图 4-225　工资表

操作步骤如下：

（1）打开工作簿，默认显示 Sheet1 工作表。

（2）选择区域 A2:J16，单击“插入”选项卡→“创建数据透视表”按钮，打开“创建数据透视表”对话框，按要求设置好“表/区域”（先选中 A2:J16 区域后操作，系统已读取正确，不必再设置，如不正确，在工作表上拖动选择数据区进行设置）和“位置”（单击 A20 单元格），如图 4-226 所示，单击“确定”按钮。

（3）选中数据透视表，设置“数据透视表字段”，“性别”“年龄”添加到“列”，“职务”添加到“行”，“姓名”添加到“筛选”，“基本工资”添加到“值”，“基本工资”值字段设置由“求和”改为“平均值”，设置效果如图 4-227 所示。

图 4-226　"创建数据透视表"对话框

图 4-227　"数据透视表字段"窗格

（4）单击"数据透视表"，右击，在快捷菜单中选择"数据透视表选项"命令，弹出"数据透视表选项"对话框，设置"数据透视表名称"为"基本工资透视表"，选择"汇总和筛选"选项卡，取消选中行总计和列总计选项，如图 4-228 所示。单击"确定"按钮，最终效果如图 4-229 所示。

（5）保存文件。

图 4-228　"数据透视表选项"对话框

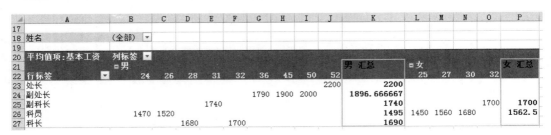

图 4-229　效果图

4. 练习 4

题目要求：根据"家电销售单价""家电销售数量"两个工作表提供的数据，在"家电销售总价"工作表统计家电销售的总价；保存文件。家电销售单价/数量/总价表如图 4-230～图 4-232 所示。

图 4-230　家电销售单价表

图 4-231　家电销售数量表

图 4-232　家电销售总价表

操作步骤如下：

（1）打开工作簿，默认显示"家电销售总价"工作表。

（2）选中 E3 单元格，单击"数据"选项卡→"数据工具"组→"合并计算"选项→"合并计算"按钮，打开"合并计算"对话框，在"函数"下拉列表框中选择"乘积"；添加合并计算的第一个数据源，单击"引用位置"编辑框右侧向上箭头，然后单击"家电销售单价"工作表标签，选择其数据区 E3:E15，单击"添加"按钮，将选择的数据区引用添加到"所有引用位置"列表框中；合并计算的第二个数据源（家电销售数量）采用和第一个数据源相同的方法添加。完成设置的"合并计算"对话框如图 4-233 所示。单击"确定"按钮，最终效果如图 4-234 所示。

（3）保存文件。

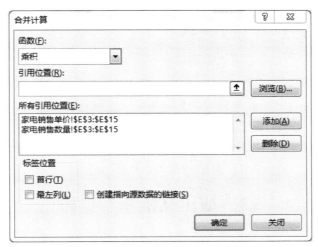

图 4-233 "合并计算"对话框

	A	B	C	D	E
1				家电销售总价	
2	销售地区	商品名称	品牌	规格	总价
3	北京	彩电	索尼	40寸液晶	￥675,000.00
4	杭州	空调	海信	KFR-26GW/27BP	￥785,700.00
5	上海	彩电	飞利浦	42寸液晶	￥899,000.00
6	天津	冰箱	海信	BCD-197T	￥193,622.40
7	北京	冰箱	海尔	BCD-215KA	￥421,200.00
8	天津	彩电	长虹	PT42600NHD	￥349,950.00
9	天津	空调	海尔	KF-23GW/Z8	￥377,790.00
10	杭州	冰箱	海尔	BCD-215KA	￥64,443.60
11	上海	空调	海信	KFR-26GW/27BP	￥1,169,550.00
12	杭州	彩电	索尼	40寸液晶	￥1,300,500.00
13	北京	空调	海尔	KFRD-23GW	￥1,472,230.00
14	上海	冰箱	西门子	KK20V71TI	￥453,600.00
15	北京	空调	海信	KFR-26GW/27BP	￥398,400.00
16					

家电销售单价 家电销售数量 家电销售总价

图 4-234 效果图

练习题

1. Excel 中绝对地址和相对地址的区别是什么？
2. Excel 中函数 COUNT、COUNTA、COUNTIF 三者的区别是什么？
3. Excel 中数据筛选的方法有几种？
4. Excel 中公式输入的方式有几种？
5. Excel 中数据填充常用的方式有几种？

第5章 PowerPoint 2016 的使用

Microsoft Office PowerPoint 是指微软公司的演示文稿软件，而 PowerPoint 2016 是 Office 2016 软件中的组件之一，可集文字、图片、声音、视频等媒体于一体制作演示文稿，广泛运用于学术交流、产品演示、学校教学等领域。利用 PowerPoint 创建的扩展名为 pptx 的文档称为演示文稿。

5.1 演示文稿基本操作

主要学习内容：

- 演示文稿，幻灯片的概念
- 新建/打开、保存和关闭演示文稿
- 添加和选取幻灯片
- 幻灯片的基本操作

一、知识技能要点

1. PowerPoint 2016 的概念

演示文稿：PPT 创建的文档称为演示文稿，演示文稿可由一张或多张幻灯片组成，保存是以*.pptx 为文件拓展名的。

幻灯片：演示文稿里的每一页都为一张幻灯片，幻灯片在演示文稿中可以是相互独立的，也可以是相互联系的。幻灯片可以包含文字、图片、声音及视频等元素。

2. 启动 PowerPoint 2016

方法一：单击"开始"按钮→"所有应用"→Microsoft PowerPoint 2016 菜单命令，启动 PowerPoint。

方法二：双击桌面上新建演示文稿的 PowerPoint 快捷图标。

方法三：双击一个已有的 PowerPoint 演示文稿文件，也可启动 PowerPoint 并打开相应的演示文稿。

启动 PowerPoint 2016 后，系统会出现 PowerPoint 的界面，选择创建一个名称为"空白演示文稿"的空白演示文稿，该演示文稿包含一张待编辑的幻灯片，如图 5-1 所示，可直接输入和编辑演示文稿内容。

图 5-1　启动 PowerPoint 界面

3. PowerPoint 2016 用户界面

PowerPoint 工作界面如图 5-2 所示。许多元素与其他 Windows 程序的窗口元素相似。下面对 PowerPoint 工作界面中的各部分做一些说明。

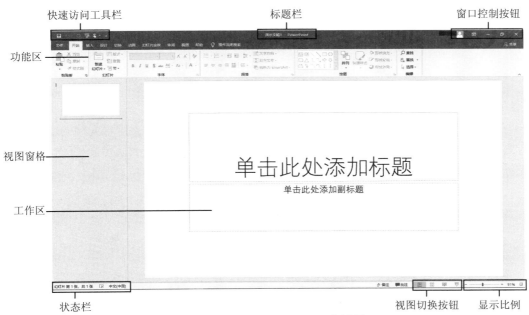

图 5-2　PowerPoint 工作界面

（1）快速访问工具栏：用于放置一些在制作演示文稿时使用频率较高的命令按钮。默认情况下，该工具栏包含了"保存""撤销"和"重复"按钮。如需要在快速访问工具栏中添加其他按钮，可以单击其右侧的下三角按钮，在展开的列表中选择所需选项即可。

（2）标题栏：位于 PowerPoint 2016 操作界面的最顶端，中间显示当前编辑的演示文稿及程序名称。

（3）窗口控制按钮：位于右侧是窗口最小化、最大化/还原和关闭的控制按钮。

（4）功能区：一个由多个选项卡组成的带形区域。大部分命令分类组织在功能区的不同选项卡中，单击不同的选项卡标签，可切换功能区中显示的命令。在每一个选项卡中，命令又被分类放置在不同的组中。

（5）视图窗格：利用窗格可以快速查看和选择演示文稿中的幻灯片。窗格显示了幻灯片的缩略图，单击某张幻灯片的缩略图，可选择该幻灯片，此时即可在右侧的幻灯片编辑区编辑该幻灯片。

（6）工作区：工作区又称文档窗口，是编辑幻灯片的主要区域，工作区有一些带有虚线边框的编辑框，称为占位符框，用于指示可在其中输入标题文本（标题占位符）、正文文本（文本占位符），或者插入图表、表格和图片（内容占位符）等对象。幻灯片版式不同，占位符的类型和位置也不同。

（7）状态栏：位于程序窗口的最底部，显示当前演示文稿的一些信息，如当前幻灯片及总幻灯片数、主题名称、语言类型等。此外，还提供了用于切换视图模式的视图按钮，以及用于调整视图显示比例的缩放级别按钮和显示比例调整滑块等。

此外，工作区底下是备注窗格，主要用于为对应的幻灯片添加提示信息，对演示文稿讲解者起备忘、提示作用，在实际播放时观众看不到备注栏中的信息。备注窗格如图 5-3 所示。

备注窗格

图 5-3　备注窗格

4. 保存和关闭演示文稿

（1）保存演示文稿。单击"文件"中的"另存为"按钮，选择保存演示文稿的文件夹范围，在"文件名"编辑框中输入演示文稿名称，保存类型为"PowerPoint 演示文稿（*.pptx）"，如图 5-4 所示，单击"保存"按钮即可保存演示文稿。

图 5-4　演示文稿另存为

（2）关闭演示文稿。在"文件"选项卡界面中选择"关闭"项。

5．添加和选取幻灯片

（1）添加幻灯片。要在演示文稿中某张幻灯片的后面添加一张新幻灯片，可首先在"幻灯片"窗格中单击该幻灯片将其选择，然后按 Enter 键或 Ctrl+M 组合键。

要按一定的版式添加新的幻灯片，可在选择幻灯片后单击"开始"选项卡"幻灯片"组中的"新建幻灯片"按钮，在展开的幻灯片版式列表中选择新建幻灯片的版式，如图 5-5 所示。

图 5-5　新建幻灯片版式选择

（2）更改幻灯片版式。幻灯片版式主要用来设置幻灯片中各元素的布局（如占位符的位置和类型等）。用户可在新建幻灯片时选择幻灯片版式，也可在创建好幻灯片后，单击"开始"选项卡"幻灯片"组中的"版式"按钮，如图 5-6 所示，在展开的列表中重新为当前幻灯片选择版式。

6．选择、复制和删除幻灯片

（1）选择幻灯片。选择单张幻灯片，直接在"幻灯片"窗格中单击该幻灯片即可；选择连续的多张幻灯片，可按住 Shift 键单击前后两张幻灯片；选择不连续的多张幻灯片，可按住 Ctrl 键依次单击要选择的幻灯片。

（2）复制幻灯片。在"幻灯片"窗格中选择要复制的幻灯片，右击所选幻灯片，在弹出的快捷菜单中选择"复制"命令，如图 5-7（a）所示，然后在"幻灯片"窗格中要插入复制的幻灯片的位置处右击，从弹出的快捷菜单中选择一种粘贴选项，如"使用目标主题"项（表示复制过来的幻灯片格式与目标位置的格式一致），如图 5-7（b）所示，即可将复制的幻灯片插入该位置，如图 5-7（c）所示。

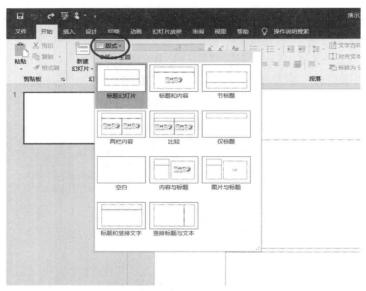

图 5-6　更改幻灯片版式

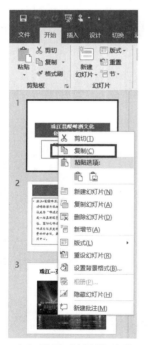

（a）选择"复制"命令

（b）选择"使用目标主题"项

（c）复制幻灯片效果

图 5-7　复制幻灯片

　　复制幻灯片还可以在选定幻灯片后，在"开始"选项卡的"剪贴板"组中使用"复制"按钮和"粘贴"按钮进行操作。

　　（3）删除幻灯片。在"幻灯片"窗格中选择要删除的幻灯片，然后按 Delete 键；或右击要删除的幻灯片，在弹出的快捷菜单中选择"删除幻灯片"命令，删除幻灯片后，系统将自动调整幻灯片的编号。

7. 向幻灯片输入文本

（1）在占位符中输入文本。当添加一张幻灯片之后，占位符中的文本是一些提示性内容，用户可用实际所需要的内容去替换占位符中的文本。方法：单击占位符，将插入点置于占位符内，直接输入文本。输入完毕后，单击幻灯片的空白处，即可结束文本输入并且使该占位符的虚线边框消失。

（2）使用文本框添加文本。当需要在幻灯片占位符外添加文本时，可以先插入文本框，然后在文本框中输入文本。插入文本框的方法：在"插入"选项卡"文本"组中单击"文本框"按钮，如图 5-8 所示。然后在要插入文本框的位置按住鼠标左键不放并拖动，即可绘制一个文本框。

图 5-8　插入文本框

单击"文本框"按钮，系统展开列表，选择"垂直文本框"项，则可绘制一个竖排文本框，在其中输入的文本将竖排放置。

选择文本框工具后，如果在需要插入文本框的位置单击，可插入一个单行文本框。在单行文本框中输入文本时，文本框可随输入的文本自动向右扩展。如果要换行，可按 Enter 键开始一个新的段落。

选择文本框工具后，如果利用拖动方式绘制文本框，则绘制的是换行文本框。在换行文本框中输入文本时，当文本到达文本框的右边缘时将自动换行，此时若要开始新的段落，可按 Enter 键。

在 PowerPoint 中绘制的文本框默认是没有边框的。要为文本框设置边框，可先单击文本框边缘将其选中，然后单击"开始"选项卡"绘图"组中的"形状轮廓"按钮，在展开的列表中选择边框颜色和粗细等，如图 5-9 所示。

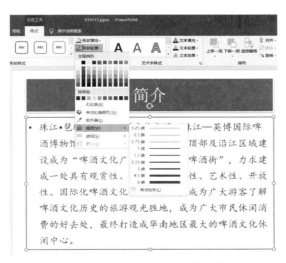

图 5-9　设置文本框边框颜色和粗细

二、知识点巩固练习

本节通过对"心理学"的制作，使初学者掌握 PowerPoint 2016 的基本操作，并能建立一个完整的演示文稿，包括新建演示文稿、添加幻灯片、选取主题、选取版式、添加文本、保存演示文稿等操作。完成后的效果如图 5-10 所示。

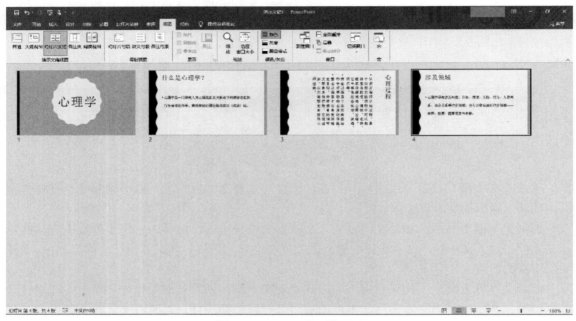

图 5-10　"心理学"效果图

（1）启动 PowerPoint，新建"心理学"演示文稿。

（2）为"心理学"演示文稿选择一种主题。

（3）添加幻灯片，使"心理学"成为一个由 4 张幻灯片构成的演示文稿。

（4）设置 4 张幻灯片的版式分别为"标题幻灯片""标题与内容""竖排标题与文本"和"标题与内容"。

（5）为幻灯片添加相应文本。

（6）保存和关闭演示文稿。将演示文稿命名为"心理学.pptx"

三、操作过程

1. 启动 PowerPoint 2016

单击"开始"按钮→"所有应用"→Microsoft PowerPoint 2016 菜单命令，启动 Microsoft Office PowerPoint 2016，工作界面如图 5-1 所示。

2. 制作公司简介首页

（1）选择主题。在"设计"选项卡"主题"组中单击"徽章"主题，如图 5-11 所示。也可单击"主题"组右边的"其他"按钮选择更多不同的主题。

图 5-11　选择"徽章"主题

（2）添加文字。分别单击标题占位符和副标题占位符，然后输入标题文本"心理学"，完成第一张"标题幻灯片"的制作，如图 5-12 所示。

图 5-12　输入标题

3．制作第二张幻灯片

（1）添加幻灯片。单击"开始"选项卡"幻灯片"组中的"新建幻灯片"按钮，在展开的幻灯片版式列表中选择"标题与内容"，如图 5-13 所示。这时第一张幻灯片后添加了一张新幻灯片，如图 5-14 所示。

（2）添加文字。在标题处输入文本"什么是心理学？"，普通文本占位符中输入内容文本，完成后的效果如图 5-15 所示。

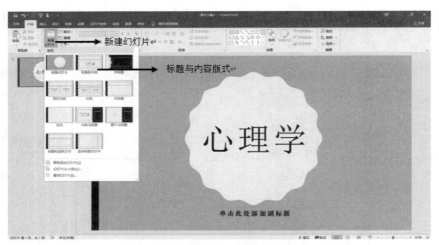

图 5-13　选择"标题与内容"版式

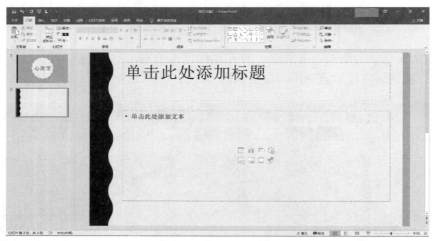

图 5-14　新添加的幻灯片

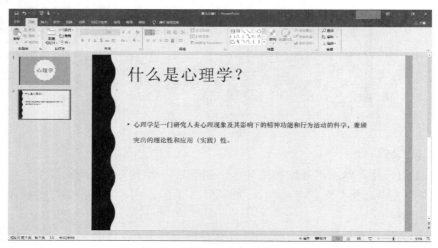

图 5-15　第二张幻灯片效果图

4．制作第三张幻灯片

（1）添加幻灯片。单击"开始"选项卡"幻灯片"组中的"新建幻灯片"按钮，在展开的幻灯片版式列表中选择"竖排标题与文本"，如图 5-16 所示。

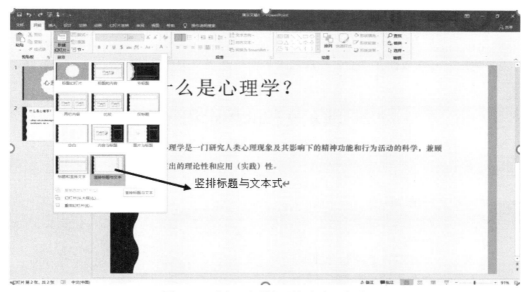

图 5-16　选择"竖排标题与文本"版式

（2）添加文字。在标题占位符中输入文本"心理过程"，在其下的普通文本占位符中继续输入其他段落文本，完成后的效果如图 5-17 所示。

图 5-17　第三张幻灯片效果图

5．制作第四张幻灯片

按照第二张幻灯片的制作方法制作第四张幻灯片。全部完成后的效果如图 5-10 所示。

6．保存和关闭演示文稿

（1）保存演示文稿。单击"快速访问工具栏"中的"保存"按钮，打开"另存为"对话框（第一次保存文件时，弹出"另存为"对话框）。在该对话框左侧窗格中选择保存演示文稿的文件夹范围，在中间的列表中双击选择保存演示文稿的文件夹，在"文件名"编辑框中输入演示文稿名称，保存类型为"PowerPoint 演示文稿（*.pptx）"，如图 5-4 所示，单击"保存"按钮即可保存演示文稿。

（2）关闭演示文稿。在"文件"选项卡界面中选择"关闭"项。

5.2　演示文稿的编辑和修饰

主要学习内容：

- 打开已有的演示文稿
- 格式化文本、设置项目符号
- 添加页眉和页脚
- 应用幻灯片母版、更改演示文稿主题
- 调整背景颜色和填充效果

一、知识技能要点

1．打开已有演示文稿

除了第一节所述打开演示文稿的方法外，还可以直接双击演示文稿文件，在启动 PowerPoint 的同时打开相应的演示文稿。

2．设置文本的字符格式

（1）使用字符格式按钮设置。选择要设置字符格式的文本或文本所在文本框（占位符），然后单击"开始"选项卡上"字体"组中的相应按钮进行设置即可，如图 5-18 所示。

图 5-18　字符格式设置

（2）使用"字体"对话框设置。选择要设置字符格式的文本或文本所在文本框（占位符），然后单击"开始"选项卡"字体"组右下角的对话框启动器，打开"字体"对话框，如图 5-18 所示，在其中进行相应设置即可。

3．设置文本的段落格式

（1）设置段落的对齐方式。在 PowerPoint 2016 中，段落的对齐是指段落相对于文本框或占位符边缘的对齐方式。

- 水平对齐：包括左对齐、右对齐、居中对齐、两端对齐和分散对齐。要快速设置段落的水平对齐方式，可在选择段落后单击"开始"选项卡上"段落"组中的相应按钮，如图 5-19 所示。
- 垂直对齐：包括顶端对齐、中部对齐、底端对齐。要快速设置段落的垂直对齐方式，可在选择段落后单击"开始"选项卡上"段落"组中的"对齐文本"按钮，在展开的列表中选择一种对齐方式即可，如图 5-20 所示。

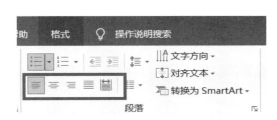

图 5-19　水平对齐按钮

图 5-20　垂直对齐按钮

（2）设置段落的缩进、间距和行距。在 PowerPoint 2016 中，常利用"段落"对话框来设置段落的缩进、间距和行距，操作方法如下所述。

选择段落或段落所在文本框，然后单击"开始"选项卡上"段落"右下角的对话框启动器，打开"段落"对话框，如图 5-21 所示。在其中进行设置，然后单击"确定"按钮。

图 5-21　"段落"对话框

- 文本之前：设置段落所有行的左缩进效果。
- 特殊格式：在该下拉列表框中包括"无""首行缩进"和"悬挂缩进"3个选项，"首行缩进"表示将段落首行缩进指定的距离；"悬挂缩进"表示将段落首行外的行缩进指定的距离；"无"表示取消首行或悬挂缩进。
- 间距：设置段落与前一个段落（段前）或后一个段落（段后）的距离。
- 行距：设置段落中各行之间的距离。

4. 使用项目符号与编号

项目符号和编号是放在文本前的点或其他符号，起到强调作用，使文本的层次结构更清晰，使得幻灯片更加有条理，易于阅读。

（1）使用项目符号。如果在正文文本框中输入文本信息，输入一条文本后按 Enter 键，PowerPoint 将自动在下一行前放置一个项目符号，即在幻灯片的正文文本框中每条文字信息前面通常带有项目符号。PowerPoint 允许重新指定项目符号，也可以取消项目符号。

1）添加项目符号的操作方法如下：

a. 将插入符定位在要添加项目符号的段落中，或选择要添加项目符号的多个段落。

b. 单击"开始"选项卡上"段落"组中的"项目符号"右侧的下三角按钮，在展开的列表中选择一种项目符号，如图 5-22（a）所示。

c. 若列表中没有需要的项目符号，或需要设置符号的大小和颜色等，可单击列表底部的"项目符号和编号"项，打开"项目符号和编号"对话框，如图 5-22（b）所示。

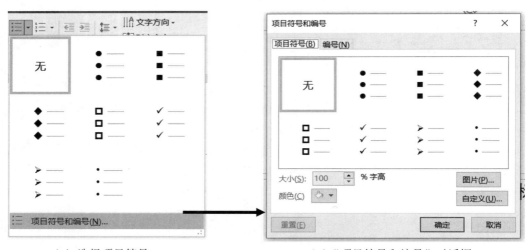

（a）选择项目符号　　　　　　　　　　（b）"项目符号和编号"对话框

图 5-22　设置项目符号

d. 若希望为段落添加图片项目符号，可单击对话框中的"图片"按钮，打开"图片项目符号"对话框，在该对话框中选择需要的图片作为项目符号。

e. 若希望添加自定义的项目符号，可在"项目符号和编号"对话框中单击"自定义"按钮，打开"符号"对话框。在"字体"下拉列表中选择一种字体，例如选择 Wingdings，再在其下方的符号列表中选择一种作为项目符号的符号，如图 5-23 所示，单击"确定"按钮返回"项目符号和编号"对话框。

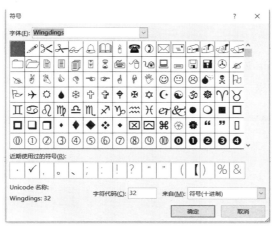

图 5-23 "符号"对话框

2）取消项目符号有以下两种方法：

a. 将插入符定位在要取消项目符号的段落中，或选择要取消项目符号的多个段落，单击"开始"选项卡上"段落"组中的"项目符号"右侧的下三角按钮，在展开的列表中选择"无"按钮，如图 5-24 所示，即可取消项目符号。

b. 将插入符定位在要取消项目符号的段落中，或选择要取消项目符号的多个段落，直接单击"开始"选项卡上"段落"组中的"项目符号"按钮，即可取消项目符号。

（2）添加编号。用户还可为幻灯片中的段落添加系统内置的编号，操作方法：将插入符置于要添加编号的段落中，或选择要添加编号的多个段落，单击"开始"选项卡上"段落"组中的"编号"按钮右侧的下三角按钮，在展开的列表中选择一种系统内置的编号样式，即可为所选段落添加编号，如图 5-25 所示。

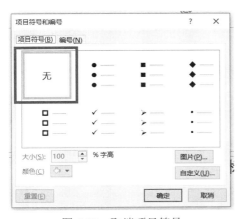

图 5-24 取消项目符号

图 5-25 系统内置的编号样式

5．页眉和页脚的设置

单击"插入"选项卡上"文本"组中的"页眉和页脚"按钮，打开"页眉和页脚"对话框，如图 5-26 所示，在对话框中勾选各选项并输入页脚内容，然后单击"全部应用"按钮，完成页眉和页脚的设置。还可以通过幻灯片母版视图来改变"日期区""页脚区"和"数字区"在幻灯片中的位置及文字格式。

图 5-26 "页眉和页脚"对话框

6. 母版的使用

在制作演示文稿时，通常需要为每张幻灯片设置一些相同的内容或格式，以使演示文稿主题统一。例如，要在"公司简介"演示文稿的每张幻灯片中加入公司的 Logo，且为每张幻灯片标题占位符和文本占位符中的文本都设置相同的格式。如果在每张幻灯片中重复设置这些内容，无疑会浪费时间，此时可利用幻灯片母版对这些重复出现的内容进行设置。

PowerPoint 母版包括幻灯片母版、讲义母版和备注母版 3 种类型。

（1）应用幻灯片母版。幻灯片母版是一种特殊的幻灯片，利用它可以统一设置演示文稿中的所有幻灯片，或指定幻灯片的内容格式（如占位符中文本的格式），以及需要统一在这些幻灯片中显示的内容，包括图片、图形、文本或幻灯片背景等。具体操作方法如下：

1）打开演示文稿，单击"视图"选项卡上"母版视图"组中的"幻灯片母版"按钮，进入幻灯片母版视图。此时将显示"幻灯片母版"选项卡，如图 5-27 所示。

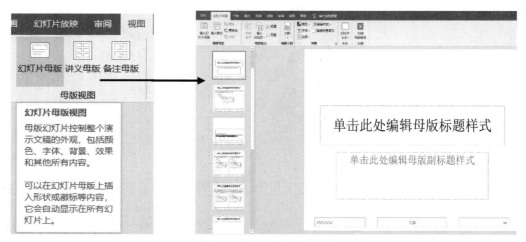

图 5-27 幻灯片母版视图

默认情况下，幻灯片母版视图左侧窗格中的第 1 个母版（比其他母版稍大）称为"幻灯片母版"，在其中进行的设置将应用于当前演示文稿中的所有幻灯片；其下方为该母版的版式母版（子母版），如"标题幻灯片""标题和内容"（将鼠标指针移至母版上方，将显示母版名称，以及其应用于演示文稿的哪些幻灯片）等。在某个版式母版中进行的设置将应用于使用了对应版式的幻灯片中。用户可根据需要选择相应的母版进行设置。

2）进入幻灯片母版视图后，可在幻灯片左侧窗格中单击选择要设置的母版，然后在右侧窗格，使用"开始""插入"等选项卡设置占位符的文本格式，或者插入图片、绘制图形并设置格式，还可利用"幻灯片母版"选项卡设置母版的主题和背景，以及插入占位符等，所进行的设置将应用于对应的幻灯片中。

（2）查看和编辑幻灯片母版。幻灯片母版建立后，可以查看和编辑，操作方法如下：

1）在 PowerPoint 窗口中，打开要更改属性设置的演示文稿。

2）单击"视图"选项卡上"母版视图"组中的"幻灯片母版"按钮，进入幻灯片母版视图。

3）通过对占位符的编辑，可以重新设置文本的字体、字号、字形、颜色、对齐方式等。

4）通过"幻灯片母版"选项卡的各组功能按钮，如图 5-28 所示。可对幻灯片母版进行各种编辑操作，例如在"编辑母版"组中单击"插入幻灯片母版"按钮，将在当前幻灯片母版之后插入一个幻灯片母版，以及附属于它的各版式母版。

5）单击"关闭母版视图"按钮，退出幻灯片母版视图。

图 5-28　"幻灯片母版"选项卡

（3）应用讲义母版和备注母版。单击"视图"选项卡上"母版视图"组中的"讲义母版"或"备注母版"按钮，可进入讲义母版或备注母版视图。这两个视图主要用来统一设置演示文稿的讲义和备注的页眉、页脚、页码、背景和页面方向等，这些设置大多数与打印幻灯片讲义和备注页相关，我们将在后面具体学习打印幻灯片讲义和备注的方法。

7. 更改演示文稿主题

在 PowerPoint 2016 中，可以根据主题新建演示文稿，也可以创建演示文稿后再更改其主题，还可以自定义主题的颜色和字体。

更改演示文稿主题的操作方法：打开要更改主题的演示文稿，单击"设计"选项卡上"主题"组中的"其他"按钮，在展开的列表中单击某个主题的缩览图，如图 5-29 所示，例如单击"流畅"，此时，各幻灯片背景、文本、填充、线条、阴影等都将自动应用所选的主题格式。

8. 调整主题颜色、字体及效果

（1）主题颜色。PowerPoint 2016 的主题颜色是幻灯片背景颜色、图形填充颜色、图形边框颜色、文字颜色、强调文字颜色、超链接颜色和已访问过的超链接颜色等的组合。单击"设计"选项卡上"变体"组中的"颜色"按钮，展开颜色列表，在列表中单击某颜色组合，如"蓝色暖调"，即可将其应用于演示文稿中的所有幻灯片，如图 5-30 所示。

图 5-29　更改演示文稿主题

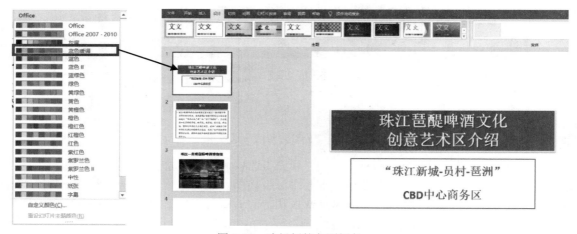

图 5-30　选择新的主题颜色

（2）主题字体。通过设置主题字体可以快速更改演示文稿中所有标题文字和正文文字的字体格式。PowerPoint 2016 自带了多种常用的字体格式组合，用户可自由选择，也可以根据实际情况自定义字体的搭配效果。单击"设计"选项卡上"变体"组中的"字体"按钮，展开"字体"列表，在每个主题名称下方可看到该主题的标题和正文文本字体的名称，例如选择"微软雅黑"主题字体，可以看到当前演示文稿的所有幻灯片的标题文本字体变成了"微软雅黑"，正文文本字体变成了"黑体"，如图 5-31 所示。

（3）主题效果。主题效果是幻灯片中图形线条和填充效果设置的组合，其中包含了多种常用的阴影和三维设置组合。单击"设计"选项卡上"变体"组中的"效果"按钮，在展开的列表中可以看到各种主题效果，如图 5-32 所示。选择某个主题效果，即可将其应用于当前演示文稿的所有幻灯片中。

图 5-31　选择新的主题字体

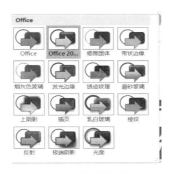

图 5-32　主题"效果"列表

9. 设置幻灯片背景

默认情况下，演示文稿中的幻灯片背景使用主题规定的背景，用户也可以重新为幻灯片设置纯色、渐变色、图案、纹理和图片等背景。

（1）应用背景样式。打开要应用背景样式的演示文稿，然后单击"设计"选项卡上"变体"按钮，展开"背景样式"列表，在列表中右击一种背景样式，并在弹出的快捷菜单中选择"应用于所有幻灯片"或"应用于所选幻灯片"项，即可为演示文稿中的幻灯片应用该样式，如图 5-33 所示。

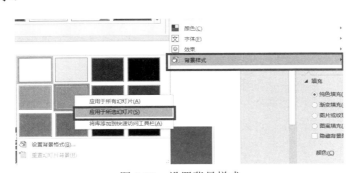

图 5-33　设置背景样式

（2）设置背景格式。要自定义纯色、渐变、图案、纹理和图片等背景，可单击"设计"选项卡上的"设置背景格式"按钮，打开"设置背景格式"窗格，如图 5-34 所示。

图 5-34　"设置背景格式"窗格

- 设置纯色填充：在选中"纯色填充"单选按钮后，单击"颜色"右侧下三角按钮，从弹出的颜色列表中选择所需颜色，设置的颜色将自动应用于当前幻灯片，如图 5-35 所示。若要将该颜色应用于所有幻灯片，可单击"应用到全部"按钮。

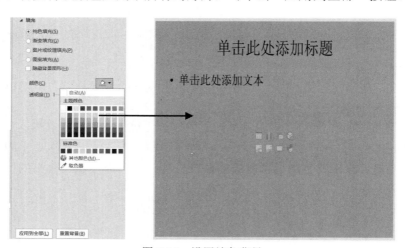

图 5-35　设置纯色背景

- 设置渐变填充：选中"渐变填充"单选按钮，单击"预设渐变"右侧下三角按钮，从弹出的列表中选择系统预设的渐变色，例如"顶部聚光灯-个性色 2"，设置的渐变色将自动应用于当前幻灯片，如图 5-36 所示。
- 设置图片、纹理和图案填充：选中"图片或纹理填充"单选按钮后，单击"纹理"右侧下三角按钮，从弹出的列表中选择所需纹理，或单击"图片源"下面的"插入"按钮，选择所需图片即可为幻灯片设置纹理或图片填充；选中"图案填充"单选按钮，可设置图案填充，例如在弹出的图案列表中选择"横线:交替水平线"图案，其效果如图 5-37 所示。

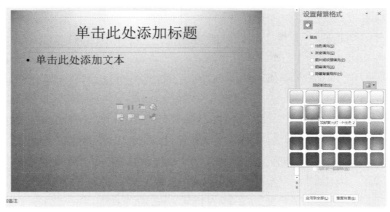

图 5-36 设置渐变色背景

图 5-37 设置图案填充背景

二、知识点巩固练习

对"心理学"演示文稿做进一步的编辑和修饰，包括字体、字号、颜色的设置，行间距的调整，项目符号的设置，页眉页脚的添加等操作，使演示文稿更加美观。完成后的效果如图 5-38 所示。

图 5-38 编辑后的"心理学"效果图

（1）设置文本格式。将标题幻灯片主标题的字体设置为华文隶书，字号为 80，其他幻灯片文本字体为仿宋，字号为 28，并改变字体颜色为深蓝。

（2）设置行距。将幻灯片文本的行距设置为 1.5 倍，段前间距为 10 磅。

（3）设置项目符号。将幻灯片中的项目符号设置为✓。

（4）添加页眉和页脚。为每张幻灯片添加当前日期和以"心理学"为内容的页脚，同时添加幻灯片编号。

（5）母版的应用。应用幻灯片母板将日期、页脚文字及编号的颜色设置为红色。

三、操作过程

1．设置文本格式

打开"心理学"演示文稿，单击主标题占位符（或选定"心理学"文字），然后在"开始"选项卡上的"字体"组中选择字体为华文隶书，字号为80，如图 5-39 所示。以同样的方法设置第 2～4 张幻灯片的正文文字格式：字体为仿宋，字号为 28，颜色为深蓝。

图 5-39　设置标题幻灯片格式

2．设置行间距

选择第 2 张幻灯片，选定正文文字（或单击文本占位符），单击"开始"选项卡上"段落"组右下方的对话框启动器，弹出"段落"对话框。在对话框中选择 1.5 倍行距和段前间距 10磅。以同样的方法设置第 3 张和第 4 张幻灯片的行间距。

3．设置项目符号

选择第 3 张幻灯片，选定要添加项目符号的多个段落（或单击文本占位符），单击"开始"选项卡上"段落"组中的"项目符号"右侧的下三角按钮，在展开的列表中单击"项目符号和编号"项，在打开的"项目符号和编号"对话框中选择项目符号的大小和颜色。单击"确定"按钮，完成项目符号的设置。完成后的效果如图 5-40 所示。

4．添加页眉和页脚

单击"插入"选项卡上"文本"组中的"页眉和页脚"按钮，打开"页眉和页脚"对话框，选择"幻灯片"选项卡，勾选"日期和时间""幻灯片编号""页脚""标题幻灯片中不显示"复选框，并选择"日期和时间"中的"自动更新"，在"页脚"文本框中输入"心理学"，如图 5-41 所示。最后单击"全部应用"按钮，此时在除标题幻灯片以外的所有幻灯片的底部均出现以上所选内容。

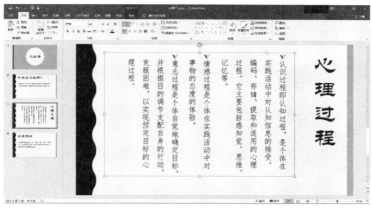

图 5-40　设置项目符号效果图

图 5-41　"页眉和页脚"对话框

5. 使用母版设置幻灯片页眉和页脚格式

（1）单击"视图"选项卡上"母版视图"组中的"幻灯片母版"按钮，进入幻灯片母版视图。

（2）单击左侧窗格中"标题与内容版式"母版（第 3 张），然后单击"日期时间"文本框，使用"开始"选项卡上"字体"组中的按钮将颜色改变为红色，用同样的方法为"页脚"和"编号"改变颜色。效果如图 5-42 所示。

图 5-42　"标题与内容版式"母版

（3）单击左侧窗格中"竖排标题与文本版式"母版（最后一张），然后再更改幻灯片母版中的日期、页脚、编号的字体颜色，如图 5-43 所示。

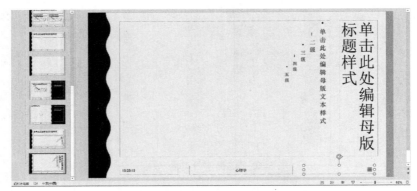

图 5-43 "竖排标题与文本版式"母版

（4）单击"关闭母版视图"按钮，回到演示文稿普通视图界面。

5.3 添加多媒体效果

主要学习内容：

- 插入图片、表格、声音和艺术字
- 创建图表

一、知识技能要点

1. 插入剪贴画

在 PPT 中有两种插入图片的方法：插入外部图片和插入剪贴画（联机图片）。插入外部图片的方法与在 Word 2016 中插入图片的方法类似，这里不再重复。

PowerPoint 2016 提供了多种类型的剪贴画，这些剪贴构思巧妙，能够表达不同的主题，用户可以根据需要将它们插入幻灯片中。插入剪贴画的操作方法如下：

（1）选择要插入剪贴画的幻灯片，单击"插入"选项卡上"图像"组中的"图片"按钮，打开"插入图片"任务窗格，如图 5-44 所示。

图 5-44 "插入图片"任务窗格

（2）在"必应图像搜索"编辑框中输入剪贴画的相关主题或关键字，例如输入"动物"，单击"搜索"按钮。

（3）搜索完成后，在搜索结果预览框中将显示所有符合条件的剪贴画，单击所需的剪贴画，即可将它插入幻灯片的中心位置，如图 5-45 所示。

图 5-45　插入剪贴画

2. 图片、艺术字、表格、图表的编辑

在幻灯片中插入的图片、艺术字、表格、图表的编辑方法与 Word、Excel 中的操作类似，在这里不再详细讲述，请参照前面相关章节。

3. 插入声音

在幻灯片中插入声音，作为演示文稿的背景音乐或演示解说等，使幻灯片更加生动。插入声音的操作方法如下：

（1）打开一个演示文稿，选择要插入声音的幻灯片。

（2）单击"插入"选项卡上"媒体"组中的"音频"按钮下拉箭头，在展开的列表中选择"PC 上的音频"项，如图 5-46（a）所示，打开"插入音频"对话框。

（3）在"插入音频"对话框中，选择要插入的声音文件，在 PowerPoint 2016 中可以插入mp3、midi、wav、au 等格式的声音文件，如图 5-46（b）图所示。

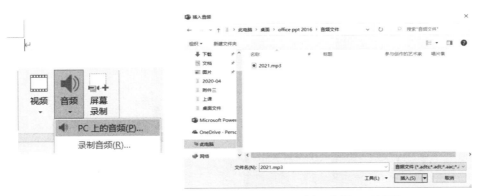

（a）选择"PC 上的音频"项　　　　　（b）"插入音频"对话框

图 5-46　插入音频文件

（4）单击"插入"按钮，系统将在幻灯片中心位置添加一个声音图标，并在声音图标下方显示音频播放控件，如图 5-47 所示。单击其左侧的"播放/暂停"按钮可预览声音，将鼠标指针移到"静音/取消静音"按钮上，可调整播放音量的大小。

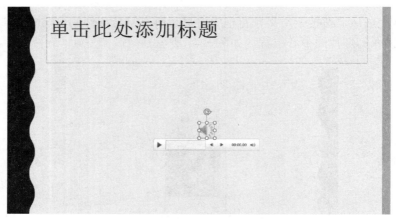

图 5-47　插入音频文件

4. 声音的播放设置

如果在演示文稿中插入了声音，且要将此声音设置为跨多张幻灯片循环播放同时在播放时隐藏音频图标，则需对其进行相应的设置。操作方法：选定幻灯片中的音频图标，单击"音频工具→播放"选项卡，在"音频选项"组中勾选"跨幻灯片播放"复选框，表示声音自动跨多张幻灯片播放，接着勾选"循环播放，直到停止"和"放映时隐藏"复选框，如图 5-48 所示。

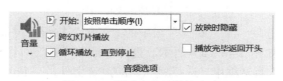

图 5-48　设置声音的播放方式

二、知识点巩固练习

在"心理学"演示文稿中插入图片、艺术字，添加表格、图表幻灯片，使演示文稿图文并茂、内容更加丰富、版面更加悦目。完成后的效果如图 5-49 所示。

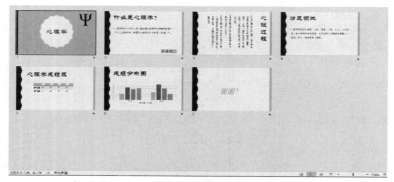

图 5-49　"心理学"演示文稿

（1）插入图片。在标题幻灯片中直接插入图片。

（2）制作"心理学成绩"表格幻灯片。插入一张"标题与表格"版式的新幻灯片，在幻灯片中制作"心理学成绩表"表格。

（3）制作"成绩分布"图表幻灯片。插入一张"标题与图表"版式的新幻灯片，在幻灯片中制作"成绩分布"图表。

（4）添加艺术字。在最后一张幻灯片中添加艺术字"谢谢！"。

三、操作过程

1. 插入图片

（1）在第 1 张幻灯片中插入图片。单击"插入"选项卡上"图像"组中的"图片"按钮，选择"此设备"项，打开"插入图片"对话框，选择要插入的图片，单击"插入"按钮，如图 5-50 所示。即可将所选的图片插入当前幻灯片的中心位置。

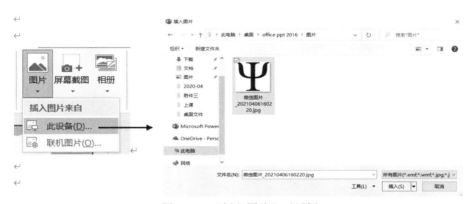

图 5-50　"插入图片"对话框

（2）对插入的图片进行编辑。

1）改变图片大小。单击幻灯片中的图片，这时在图片周围出现 8 个控点，如图 5-51 所示。将鼠标指针移到右下角的控点上，鼠标指针会变成带双箭头的指针，按住鼠标左键往内拉，将图片缩小（往外拉则放大）。

2）移动图片。将鼠标指针移到图片中任一处，此时鼠标指针变为带双箭头的十字形指针，按住鼠标左键不放并拖动鼠标，将图片移动到幻灯片右上角位置，如图 5-52 所示。

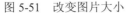

图 5-51　改变图片大小　　　　　　　图 5-52　改变图片位置

3）设置图片的透明色。选定图片，然后单击"图片工具-格式"选项卡上"调整"组中的"颜色"按钮，在展开的列表中单击"设置透明色"按钮，移动鼠标指针到图片上单击，图片变为透明色，如图 5-53 所示。

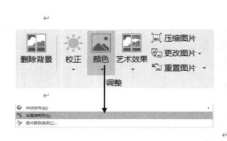

图 5-53　设置图片透明色

2．制作"心理学"表格幻灯片

（1）选定第 4 张幻灯片，添加一张"标题和内容"版式的幻灯片。

（2）单击文本占位符中的"插入表格"按钮，弹出"插入表格"对话框，输入表格列数和行数，如图 5-54 所示，单击"确定"按钮，在幻灯片上插入一个 3 行 5 列的表格。

图 5-54　"插入表格"对话框

（3）在表格中输入内容，并对表格进行格式化操作（方法与 Word 表格编辑方法相同），在标题占位符中输入"心理学成绩表"，如图 5-55 所示。

图 5-55　插入表格幻灯片

3．制作"成绩分布"图表幻灯片

（1）选定第 5 张幻灯片，添加一张"标题与内容"版式的幻灯片。

（2）单击文本占位符中的"插入图表"按钮，打开"插入图表"对话框，如图 5-56 所示，选择"簇状柱形图"，单击"确定"按钮后弹出数据表窗口，如图 5-57 所示。

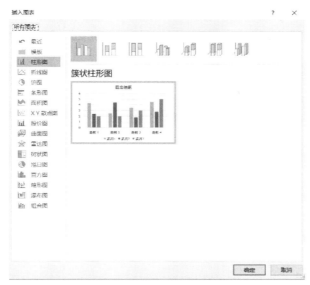

图 5-56 "插入图表"对话框

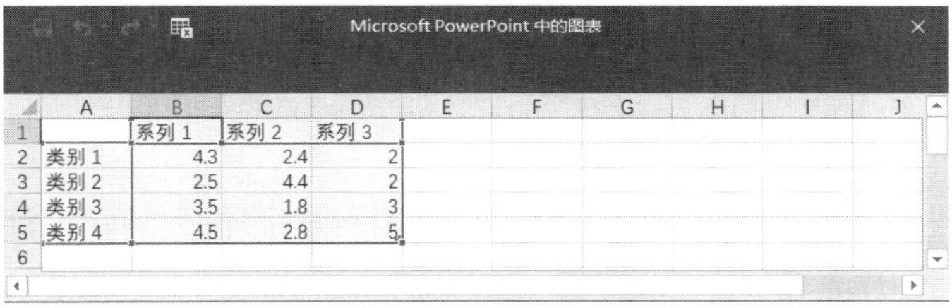

图 5-57 数据表窗口

（3）在数据表中输入实际数据，如图 5-58 所示，然后关闭数据表窗口，完成插入图表的操作。插入图表后的幻灯片效果如图 5-59 所示。

图 5-58 输入实际数据

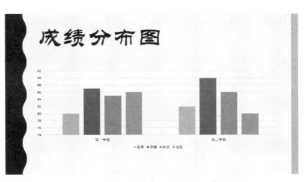

图 5-59 插入图表后的幻灯片效果

4. 添加艺术字

（1）选定第 6 张幻灯片，添加一张"空白"版式的幻灯片。

（2）单击"插入"选项卡上"文本"组中的"艺术字"按钮，在打开的列表中选择一种艺术字样式，如图 5-60 所示。

（3）此时在幻灯片的中心位置出现一个文本框，在其中输入"谢谢！"，如图 5-61 所示。

图 5-60　选择艺术字样式

图 5-61　输入艺术字文本

（4）设置艺术字的字体、字号和字形，调整文本框位置（方法与调整图片位置相同），如图 5-62 所示。

图 5-62　插入艺术字

5.4　设置播放效果

主要学习内容：

- 设置动画效果
- 设置幻灯片切换效果
- 插入超链接
- 添加动作按钮

一、知识技能要点

1. 设置动画效果

所谓幻灯片的动画效果，是指在播放一张幻灯片时，幻灯片中的不同对象（文本、图片、声音和图像等）的动态显示效果。

在 PowerPoint 中的动画主要有进入、强调、退出和动作路径几种类型，用户可利用"动画"选项卡来添加和设置这些动画效果。

- "进入"动画：它是 PowerPoint 中应用最多的动画类型，是指放映某张幻灯片时，幻灯片中的文本、图像和图形等对象进入放映画面时的动画效果。
- "强调"动画：它是指在放映幻灯片时，为已显示在幻灯片中的对象设置的动画效果，目的是强调幻灯片中的某些重要对象。
- "退出"动画：它是指在幻灯片放映过程中为了使指定对象离开幻灯片而设置的动画效果，是进入动画的逆过程。
- "动作路径"动画：不同于上述三种动画效果，它可以使幻灯片中的对象沿着系统自带的或用户自己绘制的路径进行运动。

除"动作路径"动画外，在 PowerPoint 中添加和设置不同类型动画效果的操作基本相同。

2. 使用动画窗格管理动画

可利用动画窗格管理已添加的动画效果，如选择、删除动画效果，调整动画效果的播放顺序，以及对动画效果进行更多设置等。

（1）打开动画窗格。单击"动画"选项卡上"高级动画"组中的"动画窗格"按钮，在 PowerPoint 窗口右侧打开"动画窗格"，可看到为当前幻灯片添加的所有动画效果都将显示在该窗格中。把鼠标指针移至某个动画效果上方，将显示动画的开始播放方式、动画效果类型和添加动画的对象，如图 5-63 所示。

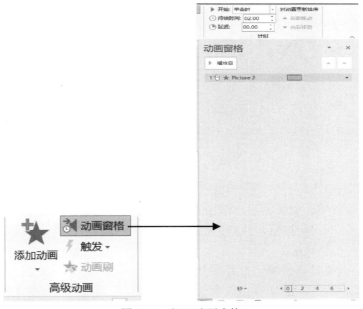

图 5-63　打开动画窗格

（2）通过"效果选项"设置动画效果。若希望对动画效果进行更多设置，可在"动画窗格"中单击要设置的效果，再单击右侧的下三角按钮，从弹出的列表中选择"效果选项"，然后在打开的对话框中进行设置并确定即可。不同动画效果的设置项也不相同，如图 5-64 所示。

图 5-64　设置更多的动画效果选项

（3）调整同一张幻灯片中动画的播放顺序。各幻灯片中的动画效果都是按照添加时的顺序进行播放的，可根据需要调整动画的播放顺序。方法是在"动画窗格"中单击选择要调整顺序的动画效果，然后单击"向前移动"或"向后移动"按钮即可。图 5-65 所示的是将"标题 1"动画效果移到"Picture 2"动画效果上方。

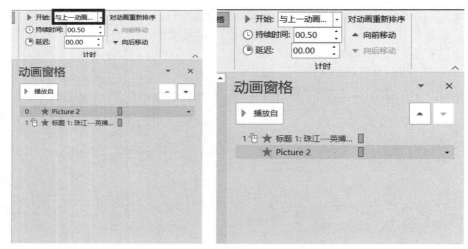

图 5-65　调整动画播放顺序

（4）删除动画效果。如果删除已添加的动画效果，可以在"动画窗格"中单击要删除的效果，再单击右侧的下三角按钮，从弹出的列表中选择"删除"，即可删除选择的动画效果。

3．设置幻灯片切换效果

幻灯片的切换效果是指放映幻灯片时从一张幻灯片过渡到下一张幻灯片时的动画效果。默认情况下，各幻灯片之间的切换是没有任何效果的。根据需要，可为幻灯片添加具有动感的切换效果以丰富其放映过程，还可以控制每张幻灯片切换的速度，以及添加切换声音等。

要为幻灯片设置切换效果，可选择幻灯片后在"切换"选项卡"切换到此幻灯片"组中选择一种系统内置的动画效果并设置相应属性即可。

利用"切换"选项卡上"计时"组中的选项可为幻灯片的切换设置声音、效果的持续时间和换片方式等，如图 5-66 所示。

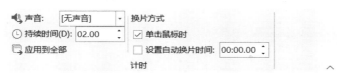

图 5-66　"切换"选项卡上的"计时"组

设置完成后，单击"全部应用"按钮，则将设置的效果应用于全部幻灯片。否则所设效果将只应用于当前幻灯片，需要继续对其他幻灯片的切换效果进行设置。

4．创建交互式演示文稿

交互式演示文稿是指在放映幻灯片时，单击幻灯片的某个对象便能跳转到指定的幻灯片，或打开某个文件或网页。在 PowerPoint 中，用户可通过创建超链接或设置动作按钮来实现演示文稿的交互。

创建超链接的可以是幻灯片中的任何对象，激活超链接的方式可以是"单击鼠标"或"鼠标移过"。

如果是为文本设置超链接，则在设置超链接的文本上会自动添加下划线，并且其颜色为配色方案中指定的颜色。从超链接跳转到其他位置后，其颜色会改变，因此，可以通过颜色来分辨访问过的超链接。

除了可以通过单击"插入"选项卡上"链接"组中的"超链接"按钮打开"插入超链接"对话框来为幻灯片设置超链接。也可右击对象，在快捷菜单中选择"超链接"命令来打开"插入超链接"对话框，如图 5-67 所示。

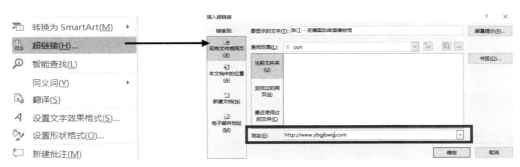

图 5-67　超链接到网页

"插入超链接"对话框中"链接到"列表中各选项的意义如下：

- "现有文件或网页"：将所选对象链接到网页或存储在计算机中的某个文件。如果要链接到网页，可直接在"地址"编辑框中输入要链接到的网页地址，如图 5-67 所示。
- "本文档中的位置"：当前演示文稿中的任何一张幻灯片。
- "新建文档"：新建一个演示文稿文档并将所选对象链接到该文档。
- "电子邮件地址"：将所选对象链接到一个电子邮件地址。

5．添加动作按钮

单击"插入"选项卡上"插图"组中的"形状"按钮，在打开的列表下方"动作按钮"类别中选择需要设置的动作按钮，如图 5-68（a）所示，接着在幻灯片的合适位置按住鼠标左键并拖动，绘制出动作按钮，松开鼠标左键，将自动打开如图 5-68（b）所示的"操作设置"对话框，可看到"超链接到"单选按钮被选择，最后单击"确定"按钮。

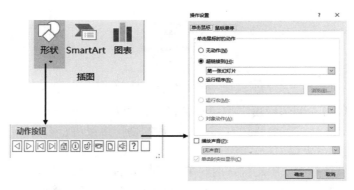

（a）选择动作按钮　　　　　　　　（b）"操作设置"对话框

图 5-68　设置动作按钮超链接灯片

二、知识点巩固练习

本节将学习如何设置幻灯片在播放时出现的动画效果、幻灯片切换效果，以及在幻灯片播放时使用的动作按钮、超链接等。

（1）为幻灯片设置动画效果。设置"心理学"演示文稿的标题幻灯片中的图片"飞入"动画效果。

（2）为幻灯片设置切换效果。为"心理学"幻灯片设置放映过程中的切换效果。

（3）新建一张"目录"幻灯片。在第一张幻灯片的后面插入一张新的"目录"幻灯片，并添加文字。

（4）插入超链接。为"目录"幻灯片上各项文本设置超链接，使放映幻灯片时，单击文本能跳转到相应内容的幻灯片上。

（5）添加动作按钮。在"心理学"演示文稿中添加"第一张""结束""前一项""后一项"动作按钮。当放映幻灯片时，单击"第一张"按钮，可返回第一张幻灯片，单击"结束"按钮，可结束幻灯片放映，单击"前一项"按钮可退回前一张幻灯片，单击"后一项"按钮可放映下一张幻灯片。

三、操作过程

1.为幻灯片设置动画效果

（1）打开"心理学"演示文稿，选择第一张幻灯片。

（2）选定幻灯片中的图片。

（3）单击"动画"选项卡上"动画"组中的"其他"按钮，展开动画列表，在"进入"分类下选择一种动画效果，这里选择"飞入"，如图 5-69 图所示，即可为所选对象添加该动画效果。

2.为幻灯片设置切换效果

（1）单击"切换"选项卡上"切换到此幻灯片"组中的"其他"按钮，在展开的列表中选择"华丽"下面的"框"项，如图 5-70 所示。

（2）单击"切换"选项卡上"切换到此幻灯片"组中的"效果选项"按钮，从弹出的列表中选择"自底部"，如图 5-70 所示，表示从下到上展开幻灯片。

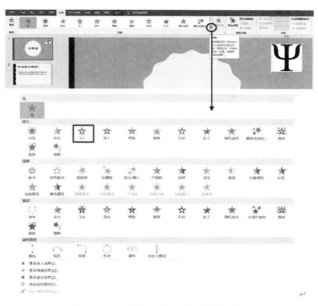

图 5-69 设置"飞入"动画效果

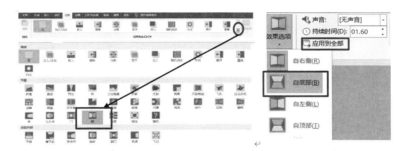

图 5-70 设置切换效果

（3）单击"全部应用"按钮，完成幻灯片切换效果的设置。

3．插入超链接

（1）在第一张幻灯片后添加一张"标题和内容"版式的"目录"幻灯片，输入文字，如图 5-71 所示。

图 5-71 添加"目录"幻灯片

（2）选定"什么是心理学"，单击"插入"选项卡上"链接"组中的"链接"按钮，如图 5-72 所示，打开"插入超链接"对话框。

图 5-72　选定对象后单击"链接"按钮

（3）单击"插入超链接"对话框左侧的"本文档中的位置"项，在"请选择文档中的位置"列表中选择要链接到的幻灯片"3.什么是心理学"项，如图 5-73 所示，单击"确定"按钮，关闭"插入超链接"对话框，这时可以看到幻灯片中带有超链接的文本下有下划线标记。

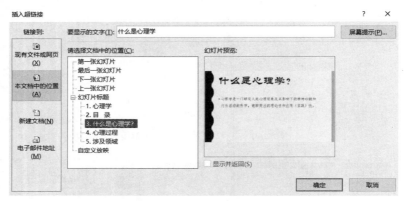

图 5-73　"插入超链接"对话框

（4）用同样的方法为其他文本行建立超链接。各行与幻灯片编号链接的对应关系为：心理过程—4，涉及领域—5，链接后的效果如图 5-74 所示。当放映幻灯片时，单击该张幻灯片的任意一行，就会切换到该行所链接的幻灯片。

图 5-74　插入超链接效果图

4．添加动作按钮

在"什么是心理学"幻灯片中添加动作按钮，效果如图 5-75 所示。

（1）选择第三张幻灯片，单击"插入"选项卡上"插图"组中的"形状"按钮，在打开的列表下方"动作按钮"类别中选择"第一张"动作按钮，接着在幻灯片的合适位置按住鼠标左键并拖动，绘制出动作按钮，松开鼠标左键，将自动打开"操作设置"对话框，可看到"超链接到"单选按钮被选中，并默认链接到第一张灯片，最后单击"确定"按钮。

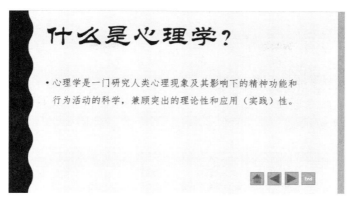

图 5-75　添加动作按钮

（2）用类似的方法，添加一个"后退或前一项"按钮和一个"前进或下一项"按钮。

（3）添加 End 按钮。该按钮的功能是结束幻灯片的播放。系统动作按钮中没有该按钮。用户可以选"动作按钮"列表中的"自定义"选项，在幻灯片的合适位置按住鼠标左键并拖动，绘制出动作按钮，如图 5-76（a）所示。当弹出"操作设置"对话框时，在"超链接到"下拉列表中选择"结束放映"，如图 5-76（b）所示，然后单击"确定"按钮。

退出"操作设置"对话框后，右击该按钮，在弹出的快捷菜单中选择"编辑文字"，输入 End。

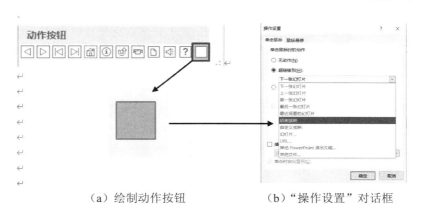

（a）绘制动作按钮　　　　　　　（b）"操作设置"对话框

图 5-76　设置动作按钮超链接到结束放映

（4）将 4 个动作按钮复制到第 4～5 张幻灯片上（最后一张幻灯片可以不复制"前进或下一项"按钮）。

5.5　演示文稿的播放

主要学习内容：

- 播放幻灯片的方法
- 设置放映时间
- 设置自定义放映

一、知识技能要点

1. 放映幻灯片

PowerPoint 提供了多种放映功能，使用户能在放映时运用各种技巧加强幻灯片的放映效果。

利用"幻灯片放映"选项卡上"开始放映幻灯片"组中的相关按钮，可放映当前打开的演示文稿，如图 5-77 所示。

图 5-77　"开始放映幻灯片"组中的相关按钮

- 单击"从头开始"按钮或按 F5 键，可从第 1 张幻灯片开始放映演示文稿。
- 单击"从当前幻灯片开始"按钮或单击右下角状态栏视图切换按钮"幻灯片放映"，可从当前幻灯片开始放映演示文稿。
- 单击"自定义幻灯片放映"按钮，在弹出的列表中选择"自定义放映"，可将演示文稿中的指定幻灯片组成一个放映集进行放映。

在放映演示文稿的过程中，可以通过鼠标和键盘来控制整个放映过程，如单击可切换幻灯片和播放动画（根据先前对演示文稿的设置进行），也可以通过放映前的设置，使其自动放映，按 Esc 键结束放映。

2. 幻灯片放映方式的设置

（1）自动放映。要实现自动放映，关键在于设置幻灯片切换的时间间隔。当幻灯片在屏幕上的显示时间达到设定的时间间隔时，将自动切换到下一张幻灯片。

操作方法：在"切换"选项卡上"计时"组中，勾选"设置自动换片时间"复选框并输入换片时间 00:10.00，即每隔 10s 放映一张幻灯片，取消勾选"单击鼠标时"复选框，最后单击"应用到全部"按钮，如图 5-78 所示。

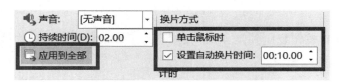

图 5-78　设置自动放映幻灯片

注意：单击"应用到全部"按钮，则所有幻灯片的换片时间间隔将相同，否则，设置的仅仅是选定幻灯片切换到下一张幻灯片的时间。

（2）手动控制放映。手动放映将由放映者自己来控制演示文稿的放映进程。在手动放映的过程中，放映者使用单击的方式来切换幻灯片。

操作方法与自动放映的不同之处：在"换片方式"选项区域中勾选"单击鼠标时"复选框，如图 5-79 所示。

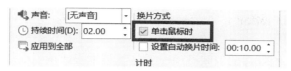

图 5-79　设置手动放映幻灯片

注意：手动放映方式是系统默认的放映方式，一般不需要特别设置。

（3）排练计时。为了使演讲者的讲述与幻灯片的切换保持同步，除了将幻灯片切换方式设置为"单击鼠标时"外，还可以使用 PowerPoint 提供的"排练计时"功能，预先排练好每张幻灯片的播放时间。

操作方法如下：

1）打开要设置排练计时的演示文稿，然后单击"幻灯片放映"选项卡上"设置"组中的"排练计时"按钮，如图 5-80 所示。此时从第 1 张幻灯片开始进入全屏放映状态，并在屏幕左上角显示"录制"工具栏，如图 5-81 所示。这时演讲者可以对自己要讲述的内容进行排练，以确定当前幻灯片的放映时间。

图 5-80　"排练计时"按钮

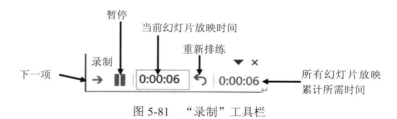

图 5-81　"录制"工具栏

2）放映时间确定之后，单击幻灯片任意位置，或单击"录制"工具栏中的"下一项"按钮，切换到下一张幻灯片，可以看到"录制"工具栏中间的时间重新开始计时，而右侧演示文稿放映累计时间将继续计时。

3）当演示文稿中所有幻灯片的放映时间排练完毕后（若希望在中途结束排练，可按 Esc 键），弹出一个提示对话框，如图 5-82 所示，询问是否接受排练计时的结果，如果单击"是"按钮，可将排练结果保存起来，以后播放演示文稿时，每张幻灯片的自动切换时间就会与设置的一样；如果想放弃刚才的排练结果，可以单击"否"按钮。

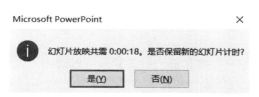

图 5-82　询问是否接受排练计时的结果

注意：排练计时操作完成后，在"幻灯片浏览"视图下，每张幻灯片的右下角可看到幻灯片播放时间。

（4）自定义放映。幻灯片的放映顺序一般是从第 1 张或从当前幻灯片（单击"幻灯片放映"按钮）开始放映，一直到最后一张。也可以通过 PowerPoint 的"自定义幻灯片放映"功能重新设置演示文稿的放映顺序和放映内容，操作方法如下：

1）单击"幻灯片放映"选项卡上"开始放映幻灯片"组中的"自定义幻灯片放映"项，如图 5-83 所示，弹出"自定义放映"对话框，如图 5-84 所示。

图 5-83　选择自定义放映

图 5-84　"自定义放映"对话框

2）在"自定义放映"对话框中单击"新建"按钮，弹出"定义自定义放映"对话框。在"在演示文稿中的幻灯片"列表框中单击要选为放映的幻灯片，然后单击"添加"按钮，将选定的幻灯片添加到右边列表框中，如图 5-85 所示。

图 5-85　选择自定义放映的幻灯片

3）在"幻灯片放映名称"文本框中输入新建幻灯片放映的名称，单击"确定"按钮，返回"自定义放映"对话框，单击"放映"按钮，即可放映在"在自定义放映中的幻灯片"列表框中的幻灯片。

（5）使用"设置放映方式"对话框进行设置。可以通过"设置放映方式"对话框进行各种不同放映方式的设置，如可以设置由演讲者控制放映，也可以设置由观众自行浏览，或让演示文稿自动播放。此外，对于每一种放映方式，还可以控制是否循环播放，指定播放哪些幻灯片以及确定幻灯片的换片方式等。

操作方法：单击"幻灯片放映"选项卡上"设置"组中的"设置幻灯片放映"按钮，打开"设置放映方式"对话框，如图 5-86 所示，再对其中的各项进行选择。

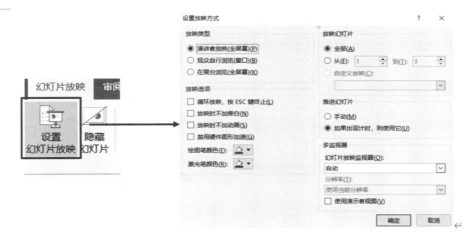

图 5-86　打开"设置放映方式"对话框

- "放映类型"设置区：设置幻灯片的放映方式，其中"演讲者放映（全屏幕）"是最常用的一种放映方式，该方式下演讲者对放映过程有完整的控制权，能在演讲的同时灵活地进行放映控制。
- "放映选项"设置区：其中勾选"循环放映，按 ESC 键终止"复选框，表示在放映幻灯片时循环播放，即最后一张幻灯片放映结束后，会自动返回第 1 张幻灯片继续放映。要结束放映，可按 Esc 键。
- "放映幻灯片"设置区：设置播放演示文稿中的哪些幻灯片。

二、知识点巩固练习

本部分将学习如何设置幻灯片的放映，以及设置自定义放映方式。通过本部分的学习，读者主要掌握播放演示文稿最基本的方法。

（1）新建自定义幻灯片放映，放映名称为"心理学"，放映的幻灯片顺序如图 5-87 所示。

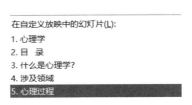

图 5-87　放映的幻灯片顺序

（2）设置幻灯片的方式类型为"演讲者放映（全屏幕）"，"放映幻灯片"为"自定义放映心理学"。

（3）播放演示文稿。播放"心理学.pptx"演示文稿。

（4）控制幻灯片的播放。

三、操作过程

1. 新建自定义放映

单击"幻灯片放映"选项卡上"自定义幻灯片放映",在"自定义放映"对话框中单击"新建"按钮,弹出"定义自定义放映"对话框。修改"幻灯片放映名称"为"心理学",在"在演示文稿中的幻灯片"列表框中勾选"心理学"放映的幻灯片,然后单击"添加"按钮,将选定的幻灯片按顺序添加到右边列表框中,如图 5-88 所示。

图 5-88　定义自定义放映设置

2. 设置幻灯片放映

单击"幻灯片放映"选项卡上"设置"组中的"设置幻灯片放映"按钮,打开"设置放映方式"对话框,选择"放映类型"为"演讲者放映(全屏幕)","放映幻灯片"为"自定义放映心理学",如图 5-89 所示。

图 5-89　设置放映方式

3. 播放"心理学.pptx"演示文稿

单击"幻灯片放映"选项卡上"开始放映幻灯片"组中的"从头开始"按钮或按 F5 键,可放映当前打开的演示文稿,PowerPoint 将整屏幕显示"心理学.pptx"演示文稿的第 1 张幻灯片,如图 5-90 所示。如果从当前编辑的幻灯片开始放映,则单击"从当前幻灯片开始"按钮或按组合键 Shift+F5。

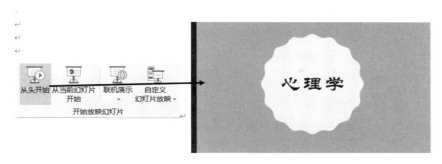

图 5-90　放映"心理学.pptx"演示文稿

4．用鼠标控制幻灯片的播放顺序

● 下一个动画或下一张幻灯片：单击，或按字母 N 键、Enter 键、Page Down 键、向右键、向下键或空格键切换到播放下一张幻灯片。

● 播放上一个动画或返回上一张幻灯片：按字母 P 键、Page Up 键、向左键、向上键。

练习题

1．启动 PowerPoint 2016 的方法有哪几种？

2．PPT 中添加项目符号的操作方法是怎样的？

3．PPT 中声音播放的设置方法是怎样的？

4．PPT 中动画窗格的作用是什么？

5．幻灯片放映有哪几种放映类型？

第 6 章　计算机网络基础

6.1　计算机网络

主要学习内容:

- 计算机网络的定义及功能
- 计算机网络的分类

计算机网络是利用通信线路和通信设备,把地理上分散的、具有独立功能的多个计算机系统互相连接起来,按照网络协议进行数据通信,

6.1.1　计算机网络的定义

计算机网络是指将地理位置不同的具有独立功能的多台计算机及其外部设备,通过通信线路连接起来,在网络操作系统,网络管理软件及网络通信协议的管理和协调下,实现资源共享和信息传递的计算机系统。

从整体上来说计算机网络就是把分布在不同地理区域的计算机与专门的外部设备用通信线路互联成一个规模大、功能强的系统,从而使众多的计算机可以方便地互相传递信息,共享硬件、软件、数据信息等资源。简单来说,计算机网络就是由通信线路互相连接的许多自主工作的计算机构成的集合体。最简单的计算机网络就只有两台计算机和连接它们的一条链路,即两个节点和一条链路。

6.1.2　计算机网络的功能

计算机网络不仅可以实现资源共享,还可以实现信息传递和协同工作等,具体功能如下。

1. 数据通信

数据通信是计算机网络的最主要功能之一。数据通信是依照一定的通信协议,利用数据传输技术在两个终端之间传递数据信息的一种通信方式和通信业务。它可实现计算机和计算机、计算机和终端以及终端与终端之间的数据信息传递,是继电报、电话业务之后的第三种最大的通信业务。数据通信中传递的信息均以二进制数据形式来表现,数据通信的另一个特点是总是与远程信息处理相联系,是包括科学计算、过程控制、信息检索等内容的广义的信息处理。

2. 资源共享

资源共享是人们建立计算机网络的主要目的之一。计算机资源包括硬件资源、软件资源和数据资源。硬件资源的共享可以提高设备的利用率，避免设备的重复投资，如利用计算机网络建立网络打印机；软件资源和数据资源的共享可以充分利用已有的信息资源，减少软件开发过程中的劳动，避免大型数据库的重复建设。

3. 集中管理

计算机网络技术的发展和应用已使得现代的办公手段、经营管理等发生了变化。目前，已经有了许多管理信息系统、办公自动化系统等，通过这些系统可以实现日常工作的集中管理，提高工作效率，增加经济效益。

4. 实现分布式处理

网络技术的发展使得分布式计算成为可能。对于大型的课题，可以分为许许多多小题目，由不同的计算机分别完成，然后再集中起来解决问题。

5. 负荷均衡

负荷均衡是指工作被均匀地分配给网络上的各台计算机。网络控制中心负责分配和检测，当某台计算机负荷过重时，系统会自动转移负荷到负荷较轻的计算机去处理。

由此可见，计算机网络可以大大扩展计算机系统的功能，扩大其应用范围，提高可靠性，为用户提供方便，同时也减少了费用，提高了性能价格比。

6.1.3　计算机网络的分类

（1）按网络的地理覆盖范围划分，可分为广域网（WAN）、城域网（MAN）和局域网（LAN）。

1）广域网也称为远程网，所覆盖的范围比城域网（MAN）更广，它一般是在不同城市之间的 LAN 或者 MAN 网络互联，地理范围可从几百千米到几千千米。

2）城域网一般来说是在一个城市，但不在同一地理小区范围内的计算机互联。这种网络的连接距离可以在 10～100 千米。城域网多采用 ATM 技术做骨干网。ATM 是一个用于数据、语音、视频以及多媒体应用程序的高速网络传输方法。ATM 的最大缺点就是成本太高，所以一般在政府城域网中应用，如邮政、银行、医院等。

3）局域网，这是我们最常见、应用最广的一种网络。局域网随着整个计算机网络技术的发展和提高得到充分的应用和普及，几乎每个单位都有自己的局域网，有的甚至家庭中都有自己的小型局域网。很明显，所谓局域网，就是在局部地区范围内的网络，它所覆盖的地区范围较小。局域网在计算机数量配置上没有太多的限制，少的可以只有两台，多的可达几百台。

（2）按网络的所有权划分，可分为公用网和专用网。

1）公用网也叫通用网，一般由政府的电信部门组建、控制和管理，网络内的数据传输和交换设备可租用给任何个人或部门使用。部分的广域网是公用网。

2）专用网通常是由某一部门、某一系统、某机关、某公司等组建、管理和使用的。多数局域网属于专用网。某些广域网也可用作专用网，如广电网、铁路网等。

（3）按计算机网络的拓扑结构划分，可分为总线型、星状、环状、网状、树状网络。

计算机网络的拓扑结构，即指网上计算机或设备与传输媒介形成的节点与线的物理构成模式。网络的节点有两类：一类是转换和交换信息的转接节点，包括节点交换机、集线器和终端控制器等；另一类是访问节点，包括计算机主机和终端等。线则代表各种传输媒介，包括有形的和无形的。

1）总线型网：采用一个信道作为传输媒体，所有站点都通过相应的硬件接口直接连到这一公共传输媒体上，该公共传输媒体即称为总线。任何一个站发送的信号都沿着传输媒体传播，而且能被所有其他站所接收。总线型网如图 6-1 所示。

2）星状网：指网络中的各节点设备通过一个网络集中设备连接在一起，各节点成星状发布的网络连接方式，如图 6-2 所示。

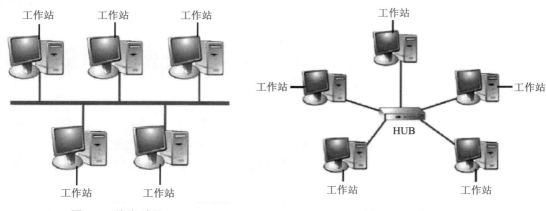

图 6-1　总线型网　　　　　　　　　　　　　图 6-2　星状网

3）环状网：指各节点通过环路接口连在一条首尾相连的闭合环形通信线路中，环路上任何节点均可以请求发送信息。请求一旦被批准，便可以向环路发送信息。环状网中的数据可以是单向也可是双向传输，如图 6-3 所示。

4）网状网：各节点通过传输线互相连接起来，并且每一个节点至少与其他两个节点相连，如图 6-4 所示。

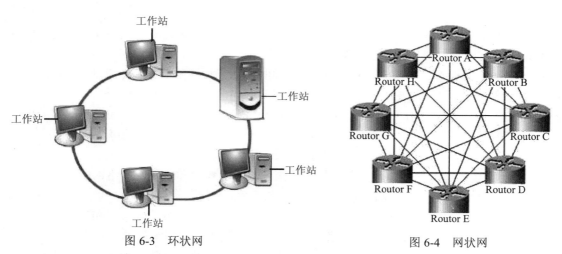

图 6-3　环状网　　　　　　　　　　　　　图 6-4　网状网

5）树状网：由多级星状结构组成，只不过这种多级星状结构自上而下呈三角形分布，就像一棵树一样，最顶端的枝叶少些，中间的多些，而最下面的枝叶最多，如图 6-5 所示。

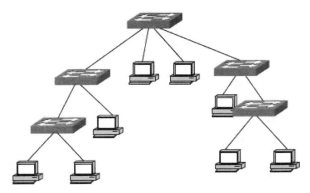

图 6-5 树状网

（4）其他分类方式

1）按传输介质分类：有线网、无线网。

2）按使用目的分类：共享资源网、数据处理网、数据传输网。

3）按企业和公司管理分类：内部网、内联网、外联网、因特网。

6.2 Internet 基础

主要学习内容：

● Internet 基础知识

● 接入 Internet

    Internet 即互联网，是指将两台或者两台以上的计算机终端、客户端、服务端通过计算机信息技术互相联系起来的国际互联网。1969 年，美国国防部高级研究局（ARPA）建立了 Arpanet（阿帕网），把美国重要的军事基地及研究中心的计算机用通信线路连接起来，首批联网的计算机主机只有 4 台。其后，Arpanet 不断发展和完善，特别是互联网通信协议 TCP/IP 实现了与多种其他网络及主机互联，形成了网际网，即由网络构成的网络 Internetwork，简称 Internet，也称作因特网。1991 年，美国企业组成了"商用 Internet 协会"，进一步发挥了 Internet 在通信、资料检索、客户服务等方面的巨大潜力，也给 Internet 带来了新的飞跃。中国于 1994 年 5 月正式接入 Internet。

6.2.1 Internet 基础知识

1. Internet 概述

    Internet 是由许多小的网络（子网）互联而成的一个逻辑网，每个子网中连接着若干台计算机（主机）。Internet 以相互交流信息资源为目的，基于一些共同的协议，并通过许多路由器和公共互联网而成，它是一个信息资源和资源共享的集合。

    因特网发展经历了 3 个阶段。第一阶段是从单个网络 Arpanet 向互联网发展的过程。1983 年 TCP/IP 协议成为 Arpanet 的标准协议，人们把 1983 年作为因特网的诞生时间。第二阶段建成了三级结构的因特网。三级计算机网络分为主干网、地区网和校园网（或企业网）。第三阶段时逐渐形成了多层次 ISP 结构的因特网。

我国于 1994 年 4 月正式接入 Internet，自此我国的网络建设进入了大规模发展阶段，到 1996 年年初，我国的 Internet 已形成了四大主流体系：中国公用计算机互联网 ChinaNET、中国教育和科研计算机网 CERNET、中国科技网 CSTNET、中国国家公用经济信息通信网 ChinaGBN。

因特网可提供的服务类型主要有远程登录服务（Telnet）、文件传输服务（FTP）、电子邮件（E-mail）、信息浏览服务（WWW）等。

目前接入 Internet 的方式主要有局域网入网、拨号入网、无线上网。

2. 网络协议

网络协议为计算机网络中进行数据交换而建立的规则、标准或约定的集合。国际标准化组织（ISO）在 1978 年提出了"开放系统互连参考模型"，即著名的 OSI/RM 模型（Open System Interconnection/Reference Model）。它将计算机网络体系结构的通信协议划分为 7 层，自下而上依次为物理层（Physics Layer）、数据链路层（Data Link Layer）、网络层（Network Layer）、传输层（Transport Layer）、会话层（Session Layer）、表示层（Presentation Layer）、应用层（Application Layer）。

TCP/IP（Transport Control Protocol/Internet Protocol，传输控制协议/Internet 协议）的历史应当追溯到 Internet 的前身——Arpanet 时代。为了实现不同网络之间的互联，美国国防部于 1977—1979 年间制定了 TCP/IP 体系结构和协议。TCP/IP 是由一组具有专业用途的多个子协议组合而成的，这些子协议包括 TCP、IP、UDP、ARP、ICMP 等。TCP/IP 凭借其实现成本低、在多平台间通信安全可靠以及可路由性等优势迅速发展，并成为 Internet 中的标准协议。在 20 世纪 90 年代，TCP/IP 已经成为局域网中的首选协议，在最新的操作系统中已经将 TCP/IP 作为其默认安装的通信协议。

3. IP 地址

IP 地址是 IP 协议提供的一种统一的地址格式，它为互联网上的每一个网络和每一台主机分配一个逻辑地址，以此来屏蔽物理地址的差异。

IP 地址就像是我们的家庭住址一样，如果你要写信给一个人，你就要知道他（她）的地址，这样邮递员才能把信送到。计算机发送信息就好比是邮递员，它必须知道唯一的"家庭地址"才能不至于把信送错人家。只不过我们的地址是用文字来表示的，计算机的地址用二进制数字表示。

IP 地址被用来给 Internet 上的计算机一个编号。大家日常见到的情况是每台联网的 PC 上都需要有 IP 地址才能正常通信。我们可以把"个人计算机"比作"一台电话"，那么"IP 地址"就相当于"电话号码"，而 Internet 中的路由器就相当于电信局的"程控式交换机"。

IP 地址占用 4 个字节（32 位），用 4 组十进制数字表示，每组数字取值范围为 0～255（8 位二进制），相邻两组数字之间用圆点分隔，例如 211.66.80.135。Internet 中的 IP 地址不能任意使用，需要使用时，必须向管理本地区的互联网信息中心申请，如中国互联网信息中心的网址是 http://www.cnnic.cn/。

在一个单位的内部网（局域网）可以使用内部统一分配的内部 IP 地址，但这个内部 IP 地址只能在局域网内部使用，不可以直接进入 Internet。

IP 地址类型如下：

（1）公有地址，由 Inter NIC（Internet Network Information Center，因特网信息中心）负责。这些 IP 地址分配给注册并向 Inter NIC 提出申请的组织机构，这些机构通过 IP 地址可直接访问因特网。

（2）私有地址，属于非注册地址，专门为组织机构内部使用。

子网掩码是由一系列的 1 和 0 构成的，通过将其同 IP 地址做"与"运算来指出一个 IP 地址的网络号是什么。对于传统 IP 地址分类来说，A 类地址的子网掩码是 255.0.0.0；B 类地址的子网掩码是 255.255.0.0；C 类地址的子网掩码是 255.255.255.0。例如，如果要将一个 B 类网络 166.111.0.0 划分为多个 C 类子网来用的话，只要将其子网掩码设置为 255.255.255.0 即可，这样 166.111.1.1 和 166.111.2.1 就分属于不同的网络了。像这样，通过较长的子网掩码将一个网络划分为多个网络的方法就叫作划分子网。

4. 万维网

万维网（World Wide Web，WWW）是 Internet 上集文本、声音、图像、视频等多媒体信息于一身的全球信息资源网络，是 Internet 上的重要组成部分。浏览器（Browser）是用户通向 WWW 的桥梁和获取 WWW 信息的窗口，通过浏览器，用户可以在浩瀚的 Internet 海洋中漫游，搜索和浏览自己感兴趣的所有信息。

WWW 的网页文件是用超文件标记语言 HTML（Hyper Text Markup Language）编写的，并在超文件传输协议 HTTP（Hype Text Transmission Protocol）支持下运行。超文本中不仅含有文本信息，还包括图形、声音、图像、视频等多媒体信息（故超文本又称超媒体），更重要的是超文本中隐含着指向其他超文本的链接，这种链接称为超链（Hyper Links）。利用超文本，用户能轻松地从一个网页链接到其他相关内容的网页上，而不必关心这些网页分散在何处的主机中。

HTML 并不是一种一般意义上的程序设计语言，它将专用的标记嵌入文档中，对一段文本的语义进行描述，经解释后产生多媒体效果，并可提供文本的超链。

WWW 浏览器是一个客户端的程序，其主要功能是使用户获取 Internet 上的各种资源。常用的浏览器有 Microsoft 的 Internet Explorer（IE）和 Netvigator/Communicator。SUN 公司也开发了一个用 Java 编写的浏览器 HotJava。Java 是一种新型的、独立于各种操作系统和平台的动态解释性语言，Java 使浏览器具有了动画效果，为连机用户提供了实时交互功能。常用的浏览器均支持 Java。

6.2.2 接入 Internet

一、局域网入网

1. 操作要求

在学校、企业和一些生活小区等环境中一般使用局域网。在局域网中，只要有一台计算机连上 Internet，其他计算机就可以通过这台计算机连上 Internet。以校园网环境为例，为一台计算机配置 IP 地址，使其能进入 Internet 浏览网页。

2. 操作过程

（1）根据校园网络中心 IP 地址分配，向管理员获取 IP 地址、掩码、网关和 DNS 服务器。

（2）在 Windows 10 桌面右击"网络"图标，系统打开快捷菜单，单击"属性"命令，打开"网络和共享中心"对话框，单击"更改适配器设置"，双击"本地连接"图标，打开"本地连接 属性"对话框，在"网络"选项卡中勾选"Internet 协议版本 4（TCP/IPv4）"复选框，如图 6-6 所示。

（3）单击"本地连接 属性"对话框中的"属性"按钮，打开"Internet 协议版本 4（TCP/IPv4）属性"对话框，如图 6-7 所示，选择"使用下面的 IP 地址"，并按图示输入 IP 地址、子网掩码、默认网关和 DNS 服务器 IP 地址，依次单击"确定""关闭"等按钮关闭各对话框。

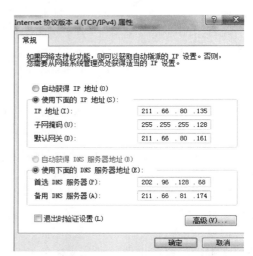

图 6-6　"本地连接 属性"对话框　　　　图 6-7　"Internet 协议版本 4（TCP/IP）属性"对话框

二、无线上网

1．操作要求

将 Windows 10 计算机通过无线网络接入 Internet。

2．操作过程

台式机一般需要安装无线网卡（内置或外置），安装网卡附带的驱动程序，或从网络下载驱动程序安装。

笔记本计算机一般都内置无线网卡，安装了网卡驱动。设置笔记本计算机无线上网，一般需要两步：

（1）打开无线开关。没打开无线开关时，笔记本计算机右下角图标显示■。

有的品牌的笔记本计算机的无线开关是硬件开关，在键盘的侧面或者下面，开关上有无线标识■；有的品牌的笔记本计算机是软开关，功能键是 Fn+F1～F10 中的一个，该键上有无线标识。无线开关打开后，笔记本计算机右下角图标显示■。

（2）选择网络登录。单击笔记本计算机右下角的无线图标■，显示可以搜索到的无线网络，如图 6-8 所示。

单击需要登录的无线网络，输入密钥。登录无线网络后，笔记本计算机右下角图标显示■。

单击笔记本计算机右下角的无线图标■，显示已连接到某个无线网络以及系统检测到的无线网络，如图 6-9 所示。

图 6-8　搜索到的无线网络

图 6-9　连接到某个无线网络

6.3　IE 浏览器的使用与信息检索

主要学习内容：

● IE 的启动和关闭
● 浏览网页
● 保存网页
● IE 设置
● 网上设置信息

用户使用网页浏览软件（浏览器）可在计算机上浏览、搜索、下载 Internet 的丰富资源。常用的浏览器有遨游浏览器、搜狗浏览器、360 浏览器、IE 浏览器等。IE（Internet Explorer）是 Windows 操作系统内置的网页浏览器，不同的 Windows 操作系统内置的 IE 版本不同，在这里介绍 IE10 的使用方法。

6.3.1　浏览网页

一、操作要求

（1）启动 IE，打开"新浪网"主页，浏览主页内容，并浏览部分链接网页。
（2）将"新浪网"主页添加到收藏夹，并保存到计算机中。
（3）查看近期浏览过的网页。

二、操作过程

（1）双击桌面的 Internet Explorer 图标，启动 IE 浏览器。IE10 的界面如图 6-10 所示。

图 6-10　IE10 的界面

（2）单击地址栏，输入新浪网的网址 https://www.sina.com.cn/，按 Enter 键进入新浪网网站首页，如图 6-11 所示。

图 6-11　新浪网网站首页

（3）浏览网页中的内容，然后将鼠标指针移到网页的导航栏中，并单击"新闻"超链接，打开"国内"栏目的页面，如图 6-12 所示。

图 6-12　"国内"栏目的页面

（4）浏览"国内"栏目页面，网页中有许多网页标题，单击这些标题的超链接，可以跳转到其他更详细的页面，依次沿着超链接前进，就像在"冲浪"一样。

（5）切换到新浪网站的首页，选择"收藏夹"→"添加到收藏夹"菜单命令，打开"添加收藏"对话框，如图 6-13 所示。

图 6-13　"添加收藏"对话框

在"名称"框中将默认的名称改为"新浪"，单击"添加"按钮关闭"添加收藏"对话框。

（6）与关闭 Windows 窗口操作类似，关闭所有网页，重新启动 IE，选择"收藏夹"→"新浪网"命令，重新打开新浪网网站的首页。若单击收藏夹栏中的"新浪网"，也可以打开该网页。

6.3.2　IE 的设置

一、操作要求

（1）设置 IE 的临时文件夹为 C:\windows\temp，并将 IE 的临时文件夹在原有基础上再增加 100MB 的临时空间。

（2）设置 IE 显示的多媒体选项：只显示图片；设置保存历史记录的天数为 10 天。

（3）设置 IE 的 Internet 安全内容：禁止运用 Java 小程序脚本；用户验证时，采用"匿名登录"。

（4）显示本机的 DNS，并测试本机到 DNS 的连通性。

二、操作过程

（1）启动 IE，选择"工具"→"Internet 选项"命令，弹出"Internet 选项"对话框，如图 6-14 所示。

（2）在"浏览历史记录"区域单击"设置"按钮，弹出"网站数据设置"对话框，如图 6-15 所示。调整"使用的磁盘空间"为 100MB。单击"移动文件夹"按钮，选择路径 C:\windows\temp，单击"确定"按钮关闭相应对话框。

（3）启动 IE，选择"工具"→"Internet 选项"→"高级"选项卡，拖动"设置"区域的垂直滑块到"多媒体"选项位置，如图 6-16 所示，取消其他勾选，只勾选"显示图片"。

（4）在"常规"选项卡中单击"浏览历史记录"区域的"设置"按钮，弹出"网站数据设置"对话框，选择"历史记录"选项卡，设置"在历史记录中保存网页的天数"为 10 天，如图 6-17 所示。

图 6-14 "Internet 选项"对话框

图 6-15 "网站数据设置"对话框

图 6-16 "高级"选项卡

图 6-17 设置保存历史记录天数

（5）启动 IE，选择"工具"→"Internet 选项"→"安全"选项卡→"自定义级别"，拖动"设置"区域的垂直滑块到"脚本"选项位置，对"Java 小程序脚本"选择"禁用"，如图 6-18 所示。

（6）拖动垂直滑块至"设置"区域末尾的"用户身份验证"选项位置，对"登录"选择"匿名登录"，如图 6-19 所示。

图 6-18 设置禁用 Java 小程序

图 6-19 设置匿名登录

（7）单击桌面左下角"开始"按钮，在打开列表最下端的"搜索程序和文件"处输入 cmd，打开命令指令窗口，输入 ipconfig /all，如图 6-20 所示。

图 6-20 在命令指令窗口输入 ipconfig /all

（8）输入命令后按 Enter 键，命令窗口显示命令执行结果。在命令窗口查看"DNS 服务器"行，如图 6-21 所示，记下 DNS 服务器的 IP 地址，本例为 192.168.1.1。

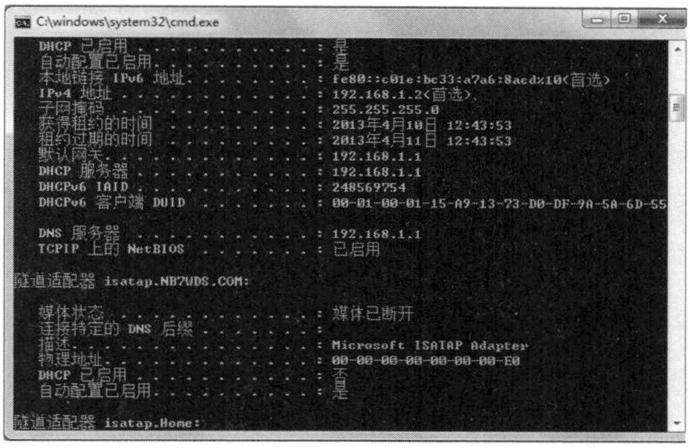

图 6-21 找到 DNS 服务器 IP 地址

（9）在命令行输入命令 ping 192.168.1.1，如图 6-22 所示，然后按 Enter 键。

图 6-22 输入 ping 192.168.1.1 命令

（10）命令窗口显示命令执行结果，如图 6-23 所示，有返回结果表示网络连通。若无返回结果，则表示网络断路，如图 6-24 所示。

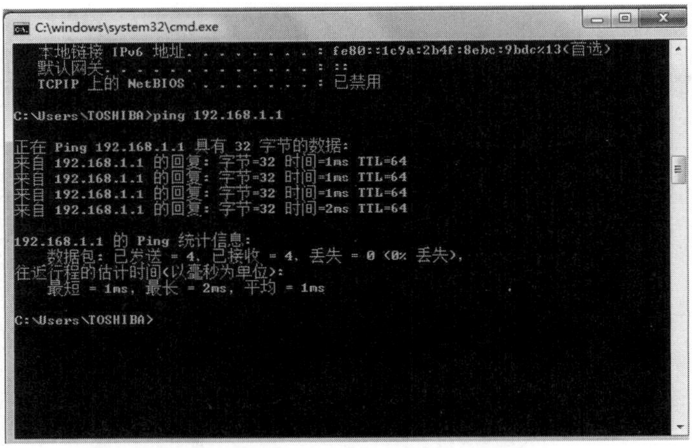

图 6-23　网络连通返回结果

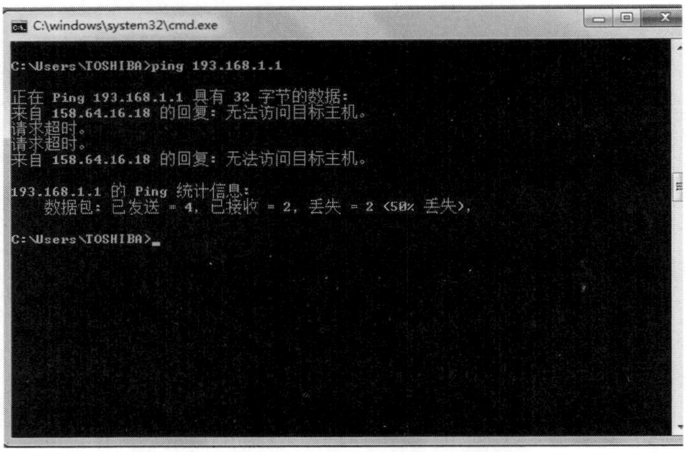

图 6-24　网络断路返回结果

6.3.3　检索信息

一、操作要求

（1）利用 Web 页提供的搜索引擎搜索与六级英语考试相关的网页。
（2）利用百度搜索引擎搜索 caj，并下载 caj 阅读器。

二、操作过程

（1）打开搜狐网的主页。启动 IE 浏览器，在地址栏输入 www.sohu.com 或 http://www.sohu.com，然后按 Enter 键，进入搜狐网主页，如图 6-25 所示。
（2）在搜索引擎输入框中输入"英语六级"。

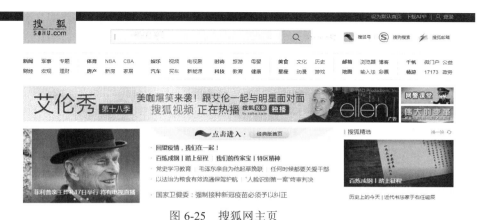

图 6-25 搜狐网主页

（3）单击"搜索"按钮，稍候将在 IE 窗口显示搜索结果，如图 6-26 所示。

图 6-26 搜索的结果

（4）搜索出来的结果往往很多，可通过查看链接下的内容提示来选择某个结果，单击相应的链接进入相关网站。

（5）在 IE 地址栏输入 www.baidu.com，按 Enter 键，打开百度网主页。

（6）在搜索引擎中输入 caj，如图 6-27 所示。

（7）单击"百度一下"按钮或按 Enter 键，出现搜索结果，如图 6-28 所示。

（8）将鼠标指针指向"CAJ 专业阅读器_2021 新版免费下载_CAJ 阅读器"，单击，进入相关网页，如图 6-29 所示。

图 6-27　百度网主页

图 6-28　搜索结果

图 6-29　caj 阅读器下载页面

6.3.4　常用的信息检索方法

计算机的应用在中国越来越普遍，中国计算机用户的数量不断攀升，应用水平不断提高，特别是互联网、即时通信、网络新闻、在线教育、医疗、网络购物和网络支付、网络视频、数字政府和在线政务等领域的应用，均取得不错的成绩。截至 2020 年 4 月，中国网民数已达 9 亿人，手机网民数已达 8.9 亿人。

1. 使用搜索引擎进行信息搜索

搜索引擎指根据一定的策略运用特定的计算机程序从互联网上采集信息，在对信息进行组织和处理后，为用户提供检索服务，将检索信息展示给用户的系统。百度搜索引擎如图 6-30 所示。

图 6-30　百度搜索引擎

以百度为例，为提高搜索效率，常用的搜索语法如下：

- 空格——多个关键词间隔，例：2021 年 英语四级 报名。
- 减号——取出关键词，例：试题-答案。
- 双引号和书名号——精确关键词，例："网络学习平台"；《手机》。
- Filetype——指定文件格式，doc、txt、xls、ppt 等，例：CCT 二级模拟题 filetype:doc。
- Inurl——限定 URL 链接，例：Photoshop inurl:software。
- Site——限定网站，例：新闻 site:Huizhou.edu.cn
- Intitle——限定标题，例：国庆放假 intitle:广东省教育厅。

2. 使用中国知网 CNKI 检索文章

国家知识基础设施（National Knowledge Infrastructure，NKI）的概念由世界银行《1998 年度世界发展报告》提出。1999 年 3 月，以全面打通知识生产、传播、扩散与利用各环节信息通道，打造支持全国各行业知识创新、学习和应用的交流合作平台为总目标，王明亮提出建设中国知识基础设施工程（China National Knowledge Infrastructure，CNKI）（图 6-31），以实现全社会知识资源传播共享与增值利用。中国知网网址为 http://www.cnki.net/。

图 6-31　中国知网

在 CNKI 进行文献检索时，可根据需要按不同分类输入检索词，如图 6-32 所示。

CNKI 还可以进行知识元搜索。知识元是显性知识的最小可控单位，是指不可分割的具有知识表达的知识单位，即能够表达一个完整的事实、原理、方法、技巧等。知识元搜索是对一个个完整的知识元进行检索，用户可以把知识元看作一篇文章。知识元搜索可检索知识问答、百科、词典、手册、工具书、图片、统计数据、指数、方法、概念等，如图 6-33 所示。

图 6-32　文献搜索

图 6-33　知识元搜索

CNKI 还可以进行引文搜索（图 6-34）。中国引文数据库网址为 http://ref.cnki.net/ref，引文搜索的价值和意义包括佐证引证报告、文献导出和来源文献搜索。

图 6-34　引文搜索

3. 使用手机软件——知乎搜索信息

"有问题，就会有答案。"知乎，中文互联网高质量的问答社区和创作者聚集的原创内容平台，于 2011 年 1 月正式上线，以"让人们更好地分享知识、经验和见解，找到自己的解答"为品牌使命。

知乎凭借认真、专业、友善的社区氛围，独特的产品机制以及结构化和易获得的优质内容，聚集了中文互联网科技、商业、影视、时尚、文化等领域最具创造力的人群，已成为综合性、全品类、在诸多领域具有关键影响力的知识分享社区和创作者聚集的原创内容平台。

知乎首页，大致有 4 个功能区。

- 在左侧，是"最新动态"，大约占到首页 70%版面，主要呈现用户所关注人的最新提问及回答等信息。用户在这一版块，除了查看最新问题及回答之外，也可以通过"设置""关注问题""添加评论""分享""感谢"和"收藏"等功能参与到自己感兴趣的问题中。
- 在首页右上方版面，是用户在知乎网相关行为的管理信息。有"我的草稿""我的收藏""所有问题""我关注的问题"和"邀请我回答的问题"。在右侧中间位置，是网外邀请功能——"邀请好友加入知乎"。在这个版块中，用户可以通过电子邮件和新浪微博邀请自己的朋友加入知乎社区中。
- 在首页右侧中部版面，推出提供实时语音问答产品 Live、知乎书店、知乎圆桌、知乎专栏以及付费咨询模块。

- 在右侧中下方，为用户关注或感兴趣话题或用户推荐版块。话题和用户推荐上，知乎运营方一方面可以根据用户关注话题信息进行汇总，另一方面可以通过用户在知乎网络的相关行为数据记录进行统计，进而实现准确推荐和汇总。知乎功能版块（部分）如图 6-35 所示。

图 6-35　知乎功能版块（部分）

6.4　电子邮件

主要学习内容：

- 申请电子邮箱
- 收发电子邮件

电子邮件（E-mail）是 Internet 提供的一个非常重要的服务，与传统邮件相比，电子邮件更方便、更迅速，而且节省邮费。随着 Internet 的发展和普及，电子邮件已成为人们通信和数据传送的重要途径，是日常工作、生活中不可或缺的一项内容，人们昵称它为"伊妹儿"。

电子邮件的工作原理是利用 SMTP 协议将信息发送到网络上，然后通过邮件网关把电子邮件从一个网络传送到另一个网络（犹如邮车把邮件从一个邮局送到另一个邮局）。当电子邮件被送到指定的网络后，再由邮件代理把电子邮件发送到接收者的邮箱中（即如邮差将信件投递到收信者的信箱里），接收者使用 POP3 协议从网络上收取自己的信件。

每个人的电子邮件都有一个全世界唯一的地址，叫 E-mail 地址，如 wei_liu@sina.com。E-mail 地址由三部分组成。

（1）用户名：这并不是用户的真实姓名，而是用户在服务器上的信箱名。一般情况下由用户自己确定，所以都与真实的人名有一定联系。

（2）分隔符@：该符号将用户名与域名分开，读作 at（很多人习惯称之为蜗牛）。

（3）域名（邮件服务器名）：这是邮件服务器的 Internet 地址，实际是这台计算机为用户提供了电子邮件信箱。

6.4.1　申请电子邮箱

一、操作要求

要想通过 Internet 收发邮件，必须先到相关网站上申请一个属于自己的邮箱。只有这样才能将电子邮件准确送达给每个 Internet 用户。这一节将介绍在"126 网易免费邮"网站上申请电子邮箱的过程。

二、操作过程

（1）启动 IE，输入网址 www.126.com，打开"126 网易免费邮"主页。

（2）单击"注册"按钮，开始输入注册信息，选择"注册字母邮箱"，根据自己的需要输入"邮件地址""密码""验证码"，若选择"注册手机号码邮箱"，则通过手机接收验证码。

（3）单击"立即注册"，则拥有了一个以@126.com 为后缀的电子邮箱。

6.4.2　使用 WWW 的形式收发电子邮件

一、操作要求

利用申请到的邮箱，向同学和老师发送一封关于电子邮箱学习体会的邮件。打开"126 网易免费邮"主页，通过用户名和密码登录邮箱，打开收件箱，阅读新收到的邮件。撰写一封带附件的邮件，发送到一个指定的邮箱。

二、操作过程

（1）启动 IE，输入网址 www.126.com，打开"126 网易免费邮"主页，输入注册的"邮箱账号""密码"，单击"登录"按钮，打开"网易电子邮箱"页面。

（2）在左侧的"文件夹"窗格中单击"收件箱"项，打开收件箱，其中显示每一封来信的状态（是否已阅读）、发件人、主题、接收的日期、文件的大小、是否有附件等。

（3）当前邮箱中只有两封邮件，这是注册时系统发给用户的邮件。单击该邮件的标题，可以查看其具体内容。

（4）撰写并发送邮件。

1）单击左侧"文件夹"窗格上方的"写信"按钮，打开写邮件页面。在"收件人"处填写自己的邮箱地址，输入主题、邮件的内容。

2）单击"附件"按钮，打开"选择文件"对话框，找到相关文件后返回，文件附件就添加到了"附件"按钮的下方。

3）单击页面上部的"发送"按钮，即可将邮件发送出去。

4）打开"收件箱"，可以看见给自己发送的邮件已收到。

6.4.3　使用 Outlook 收发电子邮件

一、操作要求

以你自己申请的电子邮件地址在 Outlook 中设置电子邮件账户，并在 Outlook 中收发电子邮件。

二、操作过程

（1）在桌面单击"开始"菜单按钮，依次选择"所有程序"→Microsoft Office→Microsoft Outlook 2016 命令，打开 Outlook 窗口。依次单击"文件"→"信息"→"添加账户"。

（2）弹出"添加账户"对话框，选择"电子邮件账户"服务，单击"下一步"。

（3）选择"手动配置服务器设置或其他服务器类型"，单击"下一步"。

（4）选中"Internet 电子邮件"，单击"下一步"。

（5）按页面提示填写账户信息：账户类型选择 pop3，接收邮件服务器选择 pop.126.com，发送邮件服务器选择 smtp.126.com，用户名使用系统默认（即不带后缀的@126.com）的，填写完毕后，单击"其他设置"。

（6）单击"其他设置"后会弹出对话框，选择"发送服务器"，勾选"我的发送服务器（SMTP）要求验证"，并单击"确定"。

（7）回到刚才的对话框，单击"下一步"。

（8）弹出"测试账户设置"对话框，说明设置成功了。

（9）在弹出的对话框中，单击"完成"。

（10）设置好邮件账号后，用户可以给自己发一封电子邮件，然后根据接收情况来检查设置正确与否。单击菜单"邮件"→"写新邮件"，打开"写邮件"窗口，输入收件人地址、主题、邮件内容，单击带别针图形"附加文件"按钮，打开查找文件对话框，插入附件。

（11）单击"发送"按钮，回到原来的邮箱，可看到收到一封邮件。

6.4.4　通讯簿的管理与使用

一、操作要求

通讯簿是 Outlook 中一个非常有用的工具，它就像我们平时使用的电话号码簿，用于记录朋友的 E-mail 地址和其他联系方式。

（1）将一个名为乔治，E-mail 地址为 huirontree@126.com 的朋友添加到通讯簿中。

（2）利用通讯簿中乔治的 E-mail 地址给乔治发送电子邮件。

二、操作过程

（1）启动 Outlook，选择"开始"→"新建项目"→"联系人"菜单命令，打开"新建联系人"窗口，在"姓氏"框中输入"乔"，在"名字"框中输入"治"，在"电子邮件"栏中输入 huirontree@126.com。单击"保存并关闭"按钮，返回 Outlook 窗口。

（2）单击"开始"→"新建电子邮件"，打开"写邮件"窗口。单击"收件人"按钮，弹出"选择姓名"对话框。在"名称"框中选择"乔治",单击"收件人向右移动"按钮 收件人 (0) -> ，将"乔治"添加到"收件人"列表框中，单击"确定"按钮。

（3）输入主题、邮件内容、插入附件，其余操作与前述发送邮件操作相同。

练习题

1．用 IE 搜索"爱奇艺"网站，并将其添加到收藏夹。

2．登录"百度"网站，地址是 http://www.baidu.com，利用百度搜索引擎搜索名称为"食物"的图片，并把查到的任意一张图片下载到本地计算机的桌面上，保存的文件名为 fj，文件类型为 jpg。

3．在网站上申请免费的 E-mail 邮箱，并在网页中直接收发电子邮件。

4．利用 Outlook Express 与同学互发带附件的邮件，并将发件人的地址添加到通讯簿中。

5．在 Outlook Express 中，使用"组"功能给组成员发送一封邮件。

第7章 多媒体与信息技术

多媒体技术作为信息技术的一个重要体现，融计算机、声音、文本、图像、动画、视频和通信等多种功能于一体，借助日益普及的高速信息网，可实现计算机的全球联网和信息资源共享，因此被广泛应用在咨询服务、图书、教育、通信、军事、金融、医疗等诸多行业，并正潜移默化地改变着我们生活的面貌。信息技术涵盖信息的获取、表示、传输、存储、加工、应用等各种技术，已成为经济社会转型发展的主要驱动力，为建设创新型国家、制造强国、网络强国、数字中国、智慧社会提供支撑，对提升国民信息素养，增强个体在信息社会的适应力与创造力，对个人的生活、学习和工作，对全面建设社会主义现代化国家具有重大意义。

7.1 多媒体概述

主要学习内容：

- 多媒体基本概念
- 多媒体技术的应用与发展
- 常见的多媒体技术

随着计算机技术、通信技术、网络技术、传感器技术、信号处理技术和人机交互技术的发展，信息传播和表达的方式从单一的文字转向文字、声音、图形、图像和超文本、超媒体等多媒体方式。多媒体技术已经渗透到人们生活和工作的各个方面。

7.1.1 多媒体的基本概念

多媒体指融合两种以上并具有交互性的媒体。多媒体由多种媒体元素组成，媒体元素是指多媒体应用中可以显示给用户的媒体组成元素，目前主要包括文本、图形、图像、动画、音频和视频等。

（1）文本。文本就是各种文字符号的集合，是人和计算机交互作用的主要形式，是用得最多的一种符号媒体形式。

（2）图形。图形是指经过计算机运算而形成的抽象化的产物，由具有方向和长度的矢量线段构成，图形使用坐标、运算关系以及颜色数据进行描述，因此通常把图形称为"矢量图"。

（3）图像。能被人类视觉系统所感知的信息形式或人们思想中的有形想象统称为图像。图像是由像素点描述的自然影像。位图是最基本的一种图像形式。

（4）动画。在时间轴上，每隔$\triangle t$时间在屏幕上展现一幅有上下关联性的图形或图像，就形成了动态图像，任何动态图像都是由多幅连续的图像序列构成的，序列中的每幅图像称为一帧。如果每一帧图像都是由人工或计算机生成的图形，那么这种动态图像就称为动画。

（5）音频。音频是通过一定介质（如空气、水等）传播的一种连续波，在物理学中称为声波。声音的强弱体现在声波压力的大小上（和振幅相关），音调的高低体现在声波的频率上（与周期相关）。

（6）视频。视频是将一幅幅独立图像组成的序列按照一定的速率连续播放，常用于交代事物的发展过程。视频非常类似于我们熟知的电影和电视，有声有色，在多媒体中充当重要的角色。

7.1.2　多媒体技术的应用与发展

随着多媒体技术的飞速发展，多媒体计算机已成为人们朝夕相伴的良师益友。作为一种新型媒体，多媒体正使人们的学习方式、工作方式、生活方式产生巨大的变革。

1．多媒体技术的应用

（1）教育与培训方面的应用。世界各国的教育学家们正努力研究用先进的多媒体技术改进教学与培训。电子教案、形象教学、模拟交互过程、网络多媒体教学、仿真工艺过程等新型的多媒体教学手段，改变了传统的教学方式，使教学的形式和内容变得丰富多彩。

（2）网络通信方面的应用。可视电话、视频点播、视频会议等多媒体网络通信技术已被广泛应用，对人类的生活、学习和工作产生了深刻的影响。

（3）个人信息通信中心。采用多媒体技术使一台个人计算机具有录音电话机、可视电话机、图文传真机、立体声音响设备、电视机和录像机等多种功能，即完成通信、娱乐和计算机的功能。如果计算机再配备丰富的软件上网，还可以完成更多功能，进一步提高用户的工作效率。

（4）多媒体信息检索与查询。将图书馆中所有的数据、报刊资料输入数据库，通过网络，人们坐在办公室或家中就可以在多媒体终端上查阅资料；同样，人们坐在家中就可以对琳琅满目的商品进行网络购销。

（5）虚拟现实。虚拟现实通过综合应用计算机图像、模拟与仿真、传感器、显示系统等技术和设备，以模拟仿真的方式，给用户提供一个真实反映操纵对象变化与相互作用的三维图像环境所构成的虚拟世界，并通过特殊设备（如头盔和数据手套）提供给用户一个与该虚拟世界相互作用的三维交互式用户界面。

（6）其他应用。多媒体技术给出版业和传媒业带来了巨大的影响，同时利用多媒体技术可为各类咨询提供服务，如旅游、邮电、交通、商业、金融、宾馆等。还将改变未来的家庭生活，人们足不出户便能在多媒体计算机前办公、上学、购物、打可视电话、登记旅游、召开电视会议等。

总之，多媒体技术的应用非常广泛，它既能覆盖计算机的绝大部分应用领域，同时也拓展了新的应用领域，它将在各行各业中发挥出巨大的作用。

2. 多媒体技术的发展

多媒体计算机是一个不断发展与完善的系统。未来对多媒体的研究主要包括数据压缩、多媒体信息特性与建模、多媒体信息的组织与管理、多媒体信息表现与交互、多媒体通信与分布处理、多媒体的软硬件平台、虚拟现实技术、多媒体应用开发等方面。未来多媒体技术将向着高分辨率、高速度化、简单化、多维化、智能化、标准化等方向发展。

7.2 常见的多媒体技术

主要学习内容：

- 音频技术
- 图形图像技术
- 动画技术
- 视频处理技术

多媒体技术是一种把文字、图像、图形、动画、视频和声音等表现信息的媒体结合在一起，并通过计算机进行综合处理和控制，将多媒体各个要素进行有机组合，完成一系列随机性交互式操作的技术。

7.2.1 音频技术

音频是人们用来传递信息最方便、最熟悉的方式，是多媒体系统使用最多的信息载体。

1. 基本概念

音频是通过一定介质（如空气、水等）传播的一种连续的波，在物理学中称为声波。声音有音调、音色、音强三要素。

（1）音调。音调代表了声音的高低。音调与频率有关，频率越高，音调越高，反之亦然。

（2）音色。音色即声音的特色。声音分纯音和复音两种类型。所谓纯音，是指振幅和周期均为常数的声音；复音则是具有不同频率和不同振幅的混合声音。大自然中的声音绝大部分是复音。

（3）音强。音强指声音的强度，也称声音的响度，常说的"音量"也是指音强。音强与声波的振幅成正比，振幅越大，强度越大。

声音的强弱体现在声波压力的大小上（和振幅相关），音调的高低体现在声波的频率上（和周期相关）。

- 振幅。声波的振幅就是通常所说的音量。
- 周期。声音信号以规则的时间间隔重复出现，这个时间间隔称为声音信号的周期，以"秒"为单位。
- 频率。声音信号的频率是指信号每秒变化的次数，用赫兹（Hz）表示。
- 带宽。带宽是指在一条通信线路上可以传输的载波频率范围。

2. 音频文件的采集与制作

在多媒体技术中，存储音频信息的文件主要有 wav、mid、mp3、wma 等格式。对音频信息的采集以及音频文件的编辑有多种方法，使用 Windows 10 系统提供的"音量合成器""录音机"等工具软件就可以实现简单的音量调节、音频处理和声音素材的采集等功能。

（1）Windows 10 环境下音量的调节和设置。Windows 10 环境下常用以下几种方法调节音量。

- 单击任务栏通知区的"扬声器"图标，打开扬声器音量调节面板，如图 7-1 所示，可以左右拖动滑块调节音量。
- 右击"扬声器"图标，在快捷菜单中选择"打开音量合成器"选项，打开"音量合成器"对话框，如图 7-2 所示，可以对设备的音量、应用程序的音量进行调节和是否静音进行设置。

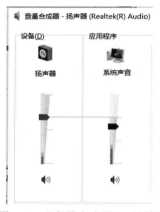

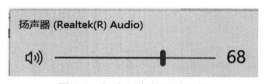

图 7-1　扬声器音量调节面板

图 7-2　"音量合成器"对话框

Windows 10 系统提供了对系统中的声音进行设置的环境。如图 7-3 所示，在"声音"对话框中有"播放""录制""声音"和"通信"选项卡，可以分别对每个选项进行相应设置。

用以下几种方法可以打开"声音"对话框。

- 右击任务栏通知区的"扬声器"图标，在快捷菜单中选择"打开声音设置"，出现"声音"设置界面，单击"相关设置"中的"声音控制面板"链接。
- 选择"控制面板"→"硬件和声音"→"声音"也可以打开"声音"对话框。

（2）Windows 10 的录音机程序。Windows10 系统提供的"录音机"程序具有启动快、占用内存少、界面简洁、简单易用的特点，可以完成录制声音、剪裁等操作。使用录音机程序录制声音的一般操作步骤如下：

1）确保有音频输入设备（如麦克风）连接到计算机。

2）在搜索框直接搜索"录音机"，单击，打开"录音机"窗口，如图 7-4 所示。

3）单击中间按钮开始录音，此时只需要对着麦克风就可以记录声音了，说话的时候会出现圆圈音波的效果。

4）单击 ‖ 按钮暂停录音，再次单击该按钮继续录制。

5）录制结束后，再次单击中心按钮，完成录制，音频会被自动保存到指定位置。单击界面右下角的三个小黑点按钮 •••，从中选择"打开文件位置"就可以找到刚刚录制的音频了。

图 7-3 "声音"对话框

图 7-4 "录音机"窗口

提示：使用录音机时，计算机上必须装有声卡和扬声器；若想录制声音，还需要麦克风或其他音频输入设备。

一般的录音方式就是录计算机上播放的声音，实质上是计算机的外放先将声音讯号播放出来，经过空气传播，再传入麦克风后录制所得，其音质会打"折扣"。Windows 10 系统能够实现计算机播放的声音与麦克风录制的声音进行混音的功能，操作方法如下：

1）右击任务栏通知区的"扬声器"图标 🔊，在快捷菜单中选择"打开声音设置"，出现"声音"设置界面，单击"相关设置"中的"声音控制面板"链接，打开"声音"对话框。

2）选择"录制"选项卡，可以看到"立体声混音"设备在系统中默认是禁用的，右击"立体声混音"，选择"启用"，如图 7-5 所示。

图 7-5 立体声混音设置

3）再次右击"立体声混音"，选择"设置为默认设备"。当"立体声混音"被正确启用后，该图标的右下方出现绿色圆圈对钩按钮，如图 7-6 所示。

图 7-6　启用立体声混音

启用"立体声混音"设备后，能够在 Windows 10 系统下录播放的声音，播放的同时对着麦克风唱歌或朗读，可实现混音的功能。

在录制的过程中，如果麦克风的输入音量很小，对方无法听见，要解决此问题，可以按如下方法进行设置：

1）右击任务栏通知区的"扬声器"图标，在快捷菜单中选择"打开声音设置"，打开"声音"设置界面，单击"相关设置"中的"声音控制面板"链接，打开"声音"对话框。

2）切换到"级别"选项卡，拖动滑块以调节立体声混音的级别，如图 7-7 所示。

图 7-7　立体声混音属性设置

3）要注意"录制音量"不宜过高，如果感觉有爆音，应向左拖动滑块，把级别调小些。

经过以上设置，就完美地实现了 Windows 10 的立体声混音功能。

3. 音频文件的格式转换

音频文件的格式很多，不同格式的音频文件压缩编码的方法不同，播放出的音质效果也不同，不同格式的音频文件之间可以互相转换。

现在流行很多音频文件格式转换的软件，如 CoolEditPro、格式工厂等，可以实现不同格式音频的转换，其中 CoolEditPro 软件不仅具有方便、实用的多类型音频文件格式的转换功能，还具有录音、混音、编辑等功能。

7.2.2　图形图像技术

图形、图像是多媒体软件中最重要的信息表现形式之一，它是决定一个多媒体软件视觉效果的关键因素。在多媒体系统中，图形和图像文件格式有 bmp、jpg、jpeg、gif、tif、psd、tga、pcx、png、wmf 等多种。

1. 基本概念

图像的清晰度是由图像的技术参数决定的，根据所需要的图像采取不同的获取方式。图像的技术参数主要有以下几种。

（1）分辨率。分辨率指数字化图像的大小，以水平、垂直像素点表示，如 320×240。

（2）像素。像素是组成位图图像最基本的元素，每一个像素都有自己的位置，并记载图像的颜色和信息，一张图像包含的像素越多，颜色信息越丰富，图像效果越好，但文件也会随之增大。

（3）图像文件的大小。以字节为单位表示图像文件的大小时，描述方法为（高×宽×灰度位数）/8，其中的高和宽是指垂直和水平方向的像素个数值。图像的大小影响到图像从外存读入内存的传送时间，在多媒体设计中，尽量缩小图像尺寸或采用图像压缩技术。

（4）调色板。在生成一幅位图图像时，要对图像中不同色调进行采样，也就产生了包含在此幅图像中各种颜色的颜色表，该颜色表就称为调色板。

2. 图像的采集

把自然的影像转换成数字化图像的过程称为"图像采集过程"，图像采集过程的实质是进行模/数（A/D）转换的过程，即通过相应的设备和软件，把作为模拟量的自然影像转换成数字量。图像的采集有以下几种方法。

（1）扫描仪。对于收集的图像素材，如印刷品、照片以及实物等，可以使用扫描仪扫描并输入计算机，在计算机中再对这些图像作进一步的编辑处理。

（2）数码相机和数码摄像机。数码相机和数码摄像机与普通相机和摄像机不同，它们将拍摄到的景物直接数字化，并保存在存储器中，而不是普通的胶片上。

（3）抓图软件。抓图软件能够截取屏幕上的图像，也可以使用键盘上的功能键直接抓图。

1）使用键盘上的 Print Screen 键可以直接进行抓图，具体有以下两种方法：

● 按下功能键 Print Screen，将整个屏幕的图像复制到剪贴板。

● 使用组合键 Alt+Print Screen，将当前活动窗口或对话框的图像复制到剪贴板。

说明：对于 Windows 下的"命令提示符"窗口（又称 DOS 窗口）和视频播放窗口，这种方法无效。

2）使用抓图软件。抓图软件不仅可以达到抓取屏幕或窗口的目的，还可以让用户有选择地抓取屏幕中的窗口元素，如窗口的菜单、光标、文本等，有的抓图软件还提供了区域抓图功能，用户可以在计算机屏幕上定义区域，一些专业抓图软件甚至可以进行连续抓取，得到动态的屏幕视频。

常用的抓图软件有 HyperSnap、SnagIt、Capture Professional、PrintKey 等。

3. 图像处理软件简介

Photoshop 是 Adobe 公司开发的一种功能强大的图像设计和处理软件，是集图形创作、文字输出、效果合成、特技处理等诸多功能于一体的绝佳图像处理工具，被形象地称为"图像处理超级魔术师"。

Photoshop 为美术设计人员提供了无限的创意空间。美术设计人员可以从一个空白的画面或从一幅现成的图像开始：通过各种绘图工具的配合使用及图像调整方式的组合，在图像中任意调整颜色、明度、彩度、对比，甚至轮廓；通过几十种特殊滤镜的处理，为作品增添变幻无穷的魅力。

7.2.3　动画技术

随着计算机图形学和计算机硬件的不断发展，人们已经不满足于仅仅生成高质量的静态景物，于是计算机动画和视频应运而生。

1. 动画的基本概念

所谓动画，就是利用人类视觉暂留的特性，快速播放一系列静态图像，使视觉产生动态的效果。也就是利用具有连续性内容的静止画面，一幅接着一幅高速地呈现在人们的视野之中。随着计算机技术的发展，人们开始用计算机进行动画的创作，并称其为计算机动画。

2. 动画处理软件简介

Flash 是一种常见的矢量动画编辑软件，用户不但可以在动画中加入声音、视频和位图图像，还可以制作交互式的影片和具有完备功能的网站。

Flash 以其制作方便、动态效果显著、容量小巧而适合网络传播，成为网络动画的代表。它与该公司的 Dreamweaver（网页设计软件）和 Fireworks（网页作图软件）一起并称为"网页三剑客"，而 Flash 则被称为"闪客"。

在互联网飞速发展的今天，Flash 正被越来越多地应用于动画短片制作、动感网页、LOGO、广告、游戏和高质量的课件制作等方面。

7.2.4　视频处理技术

20 世纪 80 年代，计算机技术、多媒体技术与影视制作结合，用计算机制作影视节目取得成功，其典型标志就是数字的非线性编辑系统被电视台和影视制作单位广泛采用。

1. 视频的基本概念

视频就是利用人的视觉暂留特性产生动感的可视媒体。当一张张画面在人的眼睛前以每秒 25 幅的速度变化时，人们就会感觉到这些画面动了起来，电影正是利用这个特性制成的，所以电影、电视属于视频。网络上的"电影"也是视频的一种，构成它的文件称为视频文件。

2. 视频素材的获取

在视频作品的制作过程中，素材的多少与质量的好坏会直接影响到作品的质量，因此应尽可能地获取质量高的视频素材。

（1）从网络下载视频文件。互联网是一个非常方便的获取途径，可以在许多网站找到自己需要的视频素材，但很多视频素材质量不高，分辨率低，实用性不是很大。

（2）使用录屏软件录制视频素材。对于有些不能直接下载的视频，可以通过启动计算机桌面录屏软件，边播放目标视频边录取，以此获取视频素材。如 EV 录屏、Camtasia Studio 等专业录屏软件，都可以录取视频。但是这样获取的视频的清晰度会受到原视频的画质影响。

（3）利用计算机生成的视频。可以通过常见的视频制作软件获得视频，如 Flash、3ds max、Maya 等动画制作软件。

3．视频编辑软件简介

获取视频素材之后，一般的原始素材难免会有不足之处，例如，画面不美观、需要去除部分片段，或者需要添加其他的音视频和特效等，需要对相应素材进行编辑。常用的视频处理软件很多，目前很多流行的手机软件，如 VLOG、抖音等，日常使用，操作方便，可实现简捷快速的视频编辑。此外，对于计算机应用软件，非专业人员常用"绘声绘影"，专业人员常用 Adobe Premiere、After Effects 等。

Adobe Premiere 是 Adobe 公司推出的一款多媒体非线性视频编辑软件，是当今常用的非线性编辑软件之一，专业且功能详尽，操作也比较简单，它能对视频、声音、动画、图片、文本等多种素材进行编辑加工，并可以根据用户的需要生成多种格式的电影文件。它不仅能采集多种视频源素材，处理多种格式的视频节目，还可以为视频作品配音、添加音乐效果，并实时预演节目。

7.3　信息技术简介

主要学习内容：

● 信息技术的定义
● 信息技术的发展亮点

7.3.1　信息技术的定义

对信息技术的定义，因其使用的目的、范围、层次不同而有不同的表述。

（1）信息技术是指有关信息的收集、识别、提取、变换、存储、传递、处理、检索、检测、分析和利用等的技术。

（2）信息技术包含多媒体、通信、计算机与计算机语言、电子、光纤技术等。

（3）现代信息技术是以微电子和光电技术为基础，以计算机和通信技术为支撑，以信息处理技术为主题的技术系统的总称，是一门综合性的技术。

（4）信息技术是指在计算机和通信技术支持下用以获取、加工、存储、变换、显示和传输文字、数值、图像以及声音信息，包括提供设备和提供信息服务两大方面的方法与设备的总称。

（5）信息技术包括信息传递过程中的各个方面，即信息的产生、收集、交换、存储、传输、显示、识别、提取、控制、加工和利用等技术。

广义而言，信息技术是指能充分利用与扩展人类信息器官功能的各种方法、工具与技能的总和。中义而言，信息技术是指对信息进行采集、传输、存储、加工、表达的各种技术之和。该定义强调的是人们对信息技术功能与过程的一般理解。狭义而言，信息技术是指利用计算机、网络、广播电视等各种硬件设备及软件工具与科学方法，对文图声像各种信息进行获取、加工、存储、传输与使用的技术之和。

7.3.2 信息技术的发展亮点

信息时代，信息将成为知识经济社会中最重要的资源和竞争要素，信息技术也成了各国研究和发展的重要对象，近十年来信息技术发展的亮点如下所述。

1. 物联网技术

物联网（The Internet of Things）意为"物物相连的互联网"，是通过射频识别（RFID）、红外感应器、全球定位系统、激光扫描器等信息传感设备，按约定的协议通过"万物互联"，进行信息交换和通信，以实现对物体的智能化识别、定位、跟踪、监控和管理的一种网络。

现在许多国家都在投入巨资深入研究探索物联网，我国也正在高度关注、重视物联网的研究，据估计"物联网"普及以后，用于动物、植物和机器、物品的传感器与电子标签及配套的接口装置的数量将大大超过手机的数量，物联网的推广将会成为推进经济发展的又一个驱动器，也将会提供更多的发展机会。

2. 云计算

云计算（Cloud Computing）是分布式计算、并行计算、网络存储、虚拟化等传统计算机技术和网络技术发展融合的产物。其中，"云"就是存在于互联网上的服务器集群上的资源，它包括硬件资源（服务器、存储器、CPU 等）和软件资源（如应用软件、集成开发环境等），本地计算机只需通过互联网发送一个需求信息，远端就会有成千上万的计算机提供需要的资源并将结果返回本地计算机。

云计算之所以是一种划时代的技术，就是因为它将数量庞大的廉价计算机放进资源池中，用软件容错来降低硬件成本，通过将云计算设施部署在寒冷和电力资源丰富的地区来节省电力成本，通过规模化的共享使用来提高资源利用率。

3. 大数据

麦肯锡全球研究所给"大数据"的定义是：一种规模大到在获取、存储、管理、分析方面大大超出了传统数据库软件工具能力范围的数据集合，具有海量的数据规模、快速的数据流转、多样的数据类型和价值密度低四大特征。

大数据技术的战略意义不在于掌握庞大的数据信息，而在于对这些含有意义的数据进行专业化处理，特色在于对海量数据进行分布式数据挖掘，但它必须依托云计算的分布式处理、分布式数据库和云存储、虚拟化技术，随着云时代的来临，大数据技术吸引了越来越多的关注。

4. 人工智能

人工智能（Artificial Intelligence），英文缩写为 AI，它是研究、开发用于模拟、延伸和扩展人的智能的理论、方法、技术及应用系统的一门新的技术科学，属于计算机科学的一个分支，它企图了解智能的实质，并生产出一种新的能以人类智能相似的方式做出反应的智能机器，该领域的研究包括机器人、语言识别、图像识别、自然语言处理和专家系统等。

人工智能涵盖十分广泛的科学领域，如机器学习、计算机视觉等，总的说来，人工智能研究的一个主要目标是使机器能够胜任一些通常需要人类智能才能完成的复杂工作。

5. 5G 通信

第五代移动通信技术（5th Generation Wireless Systems），简称 5G 或 5G 技术，是最新一代蜂窝移动通信技术，也是继 2G、3G 和 4G 系统之后的延伸，5G 的性能目标是高数据速率、减少延迟、节省能源、降低成本、提高系统容量和大规模设备连接。

其主要优势在于数据传输速率远高于以前的蜂窝网络，最高可达 10Gbit/s，比当前的有线互联网要快，比先前的 4G LTE 网络快 100 倍；另一个优点是较低的网络延迟（更快的响应时间），低于 1ms，而 4G 为 30～70ms。由于数据传输更快，5G 网络将不仅仅为手机提供服务，而且还将成为一般的家庭和办公网络提供商。

6. 虚拟现实

虚拟现实（Virtual Reality，VR）技术是 20 世纪发展起来的一项全新的实用技术。虚拟现实技术囊括计算机、电子信息、仿真技术于一体，其基本实现方式是计算机模拟虚拟环境从而给人以环境沉浸感。随着社会生产力和科学技术的不断发展，各行各业对 VR 技术的需求日益旺盛。VR 技术也取得了巨大进步，并逐步成为一个新的科学技术领域。

7. 区块链

区块链（Block Chain）起源于比特币，2008 年 11 月 1 日，中本聪发表了《比特币：一种点对点的电子现金系统》一文，阐述了基于 P2P 网络技术、加密技术、时间戳技术、区块链技术等的电子现金系统的构架理念，这标志着比特币的诞生。

从本质上讲，它是一个共享数据库，存储于其中的数据或信息，具有"不可伪造""全程留痕""可以追溯""公开透明""集体维护"等特征；从科技层面来看，区块链涉及数学、密码学、互联网和计算机编程等很多科学技术问题；从应用视角来看，区块链是一个分布式的共享账本和数据库，具有去中心化、不可篡改等特点。基于这些特征，区块链技术奠定了坚实的"信任"基础，创造了可靠的"合作"机制，具有广阔的应用前景。

7.4　新一代信息技术

主要学习内容：

- 新一代信息技术的概念
- 新一代信息技术的发展趋势

在新一代信息技术发展的带动下，信息产业将成为带动经济增长的新引擎，各国都将加快研究新一代信息技术的步伐，人类将会进入"信息高速公路"的信息时代。人们的工作和生活也将因新一代信息技术的发展，而变得更加便捷、舒适、高效。

7.4.1　新一代信息技术的概念

新一代信息技术是以云计算、物联网、大数据、人工智能为代表的新兴技术，既是信息技术的纵向升级，也是信息技术的横向渗透融合，是当今世界创新最活跃、渗透性最强、影响力最广的领域，正在引发新一轮全球范围内的科技革命，以前所未有的速度转化为现实生产力引领当今世界的发展，改变着人们的学习、生活和工作方式。

7.4.2　新一代信息技术的发展趋势

信息技术研究的主要方向将从产品技术转向服务技术，以信息化和工业化深度融合为主要目标的"互联网+"是新一代信息技术的集中体现。

1. 网络互联的移动化和泛在化

近几年互联网的一个重要变化是手机上网用户超过桌面计算机用户，以微信为代表的社交网络服务已成为我国互联网的第一大应用，移动互联网的普及得益于无线通信技术的飞速发展，4G 无线通信的带宽已达到 100Mb。

我国提出的 TD-LTE 制式被认定为 4G 无线通信的国际标准之一，已率先在国内部署，这是我国从通信大国走向通信强国的重要机遇。正在推广的 5G 无线通信不只是追求提高通信带宽，而是要构建计算机与通信技术融合的超宽带、低延时、高密度、高可靠、高可信的移动计算与通信的基础设施，未来互联网将朝着移动化和泛在化的方向发展。

2. 信息处理的集中化和大数据化

云计算将服务器集中在云计算中心，统一调配计算和存储资源，通过虚拟化技术将一台服务器变成多台服务器，能高效率地满足众多用户个性化的并发请求，实现信息处理的集中化。社交网络的普及应用使广大用户也成为数据的生产者，传感器和存储技术的发展大大降低了数据采集和存储的成本，使得可供分析的数据爆发式增长，数据已成为像土地和矿产一样重要的战略资源。

面对信息的大数据化，如何有效挖掘大数据的价值已成为新一代信息技术发展的重要方向，大数据的应用涉及各行各业，例如互联网金融、舆情与情报分析、机器翻译、图像与语音识别、智能辅助医疗、商品和广告的智能推荐等，逐渐成为普遍采用的主流技术。

3. 信息服务的智能化和个性化

过去几十年信息化的主要成就是数字化和网络化，将来信息化的主要努力方向是智能化，"智能"是一个动态发展的概念，它始终处于不断向前发展的计算机技术的前沿，所谓智能化本质上是实现计算机化，但不是固定呆板的系统，而是能自动执行程序、可编程可演化的系统，围绕"个性化"中心，实现自学习和自适应的状态。

总之，在信息化快速发展的今天，世界对信息的需求快速增长，信息技术与产品服务与各个国家、地区、企业、单位、家庭、个人的联系更加紧密，新一代信息技术的广泛使用，不仅深刻地影响着我们的生活，而且作为先进生产力的代表，新一代信息技术已成为支撑当今经济活动和社会生活的基石。

练习题

1. 下列设备中不属于图像采集输入设备的是（　　）。
　　A．打印机　　　　　　　　　　　　B．扫描仪
　　C．数码照相机　　　　　　　　　　D．数码摄像机

2．多媒体计算机技术中的"多媒体"，可以认为是（　　　）。

　　A．磁带、磁盘、光盘等实体

　　B．文字、图形、图像、声音、动画、视频等载体

　　C．多媒体计算机、手机等设备

　　D．因特网、Photoshop

3．新一代信息技术是以云计算、物联网、大数据、（　　　）为代表的新兴技术，既是信息技术的纵向升级，也是信息技术的横向渗透融合。

　　A．数字媒体　　　　B.计算机技术　　　　C．人工智能　　　　D．网络技术

4．数字化、网络化、（　　　）是新一轮科技革命的突出特征，也是新一代信息技术的聚焦点。

　　A．智能化　　　　B．媒体化　　　　C．简约化　　　　D．复杂化

5．多媒体元素主要包括_____、_____、_____、_____、_____和视频。

6．常用的视频剪辑软件有哪些？

7．利用 Windows 10 环境下的录音机程序录制一段配乐诗朗诵。

8．新一代信息技术包括哪些？

9．新一代信息技术发展趋势是怎样的？

附录一　全国计算机等级考试一级 MS Office 考试大纲

基本要求

1．具有微型计算机的基础知识（包括计算机病毒的防治常识）。
2．了解微型计算机系统的组成和各部分的功能。
3．了解操作系统的基本功能和作用，掌握 Windows 的基本操作和应用。
4．了解文字处理的基本知识，熟练掌握文字处理 MS Word 的基本操作和应用，熟练掌握一种汉字（键盘）输入方法。
5．了解电子表格软件的基本知识，掌握电子表格软件 Excel 的基本操作和应用。
6．了解多媒体演示软件的基本知识，掌握演示文稿制作软件 PowerPoint 的基本操作和应用。
7．了解计算机网络的基本概念和因特网（Internet）的初步知识，掌握 IE 浏览器软件和 OutlookExpress 软件的基本操作和使用。

考试内容

一、计算机基础知识

1．计算机的发展、类型及其应用领域。
2．计算机中数据的表示、存储与处理。
3．多媒体技术的概念与应用。
4．计算机病毒的概念、特征、分类与防治。
5．计算机网络的概念、组成和分类；计算机与网络信息安全的概念和防控。
6．因特网网络服务的概念、原理和应用。

二、操作系统的功能和使用

1．计算机软、硬件系统的组成及主要技术指标。
2．操作系统的基本概念、功能、组成及分类。
3．Windows 操作系统的基本概念和常用术语，文件、文件夹、库等。
4．Windows 操作系统的基本操作和应用：
（1）桌面外观的设置，基本的网络配置。
（2）熟练掌握资源管理器的操作与应用。
（3）掌握文件、磁盘、显示属性的查看、设置等操作。
（4）中文输入法的安装、删除和选用。
（5）掌握检索文件、查询程序的方法。
（6）了解软、硬件的基本系统工具。

三、文字处理软件的功能和使用

1．Word 的基本概念，Word 的基本功能和运行环境，Word 的启动和退出。

2．文档的创建、打开、输入、保存等基本操作。

3．文本的选定、插入与删除、复制与移动、查找与替换等基本编辑技术；多窗口和多文档的编辑。

4．字体格式设置、段落格式设置、文档页面设置、文档背景设置和文档分栏等基本排版技术。

5．表格的创建、修改；表格的修饰；表格中数据的输入与编辑；数据的排序和计算。

6．图形和图片的插入；图形的建立和编辑；文本框、艺术字的使用和编辑。

7．文档的保护和打印。

四、电子表格软件的功能和使用

1．电子表格的基本概念和基本功能，Excel 的基本功能、运行环境、启动和退出。

2．工作簿和工作表的基本概念和基本操作，工作簿和工作表的建立、保存和退出；数据输入和编辑；工作表和单元格的选定、插入、删除、复制、移动；工作表的重命名和工作表窗口的拆分和冻结。

3．工作表的格式化，包括设置单元格格式、设置列宽和行高、设置条件格式、使用样式、自动套用模式和使用模板等。

4．单元格绝对地址和相对地址的概念，工作表中公式的输入和复制，常用函数的使用。

5．图表的建立、编辑和修改以及修饰。

6．数据清单的概念，数据清单的建立，数据清单内容的排序、筛选、分类汇总，数据合并，数据透视表的建立。

7．工作表的页面设置、打印预览和打印，工作表中链接的建立。

8．保护和隐藏工作簿和工作表。

五、PowerPoint 的功能和使用

1．中文 PowerPoint 的功能、运行环境、启动和退出。

2．演示文稿的创建、打开、关闭和保存。

3．演示文稿视图的使用，幻灯片基本操作（版式、插入、移动、复制和删除）。

4．幻灯片基本制作（文本、图片、艺术字、形状、表格等插入及其格式化）。

5．演示文稿主题选用与幻灯片背景设置。

6．演示文稿放映设计（动画设计、放映方式、切换效果）。

7．演示文稿的打包和打印。

六、因特网（Internet）的初步知识和应用

1．了解计算机网络的基本概念和因特网的基础知识，主要包括网络硬件和软件，TCP/IP 协议的工作原理，以及网络应用中常见的概念，如域名、IP 地址、DNS 服务等。

2．能够熟练掌握浏览器、电子邮件的使用和操作。

附录二 ASCII 字符集

ASCII 码	字符	ASCII 码	字符	ASCII 码	字符	ASCII 码	字符
0	NUL	32	space	64	@	96	`
1	SOH	33	!	65	A	97	a
2	STX	34	"	66	B	98	b
3	ETX	35	#	67	C	99	c
4	EOT	36	$	68	D	100	d
5	ENQ	37	%	69	E	101	e
6	ACK	38	&	70	F	102	f
7	BEL	39	'	71	G	103	g
8	BS	40	(	72	H	104	h
9	HT	41	)	73	I	105	i
10	LF	42	*	74	J	106	j
11	VT	43	+	75	K	107	k
12	FF	44	,	76	L	108	l
13	CR	45	−	77	M	109	m
14	SO	46	.	78	N	110	n
15	SI	47	/	79	O	111	o
16	DLE	48	0	80	P	112	p
17	DC1	49	1	81	Q	113	q
18	DC2	50	2	82	R	114	r
19	DC3	51	3	83	S	115	s
20	DC4	52	4	84	T	116	t
21	NAK	53	5	85	U	117	u
22	SYN	54	6	86	V	118	v
23	ETB	55	7	87	W	119	w
24	CAN	56	8	88	X	120	x
25	EM	57	9	89	Y	121	y
26	SUB	58	:	90	Z	122	z
27	ESC	59	;	91	[	123	{
28	FS	60	<	92	\	124		
29	GS	61	=	93	]	125	}
30	RS	62	>	94	^	126	~
31	US	63	?	95	_	127	DEL

说明：在 ASCII 码字符集中，0～31 表示控制码。退格键的 ASCII 码值为 8，制表键的 ASCII 码值为 9，换行和回车字符的 ASCII 码值分别为 10 和 13，Esc 键的 ASCII 码值为 27。